U0370587

相对论连续介质力学

郭少华　著

科学出版社
北　京

内 容 简 介

本书简洁、系统地叙述了张量分析、流形、李导数的概念以及连续介质力学的基本概念和基本原理。在此基础上，从三维欧几里得空间上的经典连续介质力学基本概念和基本理论出发，将应力、应变、本构方程及连续方程、动量方程、能量方程以及热力学第二定律等传统连续介质力学概念和理论拓展至黎曼空间的广义相对论形式，分别给出了相对论流体理论、相对论弹性理论、相对论黏弹性理论以及相对论变形固体电磁场理论，研究了相对论弹性波传播规律和相对论压电振动模型，并由此给出了引力波探测的弹性技术方案及压电技术方案，为天体运动的现象以及宇宙学研究提供了新的视角与内容，是国内相关领域首部著作。

本书适合于天体物理学、宇宙学、天体声学工程、力学与工程力学等领域的科技人员阅读，并可作为高等院校相关专业的教师和研究生的参考书，希望本书对人们进一步认识天体物理现象及宇宙学规律有所帮助。

图书在版编目(CIP)数据

相对论连续介质力学/郭少华著. —北京：科学出版社，2022.5
ISBN 978-7-03-072443-4

Ⅰ. ①相… Ⅱ. ① 郭… Ⅲ. ①连续介质力学-高等学校-教材
Ⅳ. ①O33

中国版本图书馆 CIP 数据核字（2022）第 094833 号

责任编辑：王 钰 / 责任校对：王万红
责任印制：吕春珉 / 封面设计：东方人华平面设计部

科学出版社 出版
北京东黄城根北街 16 号
邮政编码：100717
http://www.sciencep.com
北京中科印刷有限公司 印刷
科学出版社发行 各地新华书店经销
*
2022 年 5 月第 一 版 开本：B5（720×1000）
2022 年 5 月第一次印刷 印张：11 1/2
字数：220 000

定价：98.00 元

（如有印装质量问题，我社负责调换〈中科〉）
销售部电话 010-62136230 编辑部电话 010-62137026

版权所有，侵权必究

前　　言

现代人类已经越来越不满足于仅仅了解地球上物体的运动规律了。在那星光闪耀、纷繁复杂的宇宙深处，物质状态是什么？在四维时空中它是如何变形与运动的？当人们仰望星空，这些问题更加撞击心灵，吸引人们憧憬和遐想。本书试图为解开这一科学谜团做一份努力。

众所周知，描述天体运动的理论基础是爱因斯坦的狭义相对论和广义相对论。但是它们研究的对象是质量、能量与时空几何的关系，并没有涉及运动物体本身在引力场作用下的变形规律、演化方式等。天体物质纷繁多样，有气体云这样的类流体物质，有中子星这样的类弹性物质，也有像恒星那样的类黏弹性物质……认识它们在强大引力作用下的存在形式以及变形、演化与运动规律，对深刻了解宇宙自然规律和人类生存环境有着十分重要的理论意义和现实意义。要做到这些，则必须将相对论理论连续介质化，或将经典三维欧几里得空间下的连续介质力学相对论化，用科学的语言表述就是将伽利略变换力学转变为洛伦兹变换力学。我们知道连续介质力学被誉为工程科学的“大统一理论（grand unified theory）”，是工程科学的理论基础和基本框架，也是人类改造自然和创造自然的基本理论。连续介质力学涵盖了固体力学、流体力学和流变力学。对工程学科而言，它是结构设计、系统监测及安全保证的理论基础。因此将连续介质力学与相对论理论结合，就可以将其应用于将来宇宙的开发和利用。尽管这一目标目前看起来还十分遥远，但知识储备同样重要。

考虑到相关知识的系统性与严谨性，以及尽可能的工程应用前景，本著作的内容安排大致如下：第 1 章，介绍了相对论连续介质力学的背景、特点、架构与发展，以及其理论特点；第 2 章，介绍了空间、流形与张量分析等必要的数学知识；第 3 章，介绍了经典连续介质力学的基本概念与基本方程；第 4 章，介绍了狭义相对论力学与广义相对论力学以及引力波；第 5 章，介绍了松散介质相对论力学；第 6 章，介绍了流体介质相对论力学；第 7 章，介绍了弹性介质相对论力学；第 8 章，介绍了连续介质相对论力学；第 9 章，介绍了电磁固体相对论力学；第 10 章，介绍了相对论超弹性物体的波传播；第 11 章，介绍了相对论黏弹性物体的波传播；第 12 章，介绍了基于弹性技术的引力波探测；第 13 章，介绍了基于压电技术的引力波探测。

本书的出版得到了中南大学力学及土木工程学科“双一流”建设基金的支持，在此表示衷心的感谢。

由于作者知识、水平有限，书中难免有不足之处，敬请读者批评指正。

郭少华

2021年1月

目　录

第1章 绪 论

1.1 相对论连续介质力学的背景

20 世纪中叶，相对论领域里的弹性现象引起天文学家的关注。其中最著名的例子是 1969 年美国马里兰大学韦伯（Weber）的一个重要的试验观察，他发现了引力波辐射引起的铝壳体的弹性振动现象。同样的思路，相对论弹性力学在研究引力波诱导的太阳、地球和月球振动模式中具有十分重要的意义。虽然这些引力辐射试验不直接涉及弹性物体的相对论性质，但是却考虑了它与相对论场的相互作用（Linet，1984）。天文学家们相信（Weinberg，1972；Will，1993），中子星的内核和外壳大概率是处于弹性状态，中子星的自引力提供了一个巨大的初始应力，其量级甚至可以达到其弹性模量的量级。如果是这样，它们将显现完全的相对论弹性现象，其中声波的速度甚至可比于光的速度（Carter，1973；Carter 和 Quintana，1972，1977）。同时，在中子星中还发现了引力场强烈和迅速的改变，那里有着高压（$p\sim c^2$）、高速（$v\sim c$）的超大质量物质［$M\sim Rc^2/(2G)$］。其中，p 是压力，c 是光速，v 是速度，M 是中子星的质量，R 是中子星的半径，G 是引力常数，符号“~”表示接近于某量级。在这样的天体物理环境中，更为复杂的广义相对论连续介质力学现象也将会出现，如近光速的声波传播问题或近声速的光波传播问题等（Guo，2010）。

一方面，直到今天，人们熟知的相对论力学在过去大部分时间里的研究仍仅仅涉及真空或松散气体介质这样的物质，一旦涉及致密物质，其度量张量将会变得异常复杂和敏感。有以下理由可以解释为什么相对论弹性理论，或更一般地讲，相对论连续介质力学的研究非常重要：①天体中的弹性物质的确存在，即使较少考虑相对论影响，理论上也存在这些天体物质的弹性解。②在异常情况下需要相对论描述的物质可能具有非流体性质，例如，人们已经发现在宇宙大爆炸的早期，当温度达到$10^5\sim10^{10}$K 时，无碰撞中微子辐射具有类似于弹性固体的性质，甚至在宇宙大爆炸早期阶段中子星内部的超密度物质也具有非液体的类弹性性质。③静态非液态物体可能是非球面的，由此可以研究广义相对论中的非球面效应。

另一方面，在过去的一段时间中工程科学领域对广义相对论理论的应用越来越有兴趣。比如，航空动力学中需要对高速运动坐标中的物体进行相对论弹性应力分析，必须结合弹性理论与广义相对论理论，由此称其为相对论弹性理论。更为重要的是，随着引力波在试验中被发现，基于弹性探测器和压电探测器研究引力波越来越成为力学工作者的热点选择（Maugin 和 Eringen，1972）。

1.2 相对论连续介质力学的特点

相对论连续介质力学的四维框架，将自旋的概念纳入爱因斯坦（Einstein）的万有引力理论，是经典连续介质力学的必要扩展，由此具有了新的特点。

我们知道，连续介质力学（continuum mechanics）是物理学中的一个重要分支，是处理包括固体和流体在内的“连续介质”宏观性质的力学。与质点力学不同的是，连续介质力学最基本的假设是“连续介质假设”，其中所用的状态变量都是场的概念，即它们相对于坐标和时间的依存关系都是连续的。连续介质力学是一门唯象的理论，它是试验现象更概括的总结和提炼。唯象理论对物理现象有描述与预言功能，但没有解释功能。

在经典连续介质力学中，动量平衡、角动量平衡和能量平衡的全局方程通常都假定为独立的原理，它们来自包含诸如力、机械功、内能、动能、热流和标量热源这些量的密度函数（即单位体积或单位面积）。在经典连续介质力学中，由于能量方程的不变性要求，它们都是在欧几里得（Euclid）变换下具有张量或标量性质。也就是说，现代连续介质力学是将伽利略（Galileo）群用于基本运动定律并且基于本构理论中刚体运动群变换的不变性的理论（Prager，1961）。

众所周知，电磁基本方程的不变量群是洛伦兹(Lorentz)群(Landau 和 Lifshitz，1960)。于是，当研究相对论范畴内的物理现象时，基于伽利略群的力学定律的不变性就应该被抛弃。原因很明显，只有力学与电磁学采用相同的变换规则时，才有可能得到电磁与变形物体相互作用且协调一致的满意理论。在相对论的范畴内，最自然和最简单的变换规则显然就是洛伦兹变换群。因此，为了发展能够耦合热、机械与电场现象的理论，必须用广义相对论力学取代牛顿力学，其中我们在经典连续介质力学中熟知的原理必须改进为适合四维时空的数学框架，并且应用基本的变换规则（不变性原理），对力学和电磁学采用相同的洛伦兹群形式。

在狭义相对论范畴内，最自然的和简单的不变性原理是洛伦兹变换群。然而在材料高速运动情况下，我们还必须考虑广义相对论效应（即引力波的影响），它是压电引力波探测的依据。为此，我们需要得到协变形式的麦克斯韦（Maxwell）方程，它可以使我们定义准静态电或准静态磁的物理近似过程，同时保持方程的协变形式和时空度量的影响。相对论连续介质力学的目标就是各类物理原理的相对论定义，以及扩展变形梯度、热及电磁张量的不变性要求。

按照广义相对论，四维时空中的每一位观察者都可以认为自己是静止的，都可以以他的世界线的切向为基准，把四维时空分割成相互正交的两个部分：平行于世界线切向的一维称为他的时间，垂直于这个方向的三维称为他的空间。这个观察者可以沿其四维速度的方向任取一个类时矢量作为类时空间的基矢量，再在他的三维空间中量取 3 个线性无关的类空矢量作为类空空间的基矢量。

对相对论下的连续介质系统，人们必须区分动力学的绝对表示和任意伽利略坐标系的相对表示。前者是在时空变换或旋转（洛伦兹变换）下的不变量，而后者则是在时间和空间变换下以及空间旋转下的不变量。从物理学观点看，更有意义的公式应该是相对论的，即它服从相对论原理，因此它相对于伽利略坐标的选取是不变的。进一步，不变性不是实质性的，我们更需要具体化各种动力学变量相对于伽利略坐标改变的变换规律。

相对论连续介质力学研究的难点：首先，在广义相对论框架（弯曲时空）下预先引入像欧几里得空间经典线弹性模型那样的位移概念是不可能的。其次，为了避免讨论参考构形的运动，最好使用某种次弹性模型，即在空间协变应力的相对论协变时间率和协变应变率之间存在线性关系，其中要用到李导数的概念。有物理学家试图直接使用投影算子作为相关的“空间度量”以表达应变，不幸的是假如这个度量明显地受到广义相对论中时空度量的影响，则它并不能完全反映变形本身，因此在狭义相对论中，其变成了零。

本书中，我们重点研究连续分布介质的相对论行为，包括弹性体、黏性液体、黏性固体及电磁固体等。这些连续介质具有能量密度、动量密度和应力，它们都必须表示为四维矢量形式，并且必须是洛伦兹不变量。

1.3　相对论连续介质力学的架构

电磁场和一个可变形的极化、磁化导电介质相互作用问题的描述必须基于相对论理论。经典（牛顿）力学允许欧几里得群作为不同参考坐标的变换群，而麦克斯韦电磁场方程允许洛伦兹群作为平直时空的变换群或更一般曲线空间的变换群。因此相对论连续介质力学研究的目的就是对下列两个问题给出物理上可以接受的回答：

1）如何将一个非惯性坐标下的观察者观察到的物理可观测场融入时空中控制这些场的假定的协变方程中去。

2）如何将一个物体的局部确定性质融入它的本构方程中去，以使其数学公式与协变物理场方程一致。

我们知道，在连续介质力学中，我们处理的是局部体积单元而非单独的质点，前者包含反映连续介质特性的足够数量的单独质点。连续介质力学研究的是连续介质宏观力学性状，宏观力学性状是指在三维欧几里得空间和均匀流逝时间下受牛顿力学理论支配的物质性状。连续介质力学对物质的结构不做任何假设，但它与物质结构理论并不矛盾，而是相辅相成的。物质结构理论研究特殊结构的物质性状，而连续介质力学则研究具有不同结构的许多物质的共同性状。连续介质力学研究的主要目的在于建立各种物质的力学模型，把各种物质的本构关系用数学形式确定下来，并在给定的初始条件和边界条件下求出问题的解答。它通常包括下述基本内容：①变形几何学，研究连续介质变形的几何性质，确定变形所引起物体各部分空间位置和方向的变化以及各邻近点相互距离的变化，这里包括诸如运动、构形、变形梯度、应变张量、变形的基本定理、极分解定理等重要概念。②运动学，主要研究连续介质力学中各种量的时间率，这里包括诸如速度梯度、变形速率和旋转速率、里夫林-埃里克森（Rivlin-Ericksen）张量等重要概念。③基本方程，根据适用于所有物质基于守恒定律建立的方程，例如，连续介质热力学中包括连续性方程、运动方程、能量方程、熵不等式等。④本构关系，包括弹性理论、黏性流体理论、塑性理论、黏弹性理论、热弹性固体理论、热黏性流体理论和电磁固体理论等。

经典连续介质力学的基本方程有三类，它们描述的精度是有差别的。

1）关于物体变形和运动的几何学描述，具有任意要求的精度。

2）适用于一切连续介质的物理基本定律，如质量守恒定律、动量守恒定律、热力学定律，由于未考虑量子效应和相对论效应，仅在一定的尺度范围内和较小的运动速度下近似成立。

3）描述材料力学性质的本构方程，由于材料力学性质的多样性和复杂性，以及现有试验条件的限制，通常所建立的本构关系方程不可能达到以上两类方程的精度。

以上三类基本方程，连同相应的初始条件和边界条件，构成所研究问题的数学物理方程的初、边值问题的完整提法。因此，连续介质力学的任务首先是基本方程的建立，其次是关于初、边值问题的求解（使用日益成熟的有限元方法），并由此来揭示物体在变形和运动过程中的基本特性。

本构方程是构筑连续介质力学理论体系的三大基石之一。连续介质力学为了求解变形体在外部作用下的全部响应（含 3 个位移、6 个应变和 6 个应力，共 15 个未知量），必须同时满足三大基本方程（即力学的应力平衡方程、几何学的变形协调方程以及物理学的本构方程），缺一不可。经典力学中的应力平衡方程是基于牛顿力学建立起来的，在三维几何空间中可以列出 3 个微分方程；几何学中的变形协调方程是基于连续性公理推出的，共有 6 个微分方程；物理学中的本构方程是反映材料物性的特有规律，有 6 个线性或非线性的代数方程。同时满足这三大方程的变形体正好提供了 15 个方程，可以完备地求解待求的 15 个响应量。

相对论连续介质力学理论的基本内容包括运动学、动力学、热动力学。具体有质点数守恒、能量-动量平衡、能量-动量中的动量平衡以及热力学第二定律。这里的质点数守恒是经典连续介质力学中的质量守恒在相对论范畴下的广义化推广。

在经典连续介质力学中，在没有扭矩作用在物体上，以及物体本身不具有内部自旋的情况下，应力张量是对称的。在相对论中，可以引进四维自旋张量和体积扭矩张量，将经典连续介质的上述概念广义化。如果自旋和扭矩张量消失，则依据能量-动量中的动量平衡，能量-动量张量是对称的。

热力学第二定律仍然作为本构方程的限制条件起着关键作用。相对论连续介质理论的本构方程包括热弹性固体、热黏性流体、电磁固体等，而后者是构建在相对论框架下电磁场和物体变形场之间相互作用的理论（Lianis，1973a，1973b）。

在本构理论方面，相对论连续介质力学中的本构方程明显推广了经典连续介质力学中本构方程的构建原则，其中最主要的差异是要求相对论连续介质力学中的本构方程具有洛伦兹变换下的形式不变性。

相对论框架下的本构方程有它特殊的地方。例如，在建立了四维闵可夫斯基（Minkowski）形式的电磁场方程后，理论上就可以在相对论范畴下讨论电磁场和物体变形场之间的相互作用问题，并为此建立一个物理模型。然而，若使用闵可夫斯基应力张量或者它的对称部分都是错误的，除非材料没有极化或者磁化（只有此时，这些张量才是对称的）。在大部分相对论连续介质理论研究中，能量-动量张量都被假定是对称的，通常可以由角动量平衡导出。

真空中相对论电磁场理论的发展已经相对成熟，而变形固体中的相对论电磁场理论才起步不久。通过假定在洛伦兹变换群下的协变性，并引进相关的变形梯度导出可变性物体的电磁本构方程，关键是连接电磁场与变形场的本构方程必须服从协变原理（Lichnerowicz，1967，1976）。首先，局部可观测量必须能够确定电磁场与物质的相互作用，并通过明确且物理上可接受的测量来操作。其次，这些量必须通过参考坐标系上适当的张量分量并用伴随坐标表示法来表达，各种张量形式的函数关系可以被引入，以反映观察到的材料特性。在适当范围内，可以引进合适的近似，它将导致本构方程的简化。然后，可以通过独立的相关变量的张量变换得到预期的任意参考系统伴随坐标下的本构方程的形式。需要注意的是，对此类公式应进一步审查相关条件以保证适当的材料对称性。最后，可以使用经典连续介质力学中的方法，提供材料的参考状态。

1.4 相对论连续介质力学的发展

有不少学者在过去几十年里在狭义和广义相对论理论框架下对连续介质力学进行了研究（Beig 和 Schmidt，2003；Edelen，1964；Kafadar 和 Eringen，1972；Kienzler 和 Herrmann，2003；Lianis，2000；Sklarz 和 Horwitz，2001；Vallee，1981）。研究的重点在热弹性固体、热黏性流体和可变形电磁材料等的本构关系理论。除此以外，20 世纪 50～80 年代大部分相对论连续介质力学涉及了流体力学和磁流体力学以及它们在天体物理和宇宙学上的应用。

遵循早期相对论连续介质力学的发展脉络，我们发现有两条路径去试图改进经典概念（小速度和弱引力场）：①研究理想流体，此方案能将广义相对论很好地应用在大到宇宙学的问题上，后期它又被用来研究流体状恒星物体在其自身的引力场下的平衡，以及由于爱因斯坦-施瓦茨（Einstein-Schwarschild）解在特殊情况下不可避免地崩溃这类非常局部的现象。②在狭义相对论框架下研究弹性物体，研究弹性波的相对论现象。最近几十年，我们有幸目睹了相对论非线性弹性和更一般的广义相对论连续介质力学的迅速发展。这一方面是由于理论力学学者急切地希望扩大他们的研究领域；另一方面，数学物理学者和天体物理学者意识到无论是何种涉及引力影响的实验仪器（例如引力波探测器），或是在研究固体恒星等的特殊行为时的有关天体物理目标，都要求要有一个更大范围的行为认知。

广义相对论弹性力学已经被不少学者研究、讨论，然而这些理论中没有一个是完全令人满意的。Synge（1959）主要是基于修正的胡克（Hooke）定律，并以应力率正比于应变率表示，这样做是为了避免定义一个不可能存在的、绝对的应变状态。Rayner（1963）的研究虽然包含了应变测量，但还是有很大的随意性。此外，Synge（1960）最先研究了广义相对论中弹性波的传播问题，他用应力率作为应变率的函数推出广义相对论的弹性理论，得到的控制微分方程是双曲型的，其特征方程的根是实数；从他的研究中可以看出在各向同性介质中弹性波传播的速度公式与经典弹性理论是相同的。Grot 和 Eringen（1966a，1966b）在狭义相对论框架下发展了一个具有热、电磁与物质相互作用的相对论连续介质力学理论，并将应力张量作为变形梯度（或应变）、电磁场变量和温度的函数。Grot（1968）使用这个相对论理论研究了不计热和电磁效应的非线性弹性介质中波面的传播。

主流相对论连续介质力学仍基本遵循着经典连续介质力学的研究思路，最主要的学者包括 Eringen（1962，1967）、Bressan（1978）和 Maugin（1971，1973，1974）等，他们首先研究四维时空中物体的变形和运动等的几何和运动学描述，然后引进相对论框架下协变形式的运动和物理现象的基本定律。应变是洛伦兹变换群下的不变量，世界速度被选择为一个运动量。在一些研究中，连续体的世界速度被定义为或是能量-动量张量的类时本征矢量，或是作为平行于动量密度的单位矢量。他们的研究暗示了非对称能量-动量与爱因斯坦-嘉当（Einstein-Cartan）空间-时间的扭力概念之间的关系。与此同时，Maugin（1978a，1978b，1978c）运用相对论动力学的一般方法发展了自旋流体的一致性的相对论理论。在此基础上，非线性相对论声波研究也取得了一定的成果（Maugin，1979；Ukeje，1988）。

本书旨在提供一个较为系统的相对论连续介质力学理论方法，一方面可以为引力波探测器的开发提供经典力学的技术思路，另一方面也为描述极端密度恒星这类奇怪物质波的传播和弹性振荡提供一个合理的理论基础方法。

第 2 章　空间、流形与张量分析

本章是研究相对论连续介质力学所必需的几何准备，包括笛卡儿（Descartes）空间张量、欧几里得空间张量、黎曼空间张量和闵可夫斯基空间张量等及其相应的洛伦兹变换，以及各个空间的流形、张量的李导数和物质导数、张量场类空空间投影等基本概念。

2.1　笛卡儿空间张量

笛卡儿坐标是三维直角直线坐标系，每一个坐标轴用 x_i（$i=1,2,3$）表示，而该坐标轴方向的单位基矢量用 $\boldsymbol{I}_i$ 表示。因为是直线坐标，所以笛卡儿坐标系下所有空间各点单位基矢量 $\boldsymbol{I}_i$ 的方向都是相同的，且 $\boldsymbol{I}_i=\boldsymbol{I}^i$。

考虑三维笛卡儿坐标系中的一个矢量 $\boldsymbol{V}$，它可以写成沿三个坐标轴的分量和形式，即

$$\boldsymbol{V}=v_i\boldsymbol{I}_i=v^i\boldsymbol{I}^i \tag{2.1}$$

同样，考虑三维笛卡儿坐标系中的一个二阶张量 $\boldsymbol{\sigma}$，它可以写成在三个坐标面上沿三个坐标轴的分量和形式，即

$$\boldsymbol{\sigma}=\sigma^{ij}\boldsymbol{I}_i\boldsymbol{I}_j=\sigma_{ij}\boldsymbol{I}^i\boldsymbol{I}^j \tag{2.2}$$

下面介绍笛卡儿坐标系中的基本张量。

1. *克罗内克符号*

克罗内克（Kronecker）符号 $\boldsymbol{\delta}$ 是一个二阶张量，它是由笛卡儿坐标基矢量的点积构成，即

$$\delta^{ij}=\delta_{ij}=\boldsymbol{I}_i\cdot\boldsymbol{I}_j=\boldsymbol{I}^i\cdot\boldsymbol{I}^j \tag{2.3}$$

因此它有 9 个分量，由定义式显然有

$$\delta_{ij}=\begin{cases}1, & i=j\\ 0, & i\neq j\end{cases} \tag{2.4}$$

或

$$\boldsymbol{\delta}=\begin{bmatrix}1 & 0 & 0\\ 0 & 1 & 0\\ 0 & 0 & 1\end{bmatrix} \tag{2.5}$$

$\boldsymbol{\delta}$ 张量的性质和应用如下列公式所示。

$$\delta_{ij}=\delta_{ji} \tag{2.6}$$

$$\delta_{ii}=\delta_{11}+\delta_{22}+\delta_{33}=3 \tag{2.7}$$

$$\sigma_{ij}\delta_{jk}=\sigma_{ik} \tag{2.8}$$

$$\delta_{ik}\delta_{kj}=\delta_{ij} \tag{2.9}$$

2. 排列符号

排列符号 $\boldsymbol{e}$ 是一个三阶张量，它是由笛卡儿坐标基矢量的三重积构成，即

$$e^{ijk}=e_{ijk}=\boldsymbol{I}_i\cdot\left(\boldsymbol{I}_j\times\boldsymbol{I}_k\right)=\boldsymbol{I}^i\cdot\left(\boldsymbol{I}^j\times\boldsymbol{I}^k\right) \tag{2.10}$$

它有 $3^3=27$ 个分量，只能取 1、−1、0 三个值。如果 i 、 j 、 k 按 1、2、3 循环排列，则取值为 1；若 i 、 j 、 k 按 3、2、1 循环排列，则取值为−1；若 i 、 j 、 k 有两个或两个以上重复时，则取值为 0。

此外， e_{ijk} 对任意两个指标都是反对称的，即任意对换两个指标的相互位置，其值变号。

$$e_{ijk}=-e_{jik}\ ,\qquad e_{ikj}=-e_{ijk} \tag{2.11}$$

$\boldsymbol{\delta}$ 张量和 $\boldsymbol{e}$ 张量既然都是由单位基矢量之积所构成，两者之间必然存在一定的关系。实际上，根据矢量点叉积的行列式表示法，可以将式（2.10）用行列式表示为

$$e_{ijk}=\begin{vmatrix}\boldsymbol{I}_i\cdot\boldsymbol{I}_1 & \boldsymbol{I}_i\cdot\boldsymbol{I}_2 & \boldsymbol{I}_i\cdot\boldsymbol{I}_3\\ \boldsymbol{I}_j\cdot\boldsymbol{I}_1 & \boldsymbol{I}_j\cdot\boldsymbol{I}_2 & \boldsymbol{I}_j\cdot\boldsymbol{I}_3\\ \boldsymbol{I}_k\cdot\boldsymbol{I}_1 & \boldsymbol{I}_k\cdot\boldsymbol{I}_2 & \boldsymbol{I}_k\cdot\boldsymbol{I}_3\end{vmatrix}=\begin{vmatrix}\delta_{i1} & \delta_{i2} & \delta_{i3}\\ \delta_{j1} & \delta_{j2} & \delta_{j3}\\ \delta_{k1} & \delta_{k2} & \delta_{k3}\end{vmatrix} \tag{2.12}$$

此外，由 $\boldsymbol{e}$ 张量可以定义广义克罗内克符号，即

$$\delta_{ijk}^{pqr}=e_{ijk}e^{pqr}=\begin{vmatrix}\delta_{i1} & \delta_{i2} & \delta_{i3}\\ \delta_{j1} & \delta_{j2} & \delta_{j3}\\ \delta_{k1} & \delta_{k2} & \delta_{k3}\end{vmatrix}\begin{vmatrix}\delta^{p1} & \delta^{p2} & \delta^{p3}\\ \delta^{q1} & \delta^{q2} & \delta^{q3}\\ \delta^{r1} & \delta^{r2} & \delta^{r3}\end{vmatrix}=\begin{vmatrix}\delta_i^p & \delta_i^q & \delta_i^r\\ \delta_j^p & \delta_j^q & \delta_j^r\\ \delta_k^p & \delta_k^q & \delta_k^r\end{vmatrix} \tag{2.13}$$

式（2.13）可以对指标缩并。例如令指标 $r=k$ ，并对其求和，得

$$\delta_{ijk}^{pqk}=\begin{vmatrix}\delta_i^p & \delta_i^q & \delta_i^k\\ \delta_j^p & \delta_j^q & \delta_j^k\\ \delta_k^p & \delta_k^q & \delta_k^k\end{vmatrix}=\delta_{ip}\delta_{jq}-\delta_{iq}\delta_{jp}=\delta_{ij}^{pq} \tag{2.14}$$

式（2.14）再对 j 和 q 进行缩并，得

$$\delta_{ijk}^{pjk}=3\delta_{ip}-\delta_{ip}=2\delta_{ip} \tag{2.15}$$

再对 i 和 p 缩并得

$$\delta_{ijk}^{ijk}=3!=6 \tag{2.16}$$

e 张量在矩阵行列式运算中有广泛的运用。例如一个三阶矩阵 $\boldsymbol{A}=\left[a_{ij}\right]$，$i,j=1,2,3$，其行列式可以用排列张量表示如下：

$$a=\begin{vmatrix} a_{11} & a_{12} & a_{13} \\ a_{21} & a_{22} & a_{23} \\ a_{31} & a_{32} & a_{33} \end{vmatrix}=\begin{vmatrix} a_{i1}\delta_{i1} & a_{j2}\delta_{j1} & a_{k3}\delta_{k1} \\ a_{i1}\delta_{i2} & a_{j2}\delta_{j2} & a_{k3}\delta_{k2} \\ a_{i1}\delta_{i3} & a_{j2}\delta_{j3} & a_{k3}\delta_{k3} \end{vmatrix}=a_{i1}a_{j2}a_{k3}\begin{vmatrix} \delta_{i1} & \delta_{j1} & \delta_{k1} \\ \delta_{i2} & \delta_{j2} & \delta_{k2} \\ \delta_{i3} & \delta_{j3} & \delta_{k3} \end{vmatrix}$$

$$=a_{i1}a_{j2}a_{k3}e_{ijk}=e_{ijk}a_{1i}a_{2j}a_{3k}=-e_{ijk}a_{2i}a_{1j}a_{3k} \tag{2.17}$$

由此得

$$ae_{pqr}=a_{pi}a_{qj}a_{rk}e_{ijk} \tag{2.18}$$

式（2.18）两边乘以 e_{pqr}，并利用式（2.16），最后得

$$a=\frac{1}{6}e_{pqr}e_{ijk}a_{pi}a_{qj}a_{rk} \tag{2.19}$$

矢量代数的指标符号表示如下。

（1）矢量的分量

$$a_i=\boldsymbol{A}\cdot\boldsymbol{I}_i \tag{2.20}$$

（2）矢量的点积

$$\boldsymbol{A}\cdot\boldsymbol{B}=a_i\boldsymbol{I}_i\cdot b_j\boldsymbol{I}_j=a_ib_j\delta_{ij}=a_ib_i \tag{2.21}$$

（3）矢量的叉积

$$\boldsymbol{C}=\boldsymbol{A}\times\boldsymbol{B}=a_i\boldsymbol{I}_i\times b_j\boldsymbol{I}_j=a_ib_j\left(\boldsymbol{I}_i\times\boldsymbol{I}_j\right)=c_k\boldsymbol{I}_k \tag{2.22}$$

并且

$$c_k=a_ib_j\boldsymbol{I}_k\cdot\left(\boldsymbol{I}_i\times\boldsymbol{I}_j\right)=a_ib_je_{ijk} \tag{2.23}$$

（4）矢量三重积

$$\boldsymbol{A}\cdot\left(\boldsymbol{B}\times\boldsymbol{C}\right)=a_ib_jc_k\boldsymbol{I}_i\cdot\left(\boldsymbol{I}_j\times\boldsymbol{I}_k\right)=a_ib_jc_ke_{ijk} \tag{2.24}$$

2.2　欧几里得空间张量

为了引入一般空间下的曲线坐标系，先将三维笛卡儿坐标扩展至一般 n 维欧几里得空间（简称欧氏空间）。假定在 n 维欧氏空间也存在一个正交的直线坐标系，即笛卡儿坐标系 $\left\{y^1,y^2,\cdots,y^n\right\}$，则相应该坐标系的基矢量为 $\boldsymbol{I}_i\left(i=1,2,\cdots,n\right)$，它们在空间各点都是相同的，且满足 $\boldsymbol{I}_i\cdot\boldsymbol{I}_j=\delta_{ij}$，即各坐标轴之间是相互正交的。

n 维欧氏空间上一点 p 的位置矢量 $\boldsymbol{r}$ 可以由此笛卡儿坐标系确定，即

$$\boldsymbol{r}=y^i\boldsymbol{I}_i \tag{2.25}$$

取 n 个笛卡儿坐标系上的纯函数 x^i，即

$$x^i = x^i\left\{y^1, y^2, \cdots, y^n\right\}, \quad i = 1, 2, \cdots, n \tag{2.26}$$

假定：

1）函数 x^i 在所研究的域内单值连续，且有一阶连续偏导数。

2）函数 x^i 的雅可比（Jacobi）行列式不为零。

满足这两个假定的变换称为容许变换，若给定某个 x^i 以定值，则式（2.26）决定了一个 $n-1$ 维超曲面，n 个 $n-1$ 维的超曲面相交于空间一点。若除了 $i = N$ 的 x^i 外，给其余 $n-1$ 个 x^i 以定值，则可以得到一条坐标线 x^N，当 N 取 $1, 2, \cdots, n$ 各值时，就可以得到 n 条坐标线。这样，空间每一点都有 n 条坐标线通过，此空间的 n 族坐标线就构成了 n 维空间的坐标系。若式（2.26）是线性函数，则该坐标系称为仿射坐标系（或斜角坐标系），若式（2.26）不是线性函数，则该坐标系就是曲线坐标系。

假定某曲线坐标系为 $\left\{x^1, x^2, \cdots, x^n\right\}$。在该坐标系下，空间一点 p 的位置矢量可以用该坐标系表示为

$$\boldsymbol{r} = \boldsymbol{r}\left(x^1, x^2, \cdots, x^n\right) \tag{2.27}$$

从 p 点至邻近一点的微矢量 $\mathrm{d}\boldsymbol{r}$ 为

$$\mathrm{d}\boldsymbol{r} = \frac{\partial \boldsymbol{r}}{\partial x^i}\mathrm{d}x^i \tag{2.28}$$

偏导数定义为

$$\boldsymbol{g}_i = \frac{\partial \boldsymbol{r}}{\partial x^i} \tag{2.29}$$

它是在 p 点沿 x^i 曲线坐标轴的切向量，称之为曲线坐标基矢量。由于上述定义式里的基矢量为下标，故称 $\boldsymbol{g}_i$ 为协变基矢量。

需要指出的是，在曲线坐标系中，$\boldsymbol{g}_i$ 的大小和方向都是随空间点连续变化的。但是空间每一点 p 都可以由一组正交基矢量 $\left\{\boldsymbol{g}_i\right\}$ 形成一个局部正交直线坐标系，它可以用来研究 p 点无限小邻域内的力学响应特性。

不同于直线坐标系，在曲线坐标系中除了可以在 p 点定义一组协变基矢量 $\boldsymbol{g}_i$ 外，还可以利用下式定义另一组基矢量 $\boldsymbol{g}^i$，后者称为逆变基矢量。

$$\boldsymbol{g}^i \cdot \boldsymbol{g}_j = \delta^i_j \tag{2.30}$$

由此可见，逆变基矢量 $\boldsymbol{g}^i$ 与除 $\boldsymbol{g}_i$ 外所有协变基矢量 $\boldsymbol{g}_j\,(i \neq j)$ 正交，因而它沿包含所有这些基矢量的超曲面 $x^i = x^i(p)$ 在 p 点处的法向方向。于是逆变基矢量 $\boldsymbol{g}^i$ 在空间每一点 p 也可以由一组正交基矢量 $\left\{\boldsymbol{g}^i\right\}$ 形成一个局部正交直线坐标系，它同样可以用来研究 p 点无限小邻域内的力学响应特性。

曲线坐标系中的基本张量如下。

1. 度量张量

曲线坐标空间中位置矢量微分 d$\boldsymbol{r}$ 的长度平方为

$$\mathrm{d}s^2 = \mathrm{d}\boldsymbol{r}\cdot\mathrm{d}\boldsymbol{r} = g_{ij}\mathrm{d}x^i\mathrm{d}x^j \geqslant 0 \tag{2.31}$$

式中的等号只有在 dx^i 全为零时成立，并且

$$g_{ij} = \boldsymbol{g}_i\cdot\boldsymbol{g}_j \tag{2.32}$$

因为它起着曲线坐标空间长度的尺规作用，所以称它们的全体为度量张量。在上述定义式里的指标为下标，故称 g_{ij} 为协变度量张量分量。

同样，我们也可以用逆变基矢量 $\boldsymbol{g}^i$ 定义度量张量，即

$$g^{ij} = \boldsymbol{g}^i\cdot\boldsymbol{g}^j \tag{2.33}$$

称它为逆变度量张量分量。

度量张量的一个重要应用是可以起着升、降基矢量指标的作用。例如

$$\boldsymbol{g}_i = g_{ij}\boldsymbol{g}^j \tag{2.34}$$

$$\boldsymbol{g}^i = g^{ij}\boldsymbol{g}_j \tag{2.35}$$

将式（2.34）两边点积 $\boldsymbol{g}^j$，可得

$$g_{ik}g^{kj} = \delta_i^j \tag{2.36}$$

若 g_{ij} 值已知，则式（2.36）就是关于 g^{ij} 的 n^2 个线性方程组，其解为

$$g^{ij} = \frac{1}{g}\frac{\partial g}{\partial g_{ij}} \tag{2.37}$$

下面给出曲线坐标基矢量与度量张量的计算。

由曲线坐标协变基矢量定义可得

$$\boldsymbol{g}_i = \frac{\partial\boldsymbol{r}}{\partial x^i} = \frac{\partial\boldsymbol{r}}{\partial y^k}\frac{\partial y^k}{\partial x^i} = \frac{\partial y^k}{\partial x^i}\boldsymbol{I}_k \tag{2.38}$$

利用式（2.38），再由协变度量张量定义可得

$$g_{ij} = \boldsymbol{g}_i\cdot\boldsymbol{g}_j = \frac{\partial y^k}{\partial x^i}\boldsymbol{I}_k\cdot\frac{\partial y^m}{\partial x^j}\boldsymbol{I}_m = \frac{\partial y^k}{\partial x^i}\frac{\partial y^m}{\partial x^j}\boldsymbol{I}_k\cdot\boldsymbol{I}_m = \frac{\partial y^k}{\partial x^i}\frac{\partial y^m}{\partial x^j}\delta_{km} = \frac{\partial y^k}{\partial x^i}\frac{\partial y^k}{\partial x^j} \tag{2.39}$$

将它写成矩阵形式，则有

$$\left[g_{ij}\right] = \left[\frac{\partial y^k}{\partial x^i}\right]^{\mathrm{T}}\left[\frac{\partial y^k}{\partial x^j}\right] \tag{2.40}$$

对式（2.40）取行列式，得

$$g = \left|\frac{\partial y^k}{\partial x^i}\right|^2 \tag{2.41}$$

或

$$\sqrt{g}=\left|\frac{\partial y^k}{\partial x^i}\right| \tag{2.42}$$

为求得逆变基矢量及逆变度量张量计算式，考虑下面两个等式：

$$\left[\frac{\partial x^j}{\partial y^k}\right]\left[\frac{\partial y^k}{\partial x^i}\right]=\left[\delta_i^j\right] \tag{2.43}$$

和

$$\left[g_{ik}\right]\left[g^{kj}\right]=\left[\delta_i^j\right] \tag{2.44}$$

由此得

$$\left[\frac{\partial y^k}{\partial x^i}\right]^{-1}=\left[\frac{\partial x^i}{\partial y^k}\right] \tag{2.45}$$

$$\left[g^{ij}\right]=\left[g_{ij}\right]^{-1} \tag{2.46}$$

于是得到

$$\left[g^{ij}\right]=\left[\frac{\partial y^k}{\partial x^j}\right]^{-1}\left[\frac{\partial y^k}{\partial x^i}\right]^{-\mathrm{T}}=\left[\frac{\partial x^j}{\partial y^k}\right]\left[\frac{\partial x^i}{\partial y^k}\right]^{\mathrm{T}} \tag{2.47}$$

它又可以写成

$$g^{ij}=\frac{\partial x^i}{\partial y^k}\frac{\partial x^j}{\partial y^k} \tag{2.48}$$

逆变基矢量可由下式求得

$$\boldsymbol{g}^i=g^{ij}\boldsymbol{g}_j=\frac{\partial x^i}{\partial y^k}\frac{\partial x^j}{\partial y^k}\frac{\partial y^p}{\partial x^j}\boldsymbol{I}_p=\frac{\partial x^i}{\partial y^k}\delta_k^p\boldsymbol{I}_p=\frac{\partial x^i}{\partial y^k}\boldsymbol{I}_k=\nabla x^i \tag{2.49}$$

式（2.49）中，逆变基矢量$\boldsymbol{g}^i$即为超曲面$x^i=x^i\left(y^k\right)$的梯度。其中∇为矢量微分算子，即

$$\nabla=\frac{\partial}{\partial y^k}\boldsymbol{I}_k \tag{2.50}$$

2. 爱丁顿张量

爱丁顿（Eddington）张量是由三维欧氏空间中基矢量的三重积构成，其协变分量ϵ_{ijk}和逆变分量ϵ^{ijk}分别为

$$\epsilon_{ijk}=\boldsymbol{g}_i\cdot\left(\boldsymbol{g}_j\times\boldsymbol{g}_k\right)=\frac{\partial y^p}{\partial x^i}\frac{\partial y^q}{\partial x^j}\frac{\partial y^r}{\partial x^k}e_{pqr}=e_{ijk}\left|\frac{\partial y^p}{\partial x^i}\right|=e_{ijk}\sqrt{g} \tag{2.51}$$

$$\epsilon^{ijk}=\boldsymbol{g}^i\cdot\left(\boldsymbol{g}^j\times\boldsymbol{g}^k\right)=\frac{\partial x^i}{\partial y^p}\frac{\partial x^j}{\partial y^q}\frac{\partial x^k}{\partial y^r}e^{pqr}=e^{ijk}\left|\frac{\partial x^i}{\partial y^p}\right|=\frac{1}{\sqrt{g}}e^{ijk} \tag{2.52}$$

爱丁顿张量的性质如下：

$$\in^{ijk}\in_{pqr}=e^{ijk}e_{pqr} \tag{2.53}$$

$$\boldsymbol{g}^j\times\boldsymbol{g}^k=\in^{ijk}\boldsymbol{g}_i \tag{2.54}$$

$$\boldsymbol{g}_j\times\boldsymbol{g}_k=\in_{ijk}\boldsymbol{g}^i \tag{2.55}$$

进一步，用$\in_{rjk}$左乘式（2.54），并利用式（2.53）和式（2.13），可得

$$\in_{rjk}\boldsymbol{g}^j\times\boldsymbol{g}^k=2\boldsymbol{g}_r \tag{2.56}$$

由此可得

$$\boldsymbol{g}_i=\frac{1}{2}\in_{ijk}\boldsymbol{g}^j\times\boldsymbol{g}^k \tag{2.57}$$

同理可得

$$\boldsymbol{g}^i=\frac{1}{2}\in^{ijk}\boldsymbol{g}_j\times\boldsymbol{g}_k \tag{2.58}$$

3. 张量的分解

由前文可知，在 n 维欧氏空间中存在两组基矢量，即$\{\boldsymbol{g}_i\}$和$\{\boldsymbol{g}^i\}$，任意张量可以沿此两组基矢量分解。

（1）一阶张量（矢量）的分解

$$\boldsymbol{V}=v^i\boldsymbol{g}_i=v_i\boldsymbol{g}^i \tag{2.59}$$

式中，分解系数v^i和v_i分别称为（绝对）矢量$\boldsymbol{V}$的逆变分量和协变分量，显然有

$$v^i=\boldsymbol{V}\cdot\boldsymbol{g}^i \tag{2.60}$$

$$v_i=\boldsymbol{V}\cdot\boldsymbol{g}_i \tag{2.61}$$

（2）二阶张量的分解

$$\boldsymbol{T}=T^{ij}\boldsymbol{g}_i\boldsymbol{g}_j=T_{ij}\boldsymbol{g}^i\boldsymbol{g}^j=T^i_{\cdot j}\boldsymbol{g}_i\boldsymbol{g}^j \tag{2.62}$$

式中，$\boldsymbol{T}$为二阶绝对张量；T^{ij}、T_{ij}和$T^i_{\cdot j}$分别为此二阶张量的逆变分量、协变分量和混变分量。这里两基矢量之间没有运算，故称为并矢。

通过度量张量的升、降指标的作用，可以从一种张量分量过渡到另一种分量。例如

$$\boldsymbol{T}=T_{ij}\boldsymbol{g}^i\boldsymbol{g}^j=T_{ij}g^{ik}\boldsymbol{g}_k\boldsymbol{g}^j \tag{2.63}$$

对比式（2.62），可以得到

$$T^k_{\cdot j}=T_{ij}g^{ik} \tag{2.64}$$

同理可有

$$T^k_{\cdot j}=T^{ki}g_{ij} \tag{2.65}$$

这说明，张量的各种不同分量之间不是相互独立的，其不同的表示法是非本质的。

（3）高阶张量的分解

一般高阶张量可以做如下分解：

$$\boldsymbol{T}=T^{i\cdots j}{}_{k\cdots l}\sqrt{g}^{-q}\boldsymbol{g}_i\cdots\boldsymbol{g}_j\boldsymbol{g}^k\cdots\boldsymbol{g}^l \tag{2.66}$$

式中，$\boldsymbol{T}$ 为 $r+s$ 阶张量；$T^{i\cdots j}{}_{k\cdots l}$ 为其 r 阶逆变、s 阶协变分量；g 为度量张量行列式值；q 为张量的权。权和阶相同的张量称为同型张量。

4. 张量的导数

由前文可知，不同于笛卡儿坐标，在一般曲线坐标下，基矢量是随空间点位置变化而变化的，因此对曲线坐标中的张量求导数必然涉及对基矢量的导数，为此需要引进克里斯托弗（Christoffel）符号系统。

克里斯托弗假定：基矢量的导数仍然可以用基矢量表示，可以将它写成

$$\frac{\partial \boldsymbol{g}_m}{\partial x^n}=\Gamma^j_{mn}\boldsymbol{g}_j=\Gamma_{mnj}\boldsymbol{g}^j \tag{2.67}$$

式中，Γ_{mnj} 和 Γ^j_{mn} 分别称为第一类和第二类克里斯托弗符号。由于

$$\frac{\partial \boldsymbol{g}_m}{\partial x^n}=\frac{\partial}{\partial x^n}\left(\frac{\partial \boldsymbol{r}}{\partial x^m}\right)=\frac{\partial}{\partial x^m}\left(\frac{\partial \boldsymbol{r}}{\partial x^n}\right)=\frac{\partial \boldsymbol{g}_n}{\partial x^m} \tag{2.68}$$

因此有

$$\Gamma^j_{mn}=\Gamma^j_{nm} \tag{2.69}$$

$$\Gamma_{mnj}=\Gamma_{nmj} \tag{2.70}$$

即第一类克里斯托弗符号关于前两个下标对称，而第二类克里斯托弗符号关于两个下标对称。

为求得这两类克里斯托弗符号，需要用到对度量张量的坐标偏导数。即

$$\begin{aligned}\frac{\partial g_{mn}}{\partial x^j}&=\frac{\partial}{\partial x^j}(\boldsymbol{g}_m\cdot\boldsymbol{g}_n)=\boldsymbol{g}_m\cdot\frac{\partial \boldsymbol{g}_n}{\partial x^j}+\frac{\partial \boldsymbol{g}_m}{\partial x^j}\cdot\boldsymbol{g}_n=\Gamma_{njk}\boldsymbol{g}^k\cdot\boldsymbol{g}_m+\Gamma_{mjk}\boldsymbol{g}^k\cdot\boldsymbol{g}_n\\&=\Gamma_{njk}\delta^k_m+\Gamma_{mjk}\delta^k_n=\Gamma_{njm}+\Gamma_{mjn}\end{aligned} \tag{2.71}$$

循环置换下标可得

$$\frac{\partial g_{nj}}{\partial x^m}=\Gamma_{jmn}+\Gamma_{nmj} \tag{2.72}$$

$$\frac{\partial g_{jm}}{\partial x^n}=\Gamma_{mnj}+\Gamma_{jnm} \tag{2.73}$$

将式（2.72）和式（2.73）相加，然后减去式（2.71），即得

$$\Gamma_{mnj}=\frac{1}{2}\left(\frac{\partial g_{nj}}{\partial x^m}+\frac{\partial g_{mj}}{\partial x^n}-\frac{\partial g_{mn}}{\partial x^j}\right) \tag{2.74}$$

即第一类克里斯托弗符号是度量张量偏导数的函数。

第二类克里斯托弗符号可以通过度量张量的升降指标作用获得，即

$$\Gamma_{mn}^{k} = g^{jk}\Gamma_{mnj} \tag{2.75}$$

或

$$\Gamma_{mn}^{k} = \frac{1}{2}g^{jk}\left(\frac{\partial g_{nj}}{\partial x^{m}} + \frac{\partial g_{mj}}{\partial x^{n}} - \frac{\partial g_{mn}}{\partial x^{j}}\right) \tag{2.76}$$

同样，第一类克里斯托弗符号也可以通过度量张量对第二类克里斯托弗符号降指标获得，即

$$\Gamma_{mnk} = g_{jk}\Gamma_{mn}^{j} \tag{2.77}$$

逆变基矢量的偏导数可以通过对关系 $\boldsymbol{g}_i \cdot \boldsymbol{g}^j = \delta_i^j$ 求偏导获得，即

$$\boldsymbol{g}_{i,k} \cdot \boldsymbol{g}^{j} + \boldsymbol{g}_{i} \cdot \boldsymbol{g}_{,k}^{j} = 0 \tag{2.78}$$

这里用符号“,”表示普通偏导数。于是有

$$\boldsymbol{g}_{i} \cdot \boldsymbol{g}_{,k}^{j} = -\boldsymbol{g}_{i,k} \cdot \boldsymbol{g}^{j} = -\Gamma_{ik}^{n}\boldsymbol{g}_{n} \cdot \boldsymbol{g}^{j} = -\Gamma_{ik}^{n}\delta_{n}^{j} = -\Gamma_{ik}^{j} \tag{2.79}$$

由此得

$$\frac{\partial \boldsymbol{g}^{j}}{\partial x^{k}} = -\Gamma_{ik}^{j}\boldsymbol{g}^{i} \tag{2.80}$$

下面给出张量的协变导数：

考虑一个矢量场 $\boldsymbol{V}$，在曲线坐标下有

$$\boldsymbol{V} = v^{i}\boldsymbol{g}_{i} = v_{i}\boldsymbol{g}^{i} \tag{2.81}$$

求该矢量的第一式对坐标 x^i 的偏导数，则有

$$\frac{\partial \boldsymbol{V}}{\partial x^{j}} = \frac{\partial v^{i}}{\partial x^{j}}\boldsymbol{g}_{i} + v^{i}\frac{\partial \boldsymbol{g}_{i}}{\partial x^{j}} \tag{2.82}$$

将式（2.67）代入式（2.82），得

$$\frac{\partial \boldsymbol{V}}{\partial x^{j}} = \frac{\partial v^{i}}{\partial x^{j}}\boldsymbol{g}_{i} + v^{i}\Gamma_{ij}^{k}\boldsymbol{g}_{k} = \left(\frac{\partial v^{k}}{\partial x^{j}} + v^{i}\Gamma_{ij}^{k}\right)\boldsymbol{g}_{k} = \nabla_{j}v^{k}\boldsymbol{g}_{k} \tag{2.83}$$

式中，$\nabla_j v^k$ 为矢量 $\dfrac{\partial \boldsymbol{V}}{\partial x^j}$ 在坐标线切线方向的分量，称为一阶逆变分量 v^k 的协变导数，即

$$\nabla_{j}v^{k} = \frac{\partial v^{k}}{\partial x^{j}} + v^{i}\Gamma_{ij}^{k} \tag{2.84}$$

同样，对方程（2.81）第二式对坐标 x^i 的偏导数，则有

$$\frac{\partial \boldsymbol{V}}{\partial x^{j}} = \frac{\partial v_{i}}{\partial x^{j}}\boldsymbol{g}^{i} + v_{i}\frac{\partial \boldsymbol{g}^{i}}{\partial x^{j}} \tag{2.85}$$

将式（2.80）代入式（2.85），得

$$\frac{\partial \boldsymbol{V}}{\partial x^{j}} = \frac{\partial v_{i}}{\partial x^{j}}\boldsymbol{g}^{i} - v_{i}\Gamma_{jk}^{i}\boldsymbol{g}^{k} = \left(\frac{\partial v_{k}}{\partial x^{j}} - v_{i}\Gamma_{jk}^{i}\right)\boldsymbol{g}^{k} = \nabla_{j}v_{k}\boldsymbol{g}^{k} \tag{2.86}$$

式中，$\nabla_j v_k$ 为矢量 $\dfrac{\partial \boldsymbol{V}}{\partial x^j}$ 在逆变基矢量 $\boldsymbol{g}^k$ 方向的分量，称为一阶协变分量 v_k 的协变导数，即

$$\nabla_j v_k = \frac{\partial v_k}{\partial x^j} - v_i \Gamma^i_{jk} \tag{2.87}$$

协变导数常常用符号“;”来表示，即

$$A_{\mu;\sigma} = \frac{\partial A_\mu}{\partial x^\sigma} - A_\alpha \Gamma^\alpha_{\mu\sigma} \tag{2.88}$$

逆变导数是通过升高指示微分的指标而构成的，即

$$A^{\mu;\sigma} = g^{\sigma\alpha} A^\mu{}_{;\alpha} \tag{2.89}$$

在笛卡儿坐标系情况下，由于 $g_{ij} = \delta_{ij}$，$\Gamma_{ijk} = \Gamma^i_{jk} = 0$，故协变导数即为普通偏导数。不难证明：$\nabla_j v_k$ 和 $\nabla_j v^k$ 都满足二阶张量分量的坐标变换律，但矢量 $\dfrac{\partial \boldsymbol{V}}{\partial x^j}$ 并不是二阶张量。于是我们定义矢量 $\boldsymbol{V}$ 的绝对微商为

$$\nabla \boldsymbol{V} = \boldsymbol{g}^j \frac{\partial \boldsymbol{V}}{\partial x^j} = \nabla_j v_i \boldsymbol{g}^j \boldsymbol{g}^i = \nabla_j v^i \boldsymbol{g}^j \boldsymbol{g}_i \tag{2.90}$$

它是二阶张量。式中 ∇ 为哈密顿（Hamilton）算子，即

$$\nabla = \boldsymbol{g}^j \frac{\partial}{\partial x^j} \tag{2.91}$$

利用绝对微商可以将式（2.91）推广到任意高阶张量 $\boldsymbol{T}$，即

$$\nabla \boldsymbol{T} = \boldsymbol{g}^j \frac{\partial}{\partial x^j} \boldsymbol{T} \tag{2.92}$$

例如，考虑如下高阶张量：

$$\boldsymbol{T} = T^{i\cdots j}{}_{k\cdots l} \sqrt{g}^{\,-q} \boldsymbol{g}_i \cdots \boldsymbol{g}_j \boldsymbol{g}^k \cdots \boldsymbol{g}^l \tag{2.93}$$

对它绝对微商，则有

$$\begin{aligned}
\nabla \boldsymbol{T} &= \boldsymbol{g}^r \frac{\partial}{\partial x^r}\left(T^{i\cdots j}{}_{k\cdots l} \sqrt{g}^{\,-q} \boldsymbol{g}_i \cdots \boldsymbol{g}_j \boldsymbol{g}^k \cdots \boldsymbol{g}^l\right) \\
&= \boldsymbol{g}^r \frac{\partial}{\partial x^r}\left(T^{i\cdots j}{}_{k\cdots l}\right) \sqrt{g}^{\,-q} \boldsymbol{g}_i \cdots \boldsymbol{g}_j \boldsymbol{g}^k \cdots \boldsymbol{g}^l + \boldsymbol{g}^r T^{i\cdots j}{}_{k\cdots l} \frac{\partial}{\partial x^r}\left(\sqrt{g}^{\,-q}\right) \boldsymbol{g}_i \cdots \boldsymbol{g}_j \boldsymbol{g}^k \cdots \boldsymbol{g}^l \\
&\quad + \boldsymbol{g}^r T^{i\cdots j}{}_{k\cdots l} \sqrt{g}^{\,-q} \left(\frac{\partial \boldsymbol{g}_i}{\partial x^r} \boldsymbol{g}_j \boldsymbol{g}^k \cdots \boldsymbol{g}^l + \boldsymbol{g}_i \frac{\partial \boldsymbol{g}_j}{\partial x^r} \boldsymbol{g}^k \cdots \boldsymbol{g}^l + \cdots + \boldsymbol{g}_i \cdots \boldsymbol{g}_j \boldsymbol{g}^k \cdots \frac{\partial \boldsymbol{g}^l}{\partial x^r}\right)
\end{aligned} \tag{2.94}$$

将协变及逆变基矢量导数公式（2.68）和式（2.80）代入式（2.94），有

$$\nabla \boldsymbol{T}$$

$$=\left[\frac{\partial}{\partial x^r}\left(T^{i\cdots j}{}_{k\cdots l}\right)-q\Gamma_{sr}^{\ s}T^{i\cdots j}{}_{k\cdots l}+\Gamma_{rs}^{\ i}T^{s\cdots j}{}_{k\cdots l}+\cdots+\Gamma_{rs}^{\ j}T^{i\cdots s}{}_{k\cdots l}-\Gamma_{rk}^{\ s}T^{i\cdots j}{}_{s\cdots l}-\cdots-\Gamma_{rl}^{\ s}T^{i\cdots j}{}_{k\cdots s}\right]$$

$$\cdot\sqrt{g}^{-q}\boldsymbol{g}^r\boldsymbol{g}_i\cdots\boldsymbol{g}_j\boldsymbol{g}^k\cdots\boldsymbol{g}^l=\left(\nabla_r T^{i\cdots j}{}_{k\cdots l}\right)\sqrt{g}^{-q}\boldsymbol{g}^r\boldsymbol{g}_i\cdots\boldsymbol{g}_j\boldsymbol{g}^k\cdots\boldsymbol{g}^l \tag{2.95}$$

式中，$\nabla_r T^{i\cdots j}{}_{k\cdots l}$ 称为 $\boldsymbol{T}$ 张量分量 $T^{i\cdots j}{}_{k\cdots l}$ 的协变导数。

$$\nabla_r T^{i\cdots j}{}_{k\cdots l}=\frac{\partial}{\partial x^r}\left(T^{i\cdots j}{}_{k\cdots l}\right)-q\Gamma_{sr}^{\ s}T^{i\cdots j}{}_{k\cdots l}+\Gamma_{rs}^{\ i}T^{s\cdots j}{}_{k\cdots l}+\cdots+\Gamma_{rs}^{\ j}T^{i\cdots s}{}_{k\cdots l}$$
$$-\Gamma_{rk}^{\ s}T^{i\cdots j}{}_{s\cdots l}-\cdots-\Gamma_{rl}^{\ s}T^{i\cdots j}{}_{k\cdots s} \tag{2.96}$$

显而易见，$\nabla \boldsymbol{T}$ 是比张量 $\boldsymbol{T}$ 高一阶的张量。

同样，利用度量张量升降指标的作用，可以从协变导数求导逆变导数，即

$$\nabla^s T^{i\cdots j}{}_{k\cdots l}=g^{rs}\nabla_r T^{i\cdots j}{}_{k\cdots l} \tag{2.97}$$

例如，二阶张量的协变导数为

$$B_{\beta\delta;\rho}=\frac{\partial B_{\beta\delta}}{\partial x^\rho}-\Gamma^\alpha{}_{\beta\rho}B_{\delta\alpha}-\Gamma^\alpha{}_{\delta\rho}B_{\beta\alpha} \tag{2.98}$$

$$B^{\beta\delta}{}_{;\rho}=\frac{\partial B^{\beta\delta}}{\partial x^\rho}+\Gamma^\beta{}_{\alpha\rho}B^{\alpha\delta}-\Gamma^\delta{}_{\alpha\rho}B^{\beta\alpha} \tag{2.99}$$

$$B^\beta{}_{\delta;\rho}=\frac{\partial B^\beta{}_\delta}{\partial x^\rho}+\Gamma^\beta{}_{\alpha\rho}B^\alpha{}_\delta-\Gamma^\alpha{}_{\delta\rho}B^\beta{}_\alpha \tag{2.100}$$

一阶张量的协变散度为

$$A^\mu{}_{;\mu}=\frac{\partial A^\alpha}{\partial x^\alpha}+\Gamma^\mu{}_{\alpha\mu}A^\alpha \tag{2.101}$$

由式（2.76）得

$$\Gamma^\mu{}_{\alpha\mu}=\frac{1}{2}g^{\mu\nu}\frac{\partial g_{\mu\nu}}{\partial x^\alpha} \tag{2.102}$$

度量张量行列式对度量张量的导数为

$$\frac{\partial g}{\partial g_{\mu\nu}}=gg^{\mu\nu} \tag{2.103}$$

即

$$\mathrm{d}g=gg^{\mu\nu}\mathrm{d}g_{\mu\nu}=-gg_{\mu\nu}\mathrm{d}g^{\mu\nu} \tag{2.104}$$

式（2.104）用到了 $\mathrm{d}(g_{\mu\nu}g^{\mu\nu})=0$ 。于是

$$\frac{\partial g}{\partial x^\alpha}=gg^{\mu\nu}\frac{\partial g_{\mu\nu}}{\partial x^\alpha}=-gg_{\mu\nu}\frac{\partial g^{\mu\nu}}{\partial x^\alpha} \tag{2.105}$$

利用式（2.105），式（2.102）可以写成如下形式：

$$\Gamma^\mu{}_{\alpha\mu}=-\frac{1}{2}g^{\mu\nu}\frac{\partial g^{\mu\nu}}{\partial x^\alpha}=\frac{1}{2g}\frac{\partial g}{\partial x^\alpha}=\frac{\partial}{\partial x^\alpha}\left(\ln\sqrt{-g}\right) \tag{2.106}$$

于是，利用式（2.106），式（2.101）协变散度可以写成

$$A^{\mu}_{;\mu}=\frac{1}{\sqrt{-g}}\frac{\partial}{\partial x^{\mu}}\left(A^{\mu}\sqrt{-g}\right)\tag{2.107}$$

同理，对二阶逆变张量，由式（2.99），有

$$B^{\alpha\beta}_{;\beta}=\frac{1}{\sqrt{-g}}\frac{\partial}{\partial x^{\beta}}\left(B^{\alpha\beta}\sqrt{-g}\right)-\Gamma^{\alpha}_{\beta\sigma}B^{\beta\sigma}\tag{2.108}$$

$$B_{\alpha;\beta}^{\ \beta}=\frac{1}{\sqrt{-g}}\frac{\partial}{\partial x^{\beta}}\left(B_{\alpha}^{\ \beta}\sqrt{-g}\right)-\Gamma^{\beta}_{\alpha\sigma}B_{\beta}^{\ \sigma}\tag{2.109}$$

对反对称张量$F^{\alpha\beta}$，式（2.108）最后一项化为零，从而协变散度为

$$F^{\alpha\beta}_{;\beta}=\frac{1}{\sqrt{-g}}\frac{\partial}{\partial x^{\beta}}\left(F^{\alpha\beta}\sqrt{-g}\right)\tag{2.110}$$

对于对称张量$S^{\alpha\beta}$，由式（2.109）又可以写成：

$$S^{\beta}_{\alpha;\beta}=\frac{1}{\sqrt{-g}}\frac{\partial}{\partial x^{\beta}}\left(S^{\beta}_{\alpha}\sqrt{-g}\right)-\frac{1}{2}\frac{\partial g_{\mu\nu}}{\partial x^{\alpha}}S^{\mu\nu}\tag{2.111}$$

2.3　黎曼空间张量

1. 黎曼-克里斯托弗（Riemann-Christoffel）张量

协变导数与普通导数最明显的区别在于做多次求导运算时，其求导结果与求导次序有关。例如：

$$\begin{aligned}\nabla_t\nabla_s B_r&=\frac{\partial}{\partial x^t}\left(\nabla_s B_r\right)-\Gamma_{rt}^{\ m}\nabla_s B_m-\Gamma_{st}^{\ m}\nabla_m B_r\\&=\frac{\partial^2 B_r}{\partial x^t\partial x^s}-\Gamma_{rs}^{\ m}\frac{\partial B_m}{\partial x^t}-B_m\frac{\partial\Gamma_{rs}^{\ m}}{\partial x^t}-\Gamma_{rt}^{\ m}\left(\frac{\partial B_m}{\partial x^s}-\Gamma_{ms}^{\ p}B_p\right)-\Gamma_{st}^{\ m}\left(\frac{\partial B_r}{\partial x^m}-\Gamma_{rm}^{\ p}B_p\right)\\&=\frac{\partial^2 B_r}{\partial x^t\partial x^s}-\Gamma_{rs}^{\ m}\frac{\partial B_m}{\partial x^t}-\Gamma_{rt}^{\ m}\frac{\partial B_m}{\partial x^s}-\Gamma_{st}^{\ m}\frac{\partial B_r}{\partial x^m}-B_m\left(\frac{\partial\Gamma_{rs}^{\ m}}{\partial x^t}-\Gamma_{rt}^{\ p}\Gamma_{sp}^{\ m}-\Gamma_{st}^{\ p}\Gamma_{rp}^{\ m}\right)\end{aligned}\tag{2.112}$$

对换式（2.112）求导次序，即对换式（2.112）中指标s和t的位置，然后相减，再利用克里斯托弗符号的对称性质可得

$$\nabla_t\nabla_s B_r-\nabla_s\nabla_t B_r=R^{p}_{\ rst}B_p\tag{2.113}$$

式中

$$R^{p}_{\ rst}=\frac{\partial}{\partial x^s}\Gamma_{rt}^{\ p}-\frac{\partial}{\partial x^t}\Gamma_{rs}^{\ p}+\Gamma_{rt}^{\ m}\Gamma_{ms}^{\ p}-\Gamma_{rs}^{\ m}\Gamma_{mt}^{\ p}\tag{2.114}$$

它构成了一个四阶张量，称为黎曼-克里斯托弗张量，简称 R-C 张量，其分量只与度量张量有关。

若将指标 p 下移，得到

$$R_{prst} = g_{pm}R^{m}{}_{rst} = g_{pm}\frac{\partial}{\partial x^{s}}\Gamma_{rt}{}^{m} - g_{pm}\frac{\partial}{\partial x^{t}}\Gamma_{rs}{}^{m} + \Gamma_{rt}{}^{m}\Gamma_{msp} - \Gamma_{rs}{}^{m}\Gamma_{mtp} \tag{2.115}$$

利用度量张量的性质，有

$$g_{pm}\frac{\partial}{\partial x^{s}}\Gamma_{rt}{}^{m} = \frac{\partial}{\partial x^{s}}\left(g_{pm}\Gamma_{rt}{}^{m}\right) - \Gamma_{rt}{}^{m}\frac{\partial g_{pm}}{\partial x^{s}} = \frac{\partial}{\partial x^{s}}\Gamma_{rtp} - \Gamma_{rt}{}^{m}\left(\Gamma_{msp} + \Gamma_{spm}\right) \tag{2.116}$$

于是，式（2.115）成为

$$R_{prst} = \frac{\partial}{\partial x^{s}}\Gamma_{rtp} - \frac{\partial}{\partial x^{t}}\Gamma_{rsp} + \Gamma_{rs}{}^{m}\Gamma_{ptm} - \Gamma_{rt}{}^{m}\Gamma_{psm} \tag{2.117}$$

再将 Γ_{rtp} 和 Γ_{rsp} 表达式代入式（2.117），则有

$$R_{prst} = \frac{1}{2}\left(\frac{\partial^{2} g_{pt}}{\partial x^{s}\partial x^{r}} + \frac{\partial^{2} g_{rs}}{\partial x^{t}\partial x^{p}} - \frac{\partial^{2} g_{ps}}{\partial x^{t}\partial x^{r}} - \frac{\partial^{2} g_{rt}}{\partial x^{s}\partial x^{p}}\right) + g^{mn}\left(\Gamma_{rsm}\Gamma_{ptn} + \Gamma_{rtm}\Gamma_{psn}\right) \tag{2.118}$$

R_{prst} 的性质如下：

1）对指标 p 和 r 反对称，对指标 s 和 t 也反对称，即

$$R_{prst} = -R_{rpst} \tag{2.119}$$

$$R_{prst} = -R_{rpts} \tag{2.120}$$

2）对指标 pr 和 st 为对称，即

$$R_{prst} = R_{stpr} \tag{2.121}$$

3）恒等式：

$$R_{prst} + R_{pstr} + R_{ptrs} = 0 \tag{2.122}$$

4）当 $p=r$ 和 $s=t$ 时，其值为零：

$$R_{ppst} = 0,\quad R_{prtt} = 0 \tag{2.123}$$

5）有 3 个或 4 个指标相同时，其值为零：

$$R_{prrr} = R_{rprr} = R_{rrpr} = R_{rrrp} = 0,\quad R_{pppp} = 0 \tag{2.124}$$

于是，不为零且相异的 R_{prst} 有以下三类。

1）R_{ijij} 有 C_n^2 个：

$$C_n^2 = \frac{1}{2}n(n-1) \tag{2.125}$$

式中，n 为空间的维度。

2） R_{ijkl} 有 $2C_n^4$ 个：

$$2C_n^4=\frac{1}{12}n(n-1)(n-2)(n-3) \tag{2.126}$$

3） R_{ijik} 有 $2C_n^2(n-2)$ 个：

$$2C_n^2(n-2)=\frac{1}{12}n(n-1)(n-2) \tag{2.127}$$

2. 里奇张量

对二阶或高阶的混合张量的一个上标和一个下标求和，得到一个比原来张量低二阶的张量，这种运算称为降阶（有的书上称为降秩）。例如，张量分量 $R_{\mu\nu}$ 是对 $R^{\alpha}{}_{\mu\beta\nu}$ 降阶而构成的，即

$$R_{\mu\nu}=R^{\alpha}{}_{\mu\alpha\nu}=\frac{\partial\Gamma^{\alpha}{}_{\mu\nu}}{\partial x^{\alpha}}-\frac{\partial\Gamma^{\alpha}{}_{\mu\alpha}}{\partial x^{\nu}}+\Gamma^{\alpha}{}_{\mu\nu}\Gamma^{\beta}{}_{\alpha\beta}-\Gamma^{\alpha}{}_{\mu\beta}\Gamma^{\beta}{}_{\nu\alpha} \tag{2.128}$$

它们构成了里奇（Ricci）张量，其对称性是显而易见的。

同样，对 $R_{\mu\nu}$ 降阶而构成的标量：

$$g^{\mu\nu}R_{\mu\nu}=R \tag{2.129}$$

它称为曲率标量。

3. 比安基恒等式

在某点上取短程线坐标系，则该点的克里斯托弗符号化为零，且 $R^{\mu}{}_{\delta\beta\gamma}$ 的协变导数为

$$R^{\mu}{}_{\delta\beta\gamma;\nu}=\frac{\partial^2\Gamma^{\mu}{}_{\delta\gamma}}{\partial x^{\beta}\partial x^{\nu}}-\frac{\partial^2\Gamma^{\mu}{}_{\delta\beta}}{\partial x^{\gamma}\partial x^{\nu}} \tag{2.130}$$

由此得

$$R^{\mu}{}_{\delta\beta\gamma;\nu}+R^{\mu}{}_{\delta\nu\beta;\gamma}+R^{\mu}{}_{\delta\gamma\nu;\beta}=0 \tag{2.131}$$

这一结果在一切其他坐标系中也都成立。该关系式称为比安基（Bianchi）恒等式。

4. 黎曼空间

由以下线元确定空间任意两个无限接近的点之间距离的 n 维空间称为黎曼（Riemann）空间，并以符号 R_n 表示。

$$\mathrm{d}s^2=g_{ij}\mathrm{d}x^i\mathrm{d}x^j \tag{2.132}$$

在 R_n 空间中，无论怎样选择坐标系，其基矢量组 $\{\boldsymbol{g}_i\}$ 都是逐点变化的，度量张量是空间点位置 $\{x^i\}$ 的函数。因而克里斯托弗符号和 R-C 张量场不为零。

若在空间中可以安置直线坐标系（仿射坐标系），其基矢量组$\{\boldsymbol{g}_i\}$在空间各点处处相同，这样的n维空间称为欧氏空间，并以符号E_n表示。对E_n空间而言，存在这样一一对应的变换：

$$x^i = x^i\left(\overline{x}^j\right) \tag{2.133}$$

在此变换下，度量张量为常量，即

$$\overline{g}_{kl} = g_{ij}\frac{\partial x^i}{\partial \overline{x}^k}\frac{\partial x^j}{\partial \overline{x}^l} \tag{2.134}$$

此时，该坐标下空间任意两个无限接近的点之间距离为

$$\mathrm{d}s^2 = \overline{g}_{kl}\mathrm{d}\overline{x}^k\mathrm{d}\overline{x}^l \tag{2.135}$$

式（2.135）中，由于常系数矩阵$\left[\overline{g}_{kl}\right]$是对称正定的，故总存在一种变换使度量张量矩阵化为对角阵，从而有

$$\mathrm{d}s^2 = h_k\mathrm{d}\overline{y}^k\mathrm{d}\overline{y}^k\,,\qquad h_k > 0 \tag{2.136}$$

再经过伸缩变换，即

$$\mathrm{d}y_i = \sqrt{h_i}\,\mathrm{d}\overline{y}_i \tag{2.137}$$

就可以得到笛卡儿坐标系下线元长度平方的表达式：

$$\mathrm{d}s^2 = \mathrm{d}y_i\mathrm{d}y_i \tag{2.138}$$

式中，y_i是E_n空间点的笛卡儿坐标。该坐标系中的度量张量的分量为

$$g_{ij} = \boldsymbol{I}_i\cdot\boldsymbol{I}_j = \delta_{ij} \tag{2.139}$$

式中，$\boldsymbol{I}_i$为笛卡儿坐标系的基矢量。因此，在笛卡儿坐标系中 R-C 张量的全部分量为零。同时在E_n空间的任何坐标系中 R-C 张量的全部分量也必为零。这样，R-C 张量为零是空间为欧氏空间的必要条件，也是充分条件，并且在欧氏空间中，矢量分量的二阶协变导数与求导次序无关。

欧氏空间可以安置直线坐标系，而欧氏空间只能安置曲线坐标系，因此可以形象地称欧氏空间为平坦空间，而欧氏空间为弯曲空间或有曲率的空间。在微分几何中 R-C 张量反映了曲面的高斯（Gauss）曲率，故 R-C 张量也称曲率张量。

5. 爱因斯坦张量

比安基恒等式表明空间的仿射联络是对称而可积的。把比安基恒等式降秩二次，就可以得到只含降秩曲率张量的恒等式。

式（2.131）也可以写成下列的比安基恒等式：

$$\nabla_m R^i{}_{jkl} + \nabla_k R^i{}_{jlm} + \nabla_l R^i{}_{jmk} = 0 \tag{2.140}$$

或

$$R_{iks;l}{}^{n} + R_{kls;i}{}^{n} + R_{lis;k}{}^{n} = 0 \tag{2.141}$$

首先，将式（2.141）对i和n降秩，得到

$$R_{ks;l} + R_{kls;r}{}^{r} + R_{lrs;k}{}^{r} = 0 \tag{2.142}$$

交换最后一项中 l 和 r 的次序，并利用 $R_{ikl\cdot}{}^{n}$ 关于指标 i 和 k 的反对称性，即 $R_{ikl}{}^{n} + R_{kil}{}^{n} = 0$，得

$$R_{ks;l} + R_{kls;r}{}^{r} - R_{ls;k} = 0 \tag{2.143}$$

或

$$R_{k;l}^{s} + R_{kl;r}^{sr} - R_{l;k}^{s} = 0 \tag{2.144}$$

其次，改变式（2.144）第二项中逆变指标 s 和 r 的次序，即

$$R_{kl}^{sr} = -R_{kl}^{rs} \tag{2.145}$$

并对指标 k 和 s 降秩，得到

$$R_{;l} - 2R_{l;r}^{r} = 0 \tag{2.146}$$

或

$$\left(R^{ls} - \frac{1}{2}g^{ls}R\right)_{;s} = 0 \tag{2.147}$$

式（2.147）括号中的项构成了爱因斯坦张量，即

$$G^{ls} = R^{ls} - \frac{1}{2}g^{ls}R \tag{2.148}$$

2.4　闵可夫斯基空间张量

在某种变换下数学方程形式保持不变的性质称为协变性。在洛伦兹变换下物理规律的数学方程保持不变的性质，称为洛伦兹协变性。数学方程中不同性质的物理量一般具有不同的变换性质。在洛伦兹变换中的同一类物理量应当按照相同的变换形式变换，这样的物理量统称为四维协变量。常用的四维协变量有四维空间的标量（又称洛伦兹标量）、矢量（又称四维矢量）和张量（四维张量）。

1. 闵可夫斯基空间

闵可夫斯基空间简称闵氏空间。相对论是关于时间、空间及其相互关系的理论，它不可避免地和几何学联系在一起。相对论的几何基础不可能是我们熟知的欧几里得几何（简称欧氏几何），而是闵可夫斯基专门为相对论创造的四维闵氏几何，由于它与欧氏空间类似，又称伪欧几何。

将时间坐标取为 $x_0 = ct$，四维闵氏时空坐标可以统一记作：

$$\left(x_0, x_1, x_2, x_3\right) = \left(ct, \boldsymbol{x}\right) \tag{2.149}$$

根据闵氏几何的时空间隔不变性，任意两个邻近的时空点 $P\left(x_0, x_1, x_2, x_3\right)$ 和

$Q\left(x_0+\mathrm{d}x_0, x_1+\mathrm{d}x_1, x_2+\mathrm{d}x_2, x_3+\mathrm{d}x_3\right)$的时空间隔为

$$\mathrm{d}s^2=\mathrm{d}x_0^2-\mathrm{d}x_1^2-\mathrm{d}x_2^2-\mathrm{d}x_3^2=\eta_{\mu\nu}\mathrm{d}x_\mu\mathrm{d}x_\nu \tag{2.150}$$

式中，$\eta_{\mu\nu}$（$\mu,\nu=0,1,2,3$）取自下式：

$$\boldsymbol{\eta}=\begin{bmatrix}1&0&0&0\\0&-1&0&0\\0&0&-1&0\\0&0&0&-1\end{bmatrix} \tag{2.151}$$

和欧氏空间类比，将时空间隔 $\mathrm{d}s$ 称为闵氏线元，$\eta_{\mu\nu}$ 称为闵氏度规。

不难看出，闵氏度规与欧氏度规很相似，都是对角元素不为零。闵氏度规的对角元素为±1，而欧氏度规的对角元素为 1。因此也将闵氏几何称为伪欧几何。

为了便于应用欧氏几何规律，在相对论中还常采用另一种复欧氏坐标，即把时间坐标取为虚数 $x_4=\mathrm{i}ct\left(\mathrm{i}=\sqrt{-1}\right)$，并将空间和时间坐标统一记作：

$$\left(x_1,x_2,x_3,x_4\right)=\left(\boldsymbol{x},\mathrm{i}ct\right) \tag{2.152}$$

由此构成的时空连续域$\left\{x_\mu \middle| \mu=1,2,3,4\right\}$，称为（复）闵氏时空。

在闵氏坐标$\left(x_\mu\right)$下，时空间隔式（2.150）成为

$$\mathrm{d}s^2=-\delta_{\mu\nu}\mathrm{d}x_\mu\mathrm{d}x_\nu=-\mathrm{d}x_\mu\mathrm{d}x_\mu \tag{2.153}$$

式中，$\delta_{\mu\nu}$（$\mu,\nu=0,1,2,3$）取自下式：

$$\boldsymbol{\delta}=\begin{bmatrix}1&0&0&0\\0&1&0&0\\0&0&1&0\\0&0&0&1\end{bmatrix} \tag{2.154}$$

这就是四维欧氏度规，它是三维欧氏度规的推广，因此该空间中的几何就是四维欧氏几何。

2. 洛伦兹变换

闵氏时空的旋转变换——洛伦兹变换。

有两个惯性系，设一惯性系 S' 相对另一惯性系 S 的速度是 v，则洛伦兹变换在闵氏虚坐标下可以表示为

$$\begin{cases}x_1'=\gamma\left(x_1+\mathrm{i}\beta x_4\right)\\x_2'=x_2\\x_3'=x_3\\x_4'=\gamma\left(-\mathrm{i}\beta x_1+x_4\right)\end{cases} \tag{2.155}$$

其中

$$\gamma=\frac{1}{\sqrt{1-\beta^2}}, \qquad \beta=\frac{v}{c} \tag{2.156}$$

洛伦兹变换矩阵 $\boldsymbol{L}$ 为

$$\boldsymbol{L}=\begin{bmatrix}\gamma & 0 & 0 & \mathrm{i}\gamma\beta\\ 0 & 1 & 0 & 0\\ 0 & 0 & 1 & 0\\ -\mathrm{i}\gamma\beta & 0 & 0 & \gamma\end{bmatrix} \tag{2.157}$$

变换系数矩阵是正交归一化的，即

$$\begin{cases}L_{\mu\alpha}L_{\mu\beta}=\delta_{\alpha\beta}\\ L_{\alpha\nu}L_{\beta\nu}=\delta_{\alpha\beta}\end{cases} \tag{2.158}$$

或矩阵形式

$$\boldsymbol{L}^{\mathrm{T}}\boldsymbol{L}=\boldsymbol{I}, \qquad \boldsymbol{L}^{-1}=\boldsymbol{L}^{\mathrm{T}} \tag{2.159}$$

由此可见，洛伦兹变换是四维（复）闵氏空间的正交变换。

于是，洛伦兹变换可以写成：

$$x'_\mu=L_{\mu\nu}x_\nu \tag{2.160}$$

由于洛伦兹变换逆矩阵等于变换矩阵的转置，洛伦兹逆变换为

$$x_\mu=L^{-1}_{\mu\nu}x'_\nu=L_{\nu\mu}x'_\nu \tag{2.161}$$

并且有

$$\det(\boldsymbol{L})=+1 \tag{2.162}$$

3. 闵氏空间张量

四维闵氏空间的矢量有 4 个分量，前 3 个分量是普通三维空间的矢量，第 4 个分量是相对论所特有的，称为类时分量，它们记作：

$$\boldsymbol{X}=(X_\mu)=(X_i,X_4) \tag{2.163}$$

在洛伦兹变换下，四维矢量的变换是

$$X'_\mu=L_{\mu\nu}X_\nu \tag{2.164}$$

或

$$\boldsymbol{X}'=\boldsymbol{L}\boldsymbol{X} \tag{2.165}$$

在洛伦兹变换下，四维矢量的“模方”保持不变，即

$$\boldsymbol{X}'^{\mathrm{T}}\boldsymbol{X}'=\boldsymbol{X}^{\mathrm{T}}\boldsymbol{L}^{\mathrm{T}}\boldsymbol{L}\boldsymbol{X}=\boldsymbol{X}^{\mathrm{T}}\boldsymbol{X} \tag{2.166}$$

在四维时空中，二阶张量有 $4^2=16$ 个分量，它构成一个 4×4 的方阵，即

$$
\boldsymbol{X}=\begin{bmatrix} & & & X_{14} \\ & \left(X_{ij}\right) & & X_{24} \\ & & & X_{34} \\ X_{41} & X_{42} & X_{43} & X_{44} \end{bmatrix} \tag{2.167}
$$

式中，左上角的 9 个分量 $\left(X_{ij}\right)$ 是属于三维欧氏空间中的张量。

在洛伦兹变换下，二阶张量的变换为

$$
X'_{\mu\nu}=L_{\mu\alpha}L_{\nu\beta}X_{\alpha\beta} \tag{2.168}
$$

或

$$
\boldsymbol{X}'=\boldsymbol{L}\boldsymbol{X}\boldsymbol{L}^{\mathrm{T}} \tag{2.169}
$$

其逆变换是

$$
X_{\mu\nu}=L_{\alpha\mu}L_{\beta\nu}X'_{\alpha\beta} \tag{2.170}
$$

或

$$
\boldsymbol{X}=\boldsymbol{L}^{\mathrm{T}}\boldsymbol{X}'\boldsymbol{L} \tag{2.171}
$$

利用洛伦兹变换矩阵的性质式（2.158）和式（2.162），可以证明二阶张量有如下 3 个不变量。

（1）张量的迹不变

$$
\operatorname{tr}\left(\boldsymbol{X}'\right)=\operatorname{tr}\left(\boldsymbol{L}\boldsymbol{X}\boldsymbol{L}^{\mathrm{T}}\right)=\operatorname{tr}\left(\boldsymbol{X}\boldsymbol{L}\boldsymbol{L}^{\mathrm{T}}\right)=\operatorname{tr}\left(\boldsymbol{X}\right)=X_{\mu\mu} \tag{2.172}
$$

（2）张量的行列式不变

$$
\det\left(\boldsymbol{X}'\right)=\det\left(\boldsymbol{L}\boldsymbol{X}\boldsymbol{L}^{-1}\right)=\det\left(\boldsymbol{L}\right)\det\left(\boldsymbol{X}\right)\det\left(\boldsymbol{L}^{\mathrm{T}}\right)=\det\left(\boldsymbol{X}\right) \tag{2.173}
$$

（3）张量的缩并积不变

$$
X'_{\mu\nu}X'_{\mu\nu}=L_{\mu\alpha}L_{\nu\beta}L_{\mu\alpha}L_{\nu\beta}X_{\alpha\beta}X_{\alpha\beta}=\delta_{\alpha\alpha}\delta_{\beta\beta}X_{\alpha\beta}X_{\alpha\beta}=X_{\alpha\beta}X_{\alpha\beta} \tag{2.174}
$$

将三维排列张量推广到四维闵氏空间排列张量，则有

$$
\epsilon_{\mu\nu\alpha\beta}=+1,\qquad \mu,\nu,\alpha,\beta\ \text{为偶序} \tag{2.175}
$$

$$
\epsilon_{\mu\nu\alpha\beta}=-1,\qquad \mu,\nu,\alpha,\beta\ \text{为奇序} \tag{2.176}
$$

$$
\epsilon_{\mu\nu\alpha\beta}=0,\qquad \mu,\nu,\alpha,\beta\ \text{任意二指标相同} \tag{2.177}
$$

这里的奇偶序是以（1,2,3,4）为标准的。

四维排列张量分量与克罗内克符号的关系为

$$
\epsilon_{\mu\nu\alpha\beta}=\begin{vmatrix} \delta_{1\mu} & \delta_{1\nu} & \delta_{1\alpha} & \delta_{1\beta} \\ \delta_{2\mu} & \delta_{2\nu} & \delta_{2\alpha} & \delta_{2\beta} \\ \delta_{3\mu} & \delta_{3\nu} & \delta_{3\alpha} & \delta_{3\beta} \\ \delta_{4\mu} & \delta_{4\nu} & \delta_{4\alpha} & \delta_{4\beta} \end{vmatrix} \tag{2.178}
$$

并满足以下关系：

$$\epsilon_{\mu\nu\alpha\beta}\epsilon_{\bar{\mu}\bar{\nu}\bar{\alpha}\bar{\beta}}=\begin{vmatrix}\delta_{\mu\bar{\mu}} & \delta_{\mu\bar{\nu}} & \delta_{\mu\bar{\alpha}} & \delta_{\mu\bar{\beta}}\\ \delta_{\nu\bar{\mu}} & \delta_{\nu\bar{\nu}} & \delta_{\nu\bar{\alpha}} & \delta_{\nu\bar{\beta}}\\ \delta_{\alpha\bar{\mu}} & \delta_{\alpha\bar{\nu}} & \delta_{\alpha\bar{\alpha}} & \delta_{\alpha\bar{\beta}}\\ \delta_{\beta\bar{\mu}} & \delta_{\beta\bar{\nu}} & \delta_{\beta\bar{\alpha}} & \delta_{\beta\bar{\beta}}\end{vmatrix} \tag{2.179}$$

$$\epsilon_{\mu\nu\alpha\beta}\epsilon_{\mu\nu\bar{\alpha}\bar{\beta}}=2\begin{vmatrix}\delta_{\alpha\bar{\alpha}} & \delta_{\alpha\bar{\beta}}\\ \delta_{\beta\bar{\alpha}} & \delta_{\beta\bar{\beta}}\end{vmatrix} \tag{2.180}$$

由于在洛伦兹变换下 $\delta_{\mu\nu}$ 不变，由上面的性质可知四维排列张量的每一个分量也保持不变。四维排列张量是一个很有用的张量，可以用来缩并某一张量。

4. 四维张量的运算规则

四维张量的加减和乘法等代数运算与三维张量的运算规则相同，下面仅介绍微分运算。

（1）梯度

四维空间的梯度算符是三维哈密顿算子 ∇ 的推广，定义为

$$\frac{\partial}{\partial x_\mu}=\left(\frac{\partial}{\partial x_i},\frac{\partial}{\partial x_4}\right)=\left(\nabla,-\frac{i}{c}\frac{\partial}{\partial t}\right) \tag{2.181}$$

式中，前 3 个分量是普通三维空间的梯度；第 4 个分量是时间的变化率。梯度运算将张量的阶数增加 1。

梯度算符是闵氏空间中的矢量算符，在洛伦兹变换下按矢量的规律变换，由式（2.164）可得

$$\frac{\partial}{\partial x'_\mu}=\frac{\partial x_\nu}{\partial x'_\mu}\frac{\partial}{\partial x_\nu}=L_{\mu\nu}\frac{\partial}{\partial x_\nu} \tag{2.182}$$

（2）散度

张量的散度运算是梯度的缩并，新张量比原来的降低 1 阶。如矢量 $\boldsymbol{X}$ 的散度是标量：

$$\frac{\partial X_\mu}{\partial x_\mu}=\frac{\partial X_i}{\partial x_i}+\frac{\partial X_4}{\partial x_4}=\nabla\cdot\boldsymbol{X}-\frac{i}{c}\frac{\partial X_4}{\partial t} \tag{2.183}$$

标量即为不变量，利用矢量和梯度的变换规律可以证明：

$$\frac{\partial X'_\mu}{\partial x'_\mu}=L_{\mu\alpha}L_{\mu\beta}\frac{\partial X_\beta}{\partial x_\alpha}=\delta_{\alpha\beta}\frac{\partial X_\beta}{\partial x_\alpha}=\frac{\partial X_\alpha}{\partial x_\alpha} \tag{2.184}$$

因此矢量的散度在洛伦兹变换下是不变量。

（3）旋度

旋度是由梯度构成的高一阶的反对称张量。四维矢量 $\boldsymbol{X}$ 的旋度是一个二阶反

对称张量，其分量为

$$Y_{\mu\nu}=\frac{\partial X_\nu}{\partial x_\mu}-\frac{\partial X_\mu}{\partial x_\nu}=-Y_{\nu\mu} \tag{2.185}$$

把整个张量写出来就是

$$\boldsymbol{Y}=\begin{bmatrix} 0 & Y_{12} & Y_{13} & Y_{14} \\ -Y_{12} & 0 & Y_{23} & Y_{24} \\ -Y_{13} & -Y_{23} & 0 & Y_{34} \\ -Y_{14} & -Y_{24} & -Y_{34} & 0 \end{bmatrix} \tag{2.186}$$

左上角部分的 9 个分量（Y_{ij}）是三维空间的旋度矢量$\nabla\times\boldsymbol{X}$，由于反对称性，四维矢量的旋度张量只有 6 个独立分量。

利用四维排列张量，可以将式（2.185）简化为

$$Y_{\mu\nu}=\epsilon_{\alpha\beta\mu\nu}\frac{\partial X_\nu}{\partial x_\mu} \tag{2.187}$$

其中，α、β的取值应保证$\epsilon_{\alpha\beta\mu\nu}=1$。例如，当$\mu,\nu=1,2$；应取$\alpha,\beta=3,4$。

$$Y_{12}=\epsilon_{3412}\frac{\partial X_2}{\partial x_1}+\epsilon_{3421}\frac{\partial X_1}{\partial x_2}=\frac{\partial X_2}{\partial x_1}-\frac{\partial X_1}{\partial x_2} \tag{2.188}$$

由于洛伦兹变换下$\epsilon_{\alpha\beta\mu\nu}$保持不变，式（2.187）按二阶张量的变换规律进行变换。

（4）四维拉普拉斯算子

四维拉普拉斯算子是以下三维拉普拉斯算子的推广。

$$\Delta=\nabla^2=\nabla\cdot\nabla=\frac{\partial^2}{\partial x_i\partial x_i} \tag{2.189}$$

因此，四维拉普拉斯算子的定义式为

$$\Box=\frac{\partial^2}{\partial x_\mu\partial x_\mu}=\nabla^2-\frac{1}{c^2}\frac{\partial^2}{\partial t^2} \tag{2.190}$$

利用梯度的变换式（2.182）和洛伦兹变换式（2.158），可得其变换规律为

$$\Box'=\frac{\partial^2}{\partial x'_\mu\partial x'_\mu}=L_{\mu\alpha}L_{\mu\beta}\frac{\partial^2}{\partial x_\alpha\partial x_\beta}=\frac{\partial^2}{\partial x_\alpha\partial x_\alpha}=\Box \tag{2.191}$$

因此拉普拉斯算符是一个标量算符，在洛伦兹变换下形式不变。

2.5　流　　形

物理学中很多问题都需要研究连续空间，如经典运动学和动力学中的普通空间、广义相对论中的弯曲空间等。流形是我们熟知的点、线、面以及各种高维连

续空间概念的推广。

流形的定义：流形是这样一个豪斯道夫（Hausdorff）空间，它的每一个点都含有该点的开集与实 n 维局域线性空间 $\mathbf{R}^n$ 的开集同胚。其中豪斯道夫空间是这样一个空间，其中任意两个不同点 a 和 b 之间均有不相交的开领域，即存在开集 U_α 和 U_β：

$$a \in U_\alpha, \qquad b \in U_\beta \tag{2.192}$$

和

$$U_\alpha \cap U_\beta = \varnothing \tag{2.193}$$

在流形定义中强调流形是一个豪斯道夫空间，就是强调了流形的可分性，使连接任意两点的连线无限再分。

为了对流形上的函数及张量场进行微分运算，常常对流形引入坐标系，可利用流形 M 上的开集对 $\mathbf{R}^n$ 的开集同胚映射来对流形 M 引入局部坐标。由流形的定义可知，流形中任一点都含有该点的开集 U 与 $\mathbf{R}^n$ 的一个开集 V 同胚，令 φ 为相应的同胚映射，即

$$\varphi : U \to V = \varphi(U) \tag{2.194}$$

流形 M 上点 $p \in U$，$\varphi(p)$ 在 $\mathbf{R}^n$ 中的坐标 $(x_1, x_1, \cdots, x_n)$ 就称为 p 点的坐标。这样，利用对 $\mathbf{R}^n$ 上开集 V 的同胚映射 φ，可以对流形 M 上开集 U 的各点建立坐标系。(U, φ) 称为流形 M 上的局部坐标系，或简称坐标系。

一般来说，流形是局部具有欧氏空间性质的空间，在数学中用于描述几何形体。物理上，经典力学的相空间和构造广义相对论的时空模型的四维伪黎曼流形都是流形的实例。流形是线性子空间的一种非线性推广。由于流形（manifold）是局部具有欧式空间性质的空间，它包括了各种纬度的曲线曲面，例如，球体、弯曲的平面等。因此，流形的局域和欧式空间是同构的。

流形的局域可以用坐标描述，同时也可以随时变换坐标。也就是说，一方面要利用坐标系这个工具，同时又不能受坐标系的束缚。虽然有时候需要明显地写出坐标下的表达式，但是更一般的情况是需要写出在坐标变换下不变的形式。流形的某一局部坐标系本身没有几何意义，其价值在于研究与坐标变换无关的一些不变量。

2.6　张量的李导数

对流形上的张量场进行微分运算是微分几何最基本的问题。使用物质坐标系（或拖带坐标系）来描述物质自身相对运动（变形）的缺点是微元体总的运动（局

部平均运动）没有得到体现，为此引入广义的时间参数，并且也把它看成是一个坐标维（广义的时间维）。这样，矢量场关于时间的李导数就是局部平均运动矢量（惯性速度）与局部变形张量（矢量场的梯度）的点积所形成的矢量。特别地，对于标量场，李导数是惯性速度矢量与标量场梯度的点积。

从数学上看，这种点积的运算只反映了物理场幅度的变化，而没有反映其内在自旋的变化。因此，一些物理学者试图把点积推广为几何积，从而用超代数形式重新定义李导数。对于标量场，它会自动出现自旋项；而对矢量场，它会出现一个伪标量。这两个量的出现是人们希望的，但是，在严格意义上赋予它们明确的物理意义尚为正在研究中的问题。

对于动力学系统而言，若取李导数为零（自由系统），对标量场则可以得到：惯性速度、标量场空间梯度及标量场时间偏导数所满足的一个运动方程。在抽象意义上，标量场的变化是惯性速度变化引起的（反之亦然）。对矢量场而言，惯性速度是矢量场变化的原因（反之亦然）。因此，流形上的李导数解决了当代抽象理论进入工程化应用的一个关键环节。简而言之，流形上的李导数解决了可变形运动物体的局部整体运动与局部变形的耦合问题。

在传统的弹性动力学方程中，等式右边的惯性加速力使用的是惯性速度（局部全局位移），而等式左边的应力常常是局部位移变化（位移梯度），两者间位移概念的差异一直是个深层次的概念不协调问题。流形上的李导数解决了这个问题。在流体力学中，有学者使用李导数表示的惯性加速力。理论上，它包含了速度梯度的效应，而方程中的流体应力也是用速度梯度给出的，从而在理论上看，这是重复性引入的。另有学者使用经典的速度对时间的偏导数作为加速度，而补充了一个连续性方程，这等价于也引入了李导数表示的加速力（密度变化引起的加速力）。

在一般连续介质动力学问题中，关键是李导数概念与应力概念的内在关系问题。因此，流体力学问题并不会因为简单地直接使用李导数概念而得到多少好处，它在使用时须对流体应力概念做出调整。就目前的力学实践来看，这个调整是以引入新的应力（如雷诺应力）来完成的。但是，这样的形式性引入，就具体问题而言可能是成功的，但本身又对流体的传统应力概念形成某种间接的否定。毕竟，李导数的应用可以使相对论弹性力学的分析更简单、明了。

李导数（Lie derivative）是一种对流形 M 上的张量场、向量场或函数沿着某个向量场的求导运算。李导数实际上就是将导数的定义推广到流形的张量场上。简单地讲，就是对张量场沿着一个矢量求导。但是张量场本身不是一个数，为了定义它的这种变化率，需要借助单参微分同胚群和拉回映射这两个基础概念的铺垫。由此定义出来的导数就称为李导数。李导数本质上是普通导数在流形上的推广。

李导数一个自然的定义为

$$\mathrm{L}_v T^{a_1\cdots a_k}{}_{b_1\cdots a_l}=\lim_{t\to 0}\frac{1}{t}\left(\phi_t^* T^{a_1\cdots a_k}{}_{b_1\cdots a_l}-T^{a_1\cdots a_k}{}_{b_1\cdots a_l}\right) \tag{2.195}$$

式中，$\mathrm{L}_v T^{a_1\cdots a_k}{}_{b_1\cdots a_l}$ 的含义是(k,l)型张量场$T^{a_1\cdots a_k}{}_{b_1\cdots a_l}$沿着光滑矢量场$\boldsymbol{v}$的李导数；$\phi_t^*$是映射$\phi_t: M\to N$的拉回映射。

实际上，当T是标量场时，就可以得到

$$\mathrm{L}_v f=v(f) \tag{2.196}$$

具体地，如果f是一个给定的函数，即$f:M\to R$，有一个M上的向量场$\boldsymbol{X}$，则f在点p（$p\in M$）的李导数为

$$\mathrm{L}_{\boldsymbol{X}} f(p)=\mathrm{d}f(p)\left[\boldsymbol{X}(p)\right] \tag{2.197}$$

式中，$\mathrm{d}f$是f的微分，$\mathrm{d}f:M\to T^*M$，即

$$\mathrm{d}f=\frac{\partial f}{\partial x^\alpha}\mathrm{d}x^\alpha \tag{2.198}$$

式中，$\mathrm{d}x^\alpha$是余切丛T^*M的基矢量。记号$\mathrm{d}f(p)\left[\boldsymbol{X}(p)\right]$表示取$f$（$M$中的$p$点）的微分和向量场$\boldsymbol{X}$（在点$p$）的内积。

李导数和协变导数的定义都需要两个输入，即求导方向和被作用对象。针对被作用对象，李导数和协变导数都是普通的导数算符，即满足线性和莱布尼兹率，并且均保持被作用对象的截面性（即作用前后均为同一个矢量丛的截面；对于协变导数，一般表述为“协变导数作用后还是张量”）。但是二者对求导方向$\boldsymbol{X}$的依赖差别非常大。

先考虑作用在光滑切矢量场$\boldsymbol{Y}$上。协变导数$\nabla_{\boldsymbol{X}}\boldsymbol{Y}\big|_p$只依赖$\boldsymbol{X}$在$p$处的取值，不管$\boldsymbol{X}$在$p$附近如何延拓，求导值在$p$处都是一样的，或者说，协变导数只需要知道$\boldsymbol{X}$在$p$一点处的值即可进行。李导数$\mathrm{L}_{\boldsymbol{X}}\boldsymbol{Y}\big|_p$则依赖$\boldsymbol{X}$在$p$附近的行为。因此，要使用李导数，$\boldsymbol{X}$必须是$p$邻域的光滑矢量场，只知道$\boldsymbol{X}$在$p$一点处的值是不够的。

在连续介质中非常重要的弹性变形描述是主动变换群$\{\mathrm{D}\}$，它将空间点p映射到新的空间点$\mathrm{D}p$。该变换D拖拽具有坐标x_p^i的点p到具有坐标$x_{\mathrm{D}p}^i$的点$\mathrm{D}p$。自然地，这个映射拖拽张量场$T^{ij\cdots}{}_{kl\cdots}(\boldsymbol{x})$到新的张量场$\mathrm{D}T^{ij\cdots}{}_{kl\cdots}(\boldsymbol{x})$。

为了形成李导数的概念，考虑一个参数簇变换D_ε，它映射具有坐标x_p^i的点p到点$\mathrm{D}_\varepsilon p$，并且该点具有坐标：

$$x_{\mathrm{D}_\varepsilon p}^i=x_p^i+\varepsilon\xi^i\left(x_p\right) \tag{2.199}$$

这个变换映射每一个张量场$T^{ij\cdots}{}_{kl\cdots}(\boldsymbol{x})$进入一个参数簇的张量场$\mathrm{D}_\varepsilon T^{ij\cdots}{}_{kl\cdots}(\boldsymbol{x})$。

对每一个ε，下面这个差异依然是张量场，即

$$\Delta_\varepsilon T^{ij\cdots}{}_{kl\cdots}(\boldsymbol{x})=T^{ij\cdots}{}_{kl\cdots}(\boldsymbol{x})-\mathrm{D}_\varepsilon T^{ij\cdots}{}_{kl\cdots}(\boldsymbol{x}) \tag{2.200}$$

于是，沿方向 $\boldsymbol{\xi}$ 李导数定义为

$$\mathrm{L}_{\boldsymbol{\xi}} T^{ij\cdots}{}_{kl\cdots}(\boldsymbol{x}) = \lim_{\varepsilon \to 0} \varepsilon^{-1} \Delta_{\varepsilon} T^{ij\cdots}{}_{kl\cdots}(\boldsymbol{x}) \tag{2.201}$$

例如，对标量场：

$$\mathrm{L}_{\boldsymbol{\xi}} \phi(\boldsymbol{x}) = \lim_{\varepsilon \to 0} \varepsilon^{-1} \left[\phi(\boldsymbol{x}) - \mathrm{D}_{\boldsymbol{\xi}} \phi(\boldsymbol{x}) \right] = \lim_{\varepsilon \to 0} \varepsilon^{-1} \left[\phi(\boldsymbol{x}) - \phi(\boldsymbol{x} - \varepsilon \boldsymbol{\xi}) \right] \tag{2.202}$$

于是

$$\mathrm{L}_{\boldsymbol{\xi}} \phi = \phi_{,i} \xi^i = \phi_{;i} \xi^i \tag{2.203}$$

类似地，对协变矢量场：

$$\mathrm{L}_{\boldsymbol{\xi}} T_i = T_{i;j} \xi^i + T_j \xi^j{}_{;i} \tag{2.204}$$

对逆变矢量场：

$$\mathrm{L}_{\boldsymbol{\xi}} T^i = T^i{}_{;j} \xi^j - T^j \xi^i{}_{;j} \tag{2.205}$$

对于张量场，则服从下列规则：

$$\mathrm{L}_{\boldsymbol{\xi}} T_{ij} = T_{ij;k} \xi^k + T_{ik} \xi^k{}_{;j} + T_{kj} \xi^k{}_{;i} \tag{2.206}$$

和

$$\mathrm{L}_{\boldsymbol{\xi}} T^{ij} = T^{ij}{}_{;k} \xi^k - T^{ik} \xi^j{}_{;k} - T^{kj} \xi^i{}_{;k} \tag{2.207}$$

2.7　张量的物质导数

同其他物理量一样，任一张量 $\boldsymbol{T}$ 也有物质描述和空间描述两种方法，即

$$\boldsymbol{T} = \boldsymbol{T}(X^i, t) \tag{2.208}$$

和

$$\boldsymbol{T} = \boldsymbol{T}(x^i, t) \tag{2.209}$$

张量的物质导数是在保持物质坐标 X^i 不变的情况下对时间 t 求导。它反映的是张量 $\boldsymbol{T}$ 在某质点处的变化率，以符号 $\dfrac{\mathrm{D}\boldsymbol{T}}{\mathrm{D}t}$ 表示。

对瞬时构形下的空间描述，张量 $\boldsymbol{T}$ 采用式（2.209）的形式，于是其物质导数可以写为

$$\frac{\mathrm{D}\boldsymbol{T}}{\mathrm{D}t} = \frac{\partial \boldsymbol{T}}{\partial t} + \frac{\partial \boldsymbol{T}}{\partial x^r} \cdot \frac{\mathrm{d}x^r}{\mathrm{d}t} \tag{2.210}$$

式中，$\dfrac{\mathrm{d}x^r}{\mathrm{d}t}$ 是在 X^i 保持不变情况下 x^r 对时间求导数，为质点的速度 v^r 。式中右边第一项是在空间坐标不变时对时间求偏导数，它描述空间某点的张量随时间的变化率，称为当地导数；第二项是物质导数的迁移部分，称为迁移导数，它是由于

不均匀的张量场 $\boldsymbol{T}\left(x^i,t\right)$ 中质点的运动引起的。

考虑如下形式的张量：

$$\boldsymbol{T}=T^{ij}{}_{kl}\sqrt{g}^{-q}\boldsymbol{g}_i\boldsymbol{g}_j\boldsymbol{g}^k\boldsymbol{g}^l \tag{2.211}$$

根据张量导数式（2.95），有

$$\frac{\partial \boldsymbol{T}}{\partial x^r}=\nabla_r T^{ij}{}_{kl}\sqrt{g}^{-q}\boldsymbol{g}_i\boldsymbol{g}_j\boldsymbol{g}^k\boldsymbol{g}^l \tag{2.212}$$

将它们代入物质导数式（2.210），得

$$\frac{\mathrm{D}\boldsymbol{T}}{\mathrm{D}t}=\left[\frac{\partial T^{ij}{}_{kl}}{\partial t}+v^r\nabla_r T^{ij}{}_{kl}\right]\sqrt{g}^{-q}\boldsymbol{g}_i\boldsymbol{g}_j\boldsymbol{g}^k\boldsymbol{g}^l=\frac{\mathrm{D}T^{ij}{}_{kl}}{\mathrm{D}t}\sqrt{g}^{-q}\boldsymbol{g}_i\boldsymbol{g}_j\boldsymbol{g}^k\boldsymbol{g}^l \tag{2.213}$$

式中

$$\frac{\mathrm{D}T^{ij}{}_{kl}}{\mathrm{D}t}=\frac{\partial T^{ij}{}_{kl}}{\partial t}+v^r\nabla_r T^{ij}{}_{kl} \tag{2.214}$$

称为张量分量 T^{ij}_{kl} 的物质导数。

例　质点运动加速度。

质点运动加速度 $\boldsymbol{a}$ 为质点速度 $\boldsymbol{v}$ 的物质导数，即

$$\begin{aligned}\boldsymbol{a}&=\frac{\mathrm{D}\boldsymbol{V}}{\mathrm{D}t}=\frac{\partial \boldsymbol{V}}{\partial t}+v^r\frac{\partial v^r}{\partial x^r}=\left(\frac{\partial v^i}{\partial t}+v^r\nabla_r v^i\right)\boldsymbol{g}_i\\&=\left(\frac{\partial v^i}{\partial t}+v^r\frac{\partial v^i}{\partial x^r}+v^rv^s\Gamma_{rs}^{\ \ i}\right)\boldsymbol{g}_i=\left(\frac{\mathrm{d}v^i}{\mathrm{d}t}+v^rv^s\Gamma_{rs}^{\ \ i}\right)\boldsymbol{g}_i\end{aligned} \tag{2.215}$$

由此得加速度的逆变分量为

$$a^i=\frac{\mathrm{D}v^i}{\mathrm{D}t}=\frac{\mathrm{d}v^i}{\mathrm{d}t}+v^rv^s\Gamma_{rs}^{\ \ i} \tag{2.216}$$

式中

$$\frac{\mathrm{d}v^i}{\mathrm{d}t}=\frac{\partial v^i}{\partial t}+v^r\frac{\partial v^i}{\partial x^r} \tag{2.217}$$

由加速度式（2.216）可以看出，质点加速度是由两部分构成的，第一部分是由质点的速度分量随时间变化引起的，第二部分是由坐标线的弯曲引起的。

同样可以得到加速度的协变分量，即

$$\begin{aligned}\boldsymbol{a}&=\frac{\mathrm{D}\boldsymbol{V}}{\mathrm{D}t}=\left(\frac{\partial v_i}{\partial t}+v^r\nabla_r v_i\right)\boldsymbol{g}^i\\&=\left(\frac{\partial v_i}{\partial t}+v^r\frac{\partial v_i}{\partial x^r}-v^rvv_s\Gamma_{ri}^{\ \ s}\right)\boldsymbol{g}^i=\left(\frac{\mathrm{d}v_i}{\mathrm{d}t}-v^rv_s\Gamma_{ri}^{\ \ s}\right)\boldsymbol{g}^i\end{aligned} \tag{2.218}$$

由此得

$$a_i = \frac{\mathrm{d}v_i}{\mathrm{d}t} - v^r v_s \Gamma_{ri}^{\ s} \tag{2.219}$$

及

$$\frac{\mathrm{d}v_i}{\mathrm{d}t} = \frac{\partial v_i}{\partial t} + v^r \frac{\partial v_i}{\partial x^r} \tag{2.220}$$

2.8　张量场类空空间投影

考虑一个四维时空流形 $M = \left(V^4, \boldsymbol{g}\right)$，其中 $\boldsymbol{g}$ 是正双曲型的黎曼度量矩阵。在局部闵可夫斯基坐标下，$\boldsymbol{g} = \mathrm{diag}\left(+1,+1,+1,-1\right)$。局部坐标系 V^4 是 $\left\{x^\alpha, \alpha = 1,2,3,4\right\}$，其中 x^4 是类时的。令 C 是物体无限小单元或“质点” $\boldsymbol{X}$ 的类时世界线，它由点 $\boldsymbol{X}$ 处的原时 s 做参数化描述，即 $C: x^\alpha = \chi^\alpha\left(s\right)$。沿着该世界线 C，点 $\boldsymbol{X}$ 处的四维世界速度 $\boldsymbol{u}$ 定义为

$$u^\alpha = \frac{\partial \chi^\alpha}{\partial s} \tag{2.221}$$

和

$$g_{\alpha\beta} u^\alpha u^\beta + c^2 = 0 \tag{2.222}$$

式中，c 是真空中的光速。

若 ∇_α 表示基于度量张量 $\boldsymbol{g}$ 的协变导数，则可以令 $\nabla_{\boldsymbol{A}} = A^\alpha \nabla_\alpha$，表示沿四矢量 $\boldsymbol{A}$ 方向的不变量导数。四矢量加速度 $\boldsymbol{a}$ 为

$$\boldsymbol{a} = \nabla_{\boldsymbol{u}} \boldsymbol{u} = \mathbb{R} \tag{2.223}$$

式中，$\mathbb{R}$ 是一个维度常数，即世界线 $C\left(\boldsymbol{X}\right)$ 的曲率矢量，并且 $\boldsymbol{u} \cdot \mathbb{R} = 0$。

更一般情况，如果 $\boldsymbol{x}$ 是 $C\left(\boldsymbol{X}\right)$ 的一个事件点，令 T_x 是 $\boldsymbol{x}$ 处 M 的切向量空间，U_x 是与 $\boldsymbol{u}$ 共线的四矢量子空间，$M_\perp\left(\boldsymbol{x}\right)$ 是垂直于 $\boldsymbol{u}$ 的三维超平面，再令 T_x^*、U_x^* 和 $M_\perp^*$ 是这些空间的对偶空间。于是 $T_x = U_x \oplus M_\perp\left(\boldsymbol{x}\right)$，这里 $\oplus$ 表示直和符号，类似的关系在对偶空间中也满足。

点 $\boldsymbol{x} \in C\left(\boldsymbol{X}\right)$，一个具有 m 次逆变和 n 次协变的张量场属于以下空间：

$$T_{\boldsymbol{x}}^{\otimes m} T_{\boldsymbol{x}}^{*\otimes n} = \left[U_x \oplus M_\perp\left(\boldsymbol{x}\right)\right]^{\otimes m} \otimes \left[U_x^* \oplus M_\perp^*\left(\boldsymbol{x}\right)\right]^{\otimes n} \tag{2.224}$$

式中，$\otimes$ 表示张量积。

展开方程（2.224）右边可以看到，这个张量可以用多种不同的方式投影和分解。在 $\boldsymbol{x}$ 点的协变投影算子 $P_{\alpha\beta}\left(\boldsymbol{x}\right)$ 定义为

$$P_{\alpha\beta}\left(\boldsymbol{x}\right) = g_{\alpha\beta}\left(\boldsymbol{x}\right) + c^{-2} u_\alpha\left(\boldsymbol{x}\right) u_\beta\left(\boldsymbol{x}\right) = P_{\beta\alpha}\left(\boldsymbol{x}\right) \tag{2.225}$$

它满足如下性质：

$$P_{\alpha\beta}P^{\beta\gamma}=P_{\alpha}^{\gamma},\qquad P_{\alpha\beta}u^{\alpha}=0,\qquad P_{\alpha}^{\alpha}=3 \tag{2.226}$$

当且仅当 $\boldsymbol{A}\in M_{\perp}^{m,n}(\boldsymbol{x})=\left[M_{\perp}(\boldsymbol{x})\right]^{\otimes m}\otimes\left[M_{\perp}^{*}(\boldsymbol{x})\right]^{\otimes n}$ 时，这个 m 次逆变、n 次协变张量场 $\boldsymbol{A}$ 在点 $\boldsymbol{x}\in C(\boldsymbol{X})$ 处是类空间的。我们简单地用 $M_{\perp}(\boldsymbol{x})$ 表示乘积空间 $M_{\perp}^{m,n}(\boldsymbol{x})$，此时 $\boldsymbol{u}$ 就是所有完全空间张量场中的一个空矢量。符号标记 $(\ )_{\perp}$ 表示在 $M_{\perp}(\boldsymbol{x})$ 上的投影，例如：

$$\left(A^{\alpha}{}_{\beta}\right)_{\perp}=P^{\alpha}_{\sigma}P_{\beta}{}^{\mu}A^{\sigma}{}_{\mu},\qquad \left(A^{\alpha}{}_{\beta}\right)_{\perp}u_{\alpha}=0,\qquad \left(A^{\alpha}{}_{\beta}\right)_{\perp}u^{\beta}=0 \tag{2.227}$$

下面根据式（2.224），用坐标 $\{x^{\alpha}\}$ 给出几个有用的正则分解例子。其中，一个是逆变矢量场 $\boldsymbol{A}$，另一个是二阶逆变张量场 $\boldsymbol{G}$，其分量 $G^{\alpha\beta}=-G^{\beta\alpha}$。

$$A^{\alpha}=Au^{\alpha}+a^{\alpha} \tag{2.228}$$

式中，$A=\dfrac{1}{c^{2}}A^{\alpha}u_{\alpha}$；$a^{\alpha}=\left(A^{\alpha}\right)_{\perp}$。

同时

$$T^{\alpha\beta}=\frac{1}{c^{2}}\omega u^{\alpha}u^{\beta}+\frac{1}{c^{2}}u^{\alpha}Q^{\beta}+p^{\alpha}u^{\beta}-t^{\alpha\beta} \tag{2.229}$$

式中，

$$\omega=\frac{1}{c^{2}}u_{\alpha}T^{\alpha\beta}u_{\beta},\qquad t^{\beta\alpha}=-\left(T^{\alpha\beta}\right)_{\perp} \tag{2.230}$$

$$Q^{\beta}=-\left(u_{\alpha}T^{\alpha\beta}\right)_{\perp},\qquad p^{\alpha}=-\frac{1}{c^{2}}\left(T^{\alpha\beta}u_{\beta}\right)_{\perp} \tag{2.231}$$

并且

$$G^{\alpha\beta}=\frac{2}{c}u^{[\alpha}D^{\beta]}+\left(G^{\alpha\beta}\right)_{\perp} \tag{2.232}$$

式中，

$$D^{\beta}=\frac{1}{c}G^{\beta\alpha}u_{\alpha},\qquad \left(G^{\alpha\beta}\right)_{\perp}=\frac{1}{c}\eta^{\alpha\beta\gamma\delta}H_{\gamma}u_{\delta} \tag{2.233}$$

$$H_{\alpha}=\frac{1}{2c}\eta_{\alpha\beta\gamma\delta}\left(G^{\beta\gamma}\right)_{\perp}u^{\delta}=\frac{1}{2}\overset{*}{\eta}_{\alpha\beta\gamma}\left(G^{\beta\gamma}\right)_{\perp} \tag{2.234}$$

式中，H_{α} 是空间轴向四矢量；$\eta^{\alpha\beta\gamma\delta}$ 和 $\eta_{\alpha\beta\gamma\delta}$ 是张量密度，即

$$\eta^{\alpha\beta\gamma\delta}=-\frac{1}{\sqrt{-g}}\epsilon^{\alpha\beta\gamma\delta},\qquad \eta_{\alpha\beta\gamma\delta}=\sqrt{-g}\,\epsilon_{\alpha\beta\gamma\delta} \tag{2.235}$$

式中，$g=\det\left(g_{\alpha\beta}\right)$；$\epsilon^{\alpha\beta\gamma\delta}$ 和 $\epsilon_{\alpha\beta\gamma\delta}$ 是四维排列符号，有 $\epsilon_{1234}=\epsilon^{1234}=+1$。并且：

$$\overset{*}{\eta}_{\alpha\beta\gamma}=\frac{1}{c}\eta_{\alpha\beta\gamma\delta}u^{\delta},\qquad \overset{*}{\eta}_{\gamma\alpha\beta}=\frac{1}{c}\eta^{\gamma\alpha\beta\delta}u_{\delta} \tag{2.236}$$

尽管可以表示成完全协变的形式，一个完全的基本空间张量场只有必要的空

间和三维的值在流形 M 上。在静止标架下，它可以简化为定义在共动坐标 $R_c(\boldsymbol{x})$ 上的等效的经典物理的三维目标，也就是说，它在局部的瞬时静止坐标上回归到经典物理的等效三维物体。

特别地，协变微分算子也可以分解：

$$\nabla_\alpha = \overset{\perp}{\nabla}_\alpha - \frac{1}{c^2} u_\alpha D \tag{2.237}$$

式中，$\overset{\perp}{\nabla}_\alpha$ 是横向的或正交（空间）的协变微分算子，定义为

$$\overset{\perp}{\nabla}_\alpha = P_\alpha^\beta \nabla_\beta , \qquad u^\alpha \overset{\perp}{\nabla}_\alpha = 0 \tag{2.238}$$

于是，相对论速度梯度 $e_{\alpha\beta}$、相对论应变率 $d_{\alpha\beta}$、相对论旋转率 $\omega_{\alpha\beta}$ 和空间涡旋四矢量 ω^α 分别定义为

$$e_{\alpha\beta} = \overset{\perp}{\nabla}_\beta u_\alpha = \left(\nabla_\beta u_\alpha\right)_\perp \tag{2.239}$$

$$d_{\alpha\beta} = e_{(\alpha\beta)} , \qquad \omega_{\alpha\beta} = e_{[\alpha\beta]} \tag{2.240}$$

式中，下角标中的（ • ）表示求和对称化；下角标中的[•]表示求差反对称化。

$$\omega^\alpha = \frac{1}{2} \overset{*}{\eta}{}^{\alpha\beta\gamma} e_{\gamma\beta} \tag{2.241}$$

因此

$$\nabla_\beta u_\alpha = d_{\alpha\beta} - \overset{*}{\eta}_{\alpha\beta\gamma} \omega^\gamma - \frac{1}{c^2} a_\alpha u_\beta \tag{2.242}$$

如果一个相对论运动在所有 τ 有 $\omega^\alpha = 0$，我们说它是无旋运动；一个相对论运动在所有 τ 有 $d_{\alpha\beta} = 0$，我们说它是刚体运动。

进一步，可以定义两个完全空间协变四矢量 $\boldsymbol{A}$ 和 $\boldsymbol{B}$ 的“ * ”乘积，即

$$\left(\boldsymbol{A} * \boldsymbol{B}\right)^\alpha = \overset{*}{\eta}{}^{\alpha\beta\gamma} A_\beta B_\gamma \tag{2.243}$$

因此

$$u^\alpha \overset{*}{\eta}{}^{\alpha\beta\gamma} = 0 , \qquad u_\alpha \left(\boldsymbol{A} * \boldsymbol{B}\right)^\alpha = 0 \tag{2.244}$$

两个完全空间逆变四矢量的“ * ”乘积同样类似。从式（2.238）可知，四速度 $\boldsymbol{\omega}$ 可以写成：

$$\boldsymbol{\omega} = \frac{1}{2} \overset{\perp}{\nabla} * \boldsymbol{u} , \qquad \boldsymbol{\omega} \cdot \boldsymbol{u} = 0 \tag{2.245}$$

式（2.245）与经典流体力学的三维定义式（即 $\boldsymbol{\omega} = \frac{1}{2} \nabla \times \boldsymbol{v}$，其中 $\boldsymbol{v}$ 是三维速度）完全类似。很明显，在两个完全空间四矢量之间的 $*$ 乘积与欧式空间 E^3 三矢量之间的传统矢量积扮演了相同的角色。

最后，假定 $\boldsymbol{A}$ 是完全空间逆变四矢量场，$\boldsymbol{A}$ 相对于速度场 $\boldsymbol{u}$ 的李导数和对流

时间导数分别记为$\mathrm{L}_{\boldsymbol{u}}\boldsymbol{A}$和$\overset{*}{\boldsymbol{A}}$，则它们的定义分别为

$$\left(\mathrm{L}_{\boldsymbol{u}}\boldsymbol{A}\right)^{\alpha}=\nabla_{\boldsymbol{u}}A^{\alpha}-\nabla_{A}u^{\alpha} \tag{2.246}$$

$$\overset{*}{A}{}^{\alpha}=\left(\mathrm{L}_{\boldsymbol{u}}\boldsymbol{A}\right)_{\perp}^{\alpha}+\Theta A^{\alpha}, \qquad \overset{*}{A}{}^{\alpha}u_{\alpha}=0 \tag{2.247}$$

式中，Θ是相对论体积变形，定义为

$$\Theta=g^{\alpha\beta}\nabla_{\beta}u_{\alpha}=P^{\alpha\beta}\nabla_{\beta}u_{\alpha} \tag{2.248}$$

式中，$g^{\alpha\beta}$为逆变度量张量分量；$P^{\alpha\beta}$为逆变投影算子。

如果用场$\boldsymbol{A}$来描述物体的性质，则它是客观的（即不取决于观察者），于是$\left(\mathrm{L}_{\boldsymbol{u}}\boldsymbol{A}\right)_{\perp}$和$\overset{*}{\boldsymbol{A}}$也是客观的。

第3章　经典连续介质力学

3.1　基 本 概 念

经典连续介质力学是建立在三维欧氏空间基础上且满足欧几里得变换（即客观性要求）的理论。经典连续介质域内的变形遵从局部作用原理，即连续介质一点处的变形只与该质点无限小领域内各质点间的相对运动有关，而与有限距离质点的运动无关。研究的内容包括参考标架的选择、构形的描述以及变形的度量等。

连续介质可以看作是“质点”构成的一个集合 Ω_x 。这里的“质点”是指构成连续介质的某一无限小的物质部分，即微元体。“点”则是指占据空间某一确定位置的几何点。假定集合 Ω_x 的每一个质点占有确定的空间位置，而 Ω_x 的每一个空间点也恰为一个质点所占据，质点与空间点的这种对应关系是双向单值的，即集合 Ω_x 对应的空间域内充满着连续介质。

连续介质集合 Ω_x 在空间所占据的域称为构形，任意瞬时的构形记为 χ 。连续介质构形随时间的变化称为运动或流动。塑性力学中的流动则带有引起永久变形的运动的含义。

连续介质变形是指已经变形的构形相对于初始（未变形）的自然构形的改变。运动不一定产生变形，只有当连续介质域中各质点间有相对运动时才产生变形。因此，研究构形的变形就是确定由初始构形到变形构形间的相对运动，以得到变形场的恰当描述。此外，研究变形时，强调的是初始构形与瞬时构形间的相对关系，不去注意中间构形以及经过了怎样的路径才从初始构形达到的瞬时构形。

研究连续介质变形的前提条件是如何选取一个适当的参考坐标系，并在此基础上选择某一特定瞬时的构形作为参考构形 χ_0 去考察构形的运动变化。参考构形的选取是任意的，不失一般性，可以取 $t=0$ 时刻或未变形构形作为参考构形。可以选择一个固定的笛卡儿坐标系，参考构形中的质点 p 在此固定的笛卡儿坐标系中以 $\boldsymbol{X}\left(X_1,X_2,X_3\right)$ 表示。不论物体以后怎样运动，该质点在参考构形中的坐标是确定不变的。因此，这类坐标又可以看作是识别各个“质点”的标记，称 $\boldsymbol{X}\left(X_1,X_2,X_3\right)$ 为物质坐标或拉格朗日（Lagrange）坐标。物质坐标为 $\boldsymbol{X}$ 的质点简称为质点 $\boldsymbol{X}$ 。

另一方面，在 t 瞬时，质点 $\boldsymbol{X}$ 运动到了新的空间点位置 p' ，记为 $\boldsymbol{x}\left(x_1,x_2,x_3\right)$ 。显然， $\boldsymbol{x}$ 随质点的物质坐标 $\boldsymbol{X}$ 和时间 t 而变化，因此有

$$\boldsymbol{x}=\boldsymbol{x}\left(\boldsymbol{X},t\right) \tag{3.1}$$

坐标 $\boldsymbol{x}$ 可作为识别“空间点”的标记，在不同的时刻它们由不同的质点 $\boldsymbol{X}$ 所占据，因此也称 $\boldsymbol{x}$ 为空间坐标或欧拉（Euler）坐标。

通常连续介质集合 Ω_x 的参考构形和瞬时构形要用不同的坐标架来确定，如图 3-1 所示。相对于描述初始构形的固定的物质坐标 $\boldsymbol{X}$，空间坐标 $\boldsymbol{x}$ 常常是随物体一起运动的拖带坐标系。

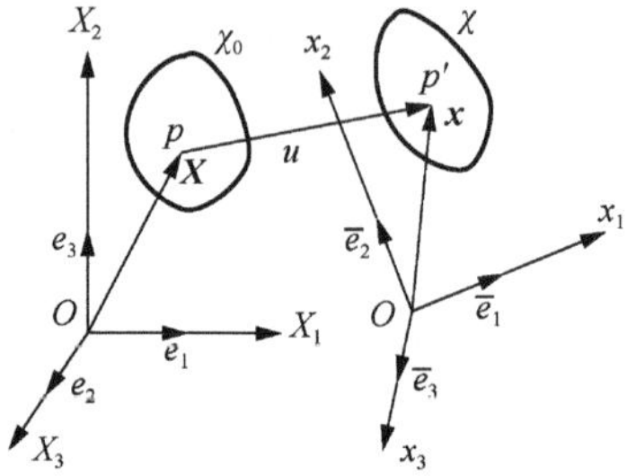

图 3-1　物质坐标与空间坐标

在连续介质力学中，物理量或力学量可以用物质坐标 $\boldsymbol{X}$ 为自变量描述，称为物质描述，又称为拉格朗日描述；也可以用空间坐标 $\boldsymbol{x}$ 为自变量描述，称为空间描述，又称为欧拉描述。前者可以给出任意质点在任意瞬时的物理力学量的变化值，这样所有质点的信息就给出了连续介质场的充分描述。后者给出的则是任意空间位置点在任意瞬时的物理力学量的变化值，显然不同瞬时该空间点将被不同的质点所占据。通常在研究运动学或是大变形连续介质力学时，采用拉格朗日描述较为简单；而在研究动力学或是小变形连续介质力学时，采用欧拉描述较为简单。

拉格朗日描述和欧拉描述在一定条件下是可以互换的。假设某物理量的空间描述为

$$f = f(\boldsymbol{x},t) \tag{3.2}$$

将式（3.1）代入其中，便可以将空间描述变换成物质描述，即

$$g = f\left[\boldsymbol{x}(\boldsymbol{X},t),t\right] = g(\boldsymbol{X},t) \tag{3.3}$$

同样，如果式（3.1）的函数为单值、连续，并存在一阶连续偏导数，且其雅可比行列式在给定的域中满足：

$$J = \left|\frac{\partial x_i}{\partial X_J}\right| > 0 \tag{3.4}$$

就存在唯一的反函数：

$$\boldsymbol{X} = \boldsymbol{X}(\boldsymbol{x},t) \tag{3.5}$$

于是，某物理量 g 的物质描述式（3.2），又可以式（3.5）逆变换为原来的空间描述形式，即

$$g = g\left[\boldsymbol{X}(\boldsymbol{x},t),t\right] = f(\boldsymbol{x},t) \tag{3.6}$$

区别不同坐标系的张量表示。物质坐标系中（参考构形）的物理力学张量的分量，其下标习惯上采用大写字母，如I、J、K等；而空间坐标系中（瞬时构形）的物理力学张量的分量，其下标习惯上采用小写字母，如i、j、k等；有些张量（如混变张量）同时联系着初始构形与瞬时构形，则其下标为混合形式，既有小写字母下标，又有大写字母下标。

3.2 变形梯度

为简化起见，采用同一个笛卡儿坐标系既作为物质坐标架也作为空间坐标架，如图 3-2 所示。

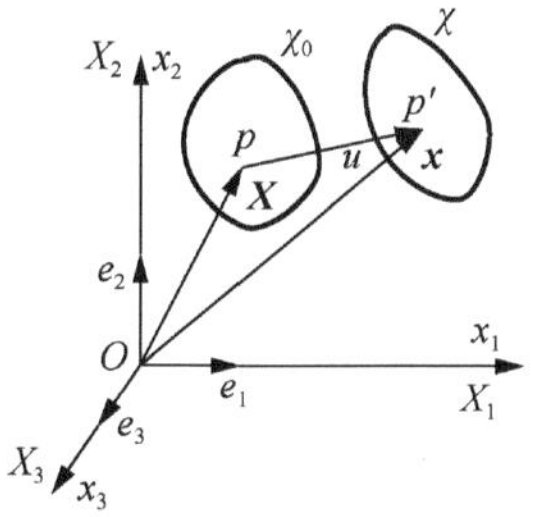

图 3-2　采用同一坐标架的参考构形与瞬时构形描述

为研究连续介质变形，在初始构形上考虑两个无限接近的质点$\boldsymbol{X}$和$\boldsymbol{X}+\mathrm{d}\boldsymbol{X}$。经过变形后其矢径差已经从$\mathrm{d}\boldsymbol{X}$变成为$\mathrm{d}\boldsymbol{x}$，则在瞬时构形中，它们分别占有空间位置$\boldsymbol{x}$和$\boldsymbol{x}+\mathrm{d}\boldsymbol{x}$。

根据式（3.1），可以得到

$$\boldsymbol{x}+\mathrm{d}\boldsymbol{x} = \boldsymbol{x}(\boldsymbol{X}+\mathrm{d}\boldsymbol{X},t) \tag{3.7}$$

由图 3-2 可知，质点$\boldsymbol{X}$相对于参考构形的位移为

$$\boldsymbol{u} = \boldsymbol{x}(\boldsymbol{X},t) - \boldsymbol{X} \tag{3.8}$$

写成分量形式，则有

$$u_i = x_i - X_I \tag{3.9}$$

将式（3.7）在$(\boldsymbol{X},t)$处用泰勒级数展开，并忽略二阶以上小量，有

$$\mathrm{d}\boldsymbol{x} = \frac{\partial \boldsymbol{x}}{\partial \boldsymbol{X}}\mathrm{d}\boldsymbol{X} \tag{3.10}$$

写成分量形式，式（3.10）成为

$$\mathrm{d}x_i = \frac{\partial x_i}{\partial X_J}\mathrm{d}X_J \tag{3.11}$$

定义变形梯度张量为

$$\boldsymbol{F} = \frac{\partial \boldsymbol{x}}{\partial \boldsymbol{X}} = \begin{bmatrix} \dfrac{\partial x_1}{\partial X_{\mathrm{I}}} & \dfrac{\partial x_1}{\partial X_{\mathrm{II}}} & \dfrac{\partial x_1}{\partial X_{\mathrm{III}}} \\ \dfrac{\partial x_2}{\partial X_{\mathrm{I}}} & \dfrac{\partial x_2}{\partial X_{\mathrm{II}}} & \dfrac{\partial x_2}{\partial X_{\mathrm{III}}} \\ \dfrac{\partial x_3}{\partial X_{\mathrm{I}}} & \dfrac{\partial x_3}{\partial X_{\mathrm{II}}} & \dfrac{\partial x_3}{\partial X_{\mathrm{III}}} \end{bmatrix} \tag{3.12}$$

它是一个二阶张量，其分量可表示为

$$F_{iJ} = \frac{\partial x_i}{\partial X_J} = x_{i,J} \tag{3.13}$$

将式（3.9）代入式（3.13），则有

$$F_{iJ} = \delta_{iJ} + u_{i,J} \tag{3.14}$$

式中，

$$u_{i,J} = \frac{\partial u_i}{\partial X_J} \tag{3.15}$$

于是，可以将式（3.10）写成

$$\mathrm{d}\boldsymbol{x} = \boldsymbol{F}\mathrm{d}\boldsymbol{X} \tag{3.16}$$

由此可见，变形梯度反映了质点 $\boldsymbol{X}$ 邻域的相对运动。

此外，变形梯度的行列式

$$J = \det \boldsymbol{F} \neq 0 \tag{3.17}$$

称为雅可比行列式，它给出了质点 $\boldsymbol{X}$ 邻域无限小单元的瞬时构形与参考构形的体积比。

变形梯度张量 $\boldsymbol{F}$ 为非奇异张量，因此具有逆张量 $\boldsymbol{F}^{-1}$，其分量为

$$F_{Ji}^{-1} = \frac{\partial X_J}{\partial x_i} = \delta_{Ji} - u_{J,i} \tag{3.18}$$

尽管变形梯度张量 $\boldsymbol{F}$ 反映了质点 $\boldsymbol{X}$ 邻域的相对运动，但它并不是反映实际变形程度的合适度量。事实上，能作为变形程度度量的量必须排除刚体运动效果，也即刚体运动时它应该保持不变，而变形梯度张量 $\boldsymbol{F}$ 不满足这个条件。因此，必须将变形梯度分解为反映变形和转动两个相继过程的叠加。

根据张量的极分解定理，非奇异方阵 $\boldsymbol{F}$ 可唯一地分解为下面两个乘积之一

$$\boldsymbol{F} = \boldsymbol{R}\boldsymbol{U} \tag{3.19}$$

$$\boldsymbol{F} = \boldsymbol{V}\boldsymbol{R} \tag{3.20}$$

式中，$\boldsymbol{R}$ 为正交矩阵，它满足

$$\boldsymbol{R}^{\mathrm{T}}\boldsymbol{R}=\boldsymbol{R}\boldsymbol{R}^{\mathrm{T}}=1 \tag{3.21}$$

$\boldsymbol{U}$ 和 $\boldsymbol{V}$ 为正定对称矩阵。由于 $\boldsymbol{R}$ 反映了质点 $\boldsymbol{X}$ 邻域绕过 $\boldsymbol{X}$ 的瞬时转动轴做刚体转动，因此 $\boldsymbol{U}$ 和 $\boldsymbol{V}$ 反映了质点 $\boldsymbol{X}$ 邻域的变形。

由于表示纯变形的张量 $\boldsymbol{U}$ 和 $\boldsymbol{V}$ 在极分解时分别位于转动矩阵 $\boldsymbol{R}$ 的右边和左边，分别称其为右柯西-格林（Cauchy-Green）张量和左柯西-格林张量。这两种伸长张量间的关系，由式（3.19）和式（3.20）可得

$$\boldsymbol{U}=\boldsymbol{R}^{\mathrm{T}}\boldsymbol{V}\boldsymbol{R} \tag{3.22}$$

$$\boldsymbol{V}=\boldsymbol{R}\boldsymbol{U}\boldsymbol{R}^{\mathrm{T}} \tag{3.23}$$

定义可以用变形梯度 $\boldsymbol{F}$ 直接表示的左、右柯西-格林张量，它们也反映了质点 $\boldsymbol{X}$ 邻域的纯变形效应。

$$\boldsymbol{B}=\boldsymbol{F}\boldsymbol{F}^{\mathrm{T}}=\boldsymbol{V}\boldsymbol{R}\boldsymbol{R}^{\mathrm{T}}\boldsymbol{V}^{\mathrm{T}}=\boldsymbol{V}\boldsymbol{V}^{\mathrm{T}}=\boldsymbol{V}^2 \tag{3.24}$$

$$\boldsymbol{C}=\boldsymbol{F}^{\mathrm{T}}\boldsymbol{F}=\boldsymbol{U}^{\mathrm{T}}\boldsymbol{R}^{\mathrm{T}}\boldsymbol{R}\boldsymbol{U}=\boldsymbol{U}^{\mathrm{T}}\boldsymbol{U}=\boldsymbol{U}^2 \tag{3.25}$$

式中，$\boldsymbol{B}$ 为左柯西-格林张量；$\boldsymbol{C}$ 为右柯西-格林张量。它们的分量形式可由式（3.13）得到

$$B_{ij}=F_{iK}F_{jK}=\frac{\partial x_i}{\partial X_K}\frac{\partial x_j}{\partial X_K} \tag{3.26}$$

$$C_{IJ}=F_{kI}F_{kJ}=\frac{\partial x_k}{\partial X_I}\frac{\partial x_k}{\partial X_J} \tag{3.27}$$

下面给出连续介质单元体积与面积的变化。

（1）体积变化

为了求连续介质变形过程中 p 质点邻域内体积的改变，过 p 点取三个不在同一平面内的物质线元 $\mathrm{d}\boldsymbol{X}$、$\delta\boldsymbol{X}$ 和 $\Delta\boldsymbol{X}$，由它们构成平行六面体。该六面体的体积为

$$\mathrm{d}V_0=\mathrm{d}\boldsymbol{X}\cdot\left(\delta\boldsymbol{X}\times\Delta\boldsymbol{X}\right)=e_{LMN}\mathrm{d}X_L\delta X_M\Delta X_N \tag{3.28}$$

变形后，该六面体的体积为

$$\begin{aligned}\mathrm{d}V&=\mathrm{d}x\cdot\left(\delta\boldsymbol{x}\times\Delta\boldsymbol{x}\right)=e_{ijk}\mathrm{d}x_i\delta x_j\Delta x_k=e_{ijk}F_{iL}F_{jM}F_{kN}\mathrm{d}X_L\delta X_M\Delta X_N\\&=Je_{LMN}\mathrm{d}X_L\delta X_M\Delta X_N=J\mathrm{d}V_0\end{aligned} \tag{3.29}$$

即变形后与变形前的体积之比等于雅可比行列式 J。式（3.29）中用到了下面的行列式公式：

$$e_{ijk}F_{iL}F_{jM}F_{kN}=\left(\det\boldsymbol{F}\right)e_{LMN}=Je_{LMN} \tag{3.30}$$

（2）面积变化

变形过程中面积的改变，可以考察变形前由物质线元 $\mathrm{d}\boldsymbol{X}$ 和 $\delta\boldsymbol{X}$ 构成的平行四边形的面积矢量，即

$$\mathrm{d}\boldsymbol{A}=\mathrm{d}\boldsymbol{X}\times\delta\boldsymbol{X} \tag{3.31}$$

其分量形式为

$$\mathrm{d}A_L = e_{LMN}\mathrm{d}X_M \delta X_N \tag{3.32}$$

而变形后面元的改变为

$$\mathrm{d}\boldsymbol{a} = \mathrm{d}\boldsymbol{x} \times \delta \boldsymbol{x} \tag{3.33}$$

其分量形式为

$$\mathrm{d}a_i = e_{ijk}\mathrm{d}x_j \delta x_k = e_{ijk} F_{jM} F_{kN} \mathrm{d}X_M \delta X_N \tag{3.34}$$

式（3.34）两边同乘以 F_{iL}，并由式（3.30），得

$$F_{iL}\mathrm{d}a_i = Je_{LMN}\mathrm{d}X_M \delta X_N = J\mathrm{d}A_L \tag{3.35}$$

于是得

$$\mathrm{d}a_i = JF_{Li}^{-1}\mathrm{d}A_L = J\frac{\partial X_L}{\partial x_i}\mathrm{d}A_L \tag{3.36}$$

或矢量表示为

$$\mathrm{d}\boldsymbol{a} = J\left(\boldsymbol{F}^{-1}\right)^{\mathrm{T}}\mathrm{d}\boldsymbol{A} \tag{3.37}$$

反之也有

$$\mathrm{d}\boldsymbol{A} = \frac{1}{J}\boldsymbol{F}^{\mathrm{T}}\mathrm{d}\boldsymbol{a} \tag{3.38}$$

3.3 应 变 张 量

为了研究曲线坐标下连续介质有限变形，可以先取一个固结于空间的不动参考系 $\{X^i\}$，然后再采用一个拖带坐标系 $\{x^i\}$，即假设该坐标系嵌入物体中，随物体变形而伸缩、旋转和弯曲，并保持各质点的坐标值 x^i 不变，但坐标线的尺度变了。连续介质质点的位置矢径由空间不动参考系原点出发指向质点，如图 3-3 所示。

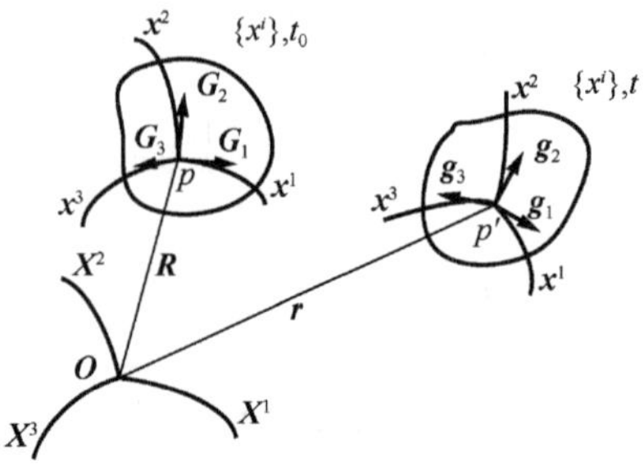

图 3-3　有限变形拖带坐标系

设变形前质点的位置矢径为

$$\boldsymbol{R} = \boldsymbol{R}\left(x^1, x^2, x^3, t_0\right) \tag{3.39}$$

式中，x^i 为质点的拖带坐标。变形前的坐标基矢量设为

$$\boldsymbol{G}_i = \frac{\partial \boldsymbol{R}}{\partial x^i} \tag{3.40}$$

因而其度量张量为

$$G_{ij} = \boldsymbol{G}_i \cdot \boldsymbol{G}_j \tag{3.41}$$

变形后质点的位置矢径变为

$$\boldsymbol{r} = \boldsymbol{r}\left(x^1, x^2, x^3, t\right) \tag{3.42}$$

因此变形后的坐标基矢量为

$$\boldsymbol{g}_i = \frac{\partial \boldsymbol{r}}{\partial x^i} \tag{3.43}$$

而其度量张量为

$$g_{ij} = \boldsymbol{g}_i \cdot \boldsymbol{g}_j \tag{3.44}$$

显然，物体的变形就反映在拖带坐标系的变形中，因而反映在度量张量的变化中。需要注意的是，虽然坐标值 x^i 不变，但坐标系发生变化。

变形前的物质线元为

$$\mathrm{d}\boldsymbol{R} = \frac{\partial \boldsymbol{R}}{\partial x^i}\mathrm{d}x^i = \boldsymbol{G}_i \mathrm{d}x^i \tag{3.45}$$

则变形前线元长度的平方为

$$\mathrm{d}s_0^2 = \mathrm{d}\boldsymbol{R} \cdot \mathrm{d}\boldsymbol{R} = G_{ij}\mathrm{d}x^i \mathrm{d}x^j \tag{3.46}$$

变形后的物质线元为

$$\mathrm{d}\boldsymbol{r} = \frac{\partial \boldsymbol{r}}{\partial x^i}\mathrm{d}x^i = \boldsymbol{g}_i \mathrm{d}x^i \tag{3.47}$$

而变形后线元长度的平方为

$$\mathrm{d}s^2 = \mathrm{d}\boldsymbol{r} \cdot \mathrm{d}\boldsymbol{r} = g_{ij}\mathrm{d}x^i \mathrm{d}x^j \tag{3.48}$$

线元的变形可以由变形前后线元平方之差来度量，即

$$\mathrm{d}s^2 - \mathrm{d}s_0^2 = (g_{ij} - G_{ij})\mathrm{d}x^i \mathrm{d}x^j = 2E_{ij}\mathrm{d}x^i \mathrm{d}x^j \tag{3.49}$$

式中，E_{ij} 为

$$E_{ij} = \frac{1}{2}\left(g_{ij} - G_{ij}\right) \tag{3.50}$$

E_{ij} 是无因次量，反映了质点领域的相对变形，是二阶应变张量 $\boldsymbol{E}$ 的协变分量，是对称张量。

若以 $\boldsymbol{u}$ 表示质点的位移，则由图 3-3 可知

$$\boldsymbol{u}=\boldsymbol{u}\left(x^{i},t\right)=\boldsymbol{r}-\boldsymbol{R} \tag{3.51}$$

由此得

$$\frac{\partial \boldsymbol{u}}{\partial x^{i}}=\boldsymbol{g}_{i}-\boldsymbol{G}_{i} \tag{3.52}$$

以及

$$g_{ij}=\left(\frac{\partial \boldsymbol{u}}{\partial x^{i}}+\boldsymbol{G}_{i}\right)\cdot\left(\frac{\partial \boldsymbol{u}}{\partial x^{j}}+\boldsymbol{G}_{j}\right)=G_{ij}+\boldsymbol{G}_{i}\frac{\partial \boldsymbol{u}}{\partial x^{j}}+\boldsymbol{G}_{j}\frac{\partial \boldsymbol{u}}{\partial x^{i}}+\frac{\partial \boldsymbol{u}}{\partial x^{i}}\frac{\partial \boldsymbol{u}}{\partial x^{j}} \tag{3.53}$$

$$G_{ij}=\left(\boldsymbol{g}_{i}-\frac{\partial \boldsymbol{u}}{\partial x^{i}}\right)\cdot\left(\boldsymbol{g}_{j}-\frac{\partial \boldsymbol{u}}{\partial x^{j}}\right)=g_{ij}-\boldsymbol{g}_{i}\frac{\partial \boldsymbol{u}}{\partial x^{j}}-\boldsymbol{g}_{j}\frac{\partial \boldsymbol{u}}{\partial x^{i}}+\frac{\partial \boldsymbol{u}}{\partial x^{i}}\frac{\partial \boldsymbol{u}}{\partial x^{j}} \tag{3.54}$$

由此得

$$E_{ij}=\frac{1}{2}\left[\boldsymbol{G}_{i}\frac{\partial \boldsymbol{u}}{\partial x^{j}}+\boldsymbol{G}_{j}\frac{\partial \boldsymbol{u}}{\partial x^{i}}+\frac{\partial \boldsymbol{u}}{\partial x^{i}}\frac{\partial \boldsymbol{u}}{\partial x^{j}}\right] \tag{3.55}$$

$$e_{ij}=\frac{1}{2}\left[\boldsymbol{g}_{i}\frac{\partial \boldsymbol{u}}{\partial x^{j}}+\boldsymbol{g}_{j}\frac{\partial \boldsymbol{u}}{\partial x^{i}}-\frac{\partial \boldsymbol{u}}{\partial x^{i}}\frac{\partial \boldsymbol{u}}{\partial x^{j}}\right] \tag{3.56}$$

现以变形之前构形为参考构形，其坐标系为$\left\{x^{i}\right\}$。将$\boldsymbol{u}$向变形前基矢量分解，有

$$\boldsymbol{u}=u^{i}\boldsymbol{G}_{i}=u_{i}\boldsymbol{G}^{i} \tag{3.57}$$

$$\frac{\partial \boldsymbol{u}}{\partial x^{i}}=\boldsymbol{G}_{k}\nabla_{i}u^{k}=\boldsymbol{G}^{k}\nabla_{i}u_{k} \tag{3.58}$$

将式（3.58）代入式（3.55），即得格林应变张量$\boldsymbol{E}$。

$$E_{ij}=\frac{1}{2}\left[\nabla_{j}u_{i}+\nabla_{i}u_{j}+\nabla_{i}u^{k}\nabla_{j}u_{k}\right] \tag{3.59}$$

若以变形之后构形为参考构形，其坐标系为$\left\{\tilde{x}^{i}\right\}$，将$\boldsymbol{u}$向变形后基矢量分解，有

$$\boldsymbol{u}=u^{i}\boldsymbol{g}_{i}=u_{i}\boldsymbol{g}^{i} \tag{3.60}$$

$$\frac{\partial \boldsymbol{u}}{\partial x^{i}}=\boldsymbol{g}_{k}\nabla_{i}u^{k}=\boldsymbol{g}^{k}\nabla_{i}u_{k} \tag{3.61}$$

将式（3.61）代入式（3.56），即得阿尔曼西（Almansi）应变张量$\boldsymbol{e}$。

$$e_{ij}=\frac{1}{2}\left[\nabla_{j}u_{i}+\nabla_{i}u_{j}-\nabla_{i}u^{k}\nabla_{j}u_{k}\right] \tag{3.62}$$

3.4　形变率与应变率

连续介质的瞬时运动可以由速度场$\boldsymbol{v}(\boldsymbol{x})$来描述。现考虑分别具有瞬时坐标$\boldsymbol{x}$

和 $\boldsymbol{x}+\mathrm{d}\boldsymbol{x}$ 的质点 p 和 p_1。质点 p_1 相对于质点 p 的相对速度为

$$\mathrm{d}\boldsymbol{v} = \boldsymbol{L}\mathrm{d}\boldsymbol{x} \tag{3.63}$$

式中，$\boldsymbol{L}$ 为速度梯度张量。

$$\boldsymbol{L} = \frac{\partial \boldsymbol{v}}{\partial \boldsymbol{x}} \tag{3.64}$$

式（3.63）也可以写成分量的形式，即

$$\mathrm{d}v_k = L_{kj}\mathrm{d}x_j \tag{3.65}$$

式中，L_{kj} 为速度梯度张量分量。

$$L_{kj} = v_{k,j} = \frac{\partial v_k}{\partial x_j} \tag{3.66}$$

速度梯度张量是一个二阶张量。根据张量的数学性质，它可以分解为对称的和反对称的两部分之和，即

$$\boldsymbol{L} = \boldsymbol{V} + \boldsymbol{W} \tag{3.67}$$

或

$$L_{kj} = V_{kj} + W_{kj} \tag{3.68}$$

式中，$\boldsymbol{V}$ 为对称部分，称其为形变率张量。它反映着质点 p 领域的变形速率，其分量为

$$V_{kj} = \frac{1}{2}\left(v_{k,j} + v_{j,k}\right) \tag{3.69}$$

而 $\boldsymbol{W}$ 为反对称部分，称之为涡旋张量。它反映着质点 p 领域的旋转速率，其分量为

$$W_{kj} = \frac{1}{2}\left(v_{k,j} - v_{j,k}\right) \tag{3.70}$$

质点 p 领域的旋转速率也可以用角速度矢量 $\boldsymbol{\omega}$ 来描述，即

$$\boldsymbol{\omega} = \frac{1}{2}\mathrm{curl}\boldsymbol{v} \tag{3.71}$$

式（3.71）用分量表示，可以写成

$$\omega_i = \frac{1}{2}e_{ijk}v_{k,j} = \frac{1}{2}e_{ijk}L_{kj} = \frac{1}{2}e_{ijk}W_{kj} \tag{3.72}$$

式（3.72）推导用到了排列张量 $\boldsymbol{e}$ 与对称张量 $\boldsymbol{V}$ 之积为零的结果。

显然有

$$\mathrm{div}\boldsymbol{\omega} = \omega_{i,i} = \frac{1}{2}e_{ijk}v_{k,ji} = 0 \tag{3.73}$$

式（3.73）成立是由于 $v_{k,ji}$ 对 j 和 i 是对称的，而 e_{ijk} 对任意两个下标则是反对称的，故式（3.73）对 j 和 i 指标求和时其值为零。

此外，将式（3.72）两边同乘e_{imn}，并注意到$e_{imn}e_{ijk}=\delta_{mj}\delta_{nk}-\delta_{mk}\delta_{nj}$以及$W_{kj}$的反对称性，可以得到

$$W_{kj}=e_{ijk}\omega_i \tag{3.74}$$

速度场与应变率有以下关系：

选瞬时构形$\{\bar{x}^i\}$为参考构形，则有

$$\frac{\partial \boldsymbol{G}_i}{\partial t}=0\,,\qquad \frac{\partial G_{ij}}{\partial t}=0 \tag{3.75}$$

由式（3.50）有

$$\frac{\partial E_{ij}}{\partial t}=\frac{1}{2}\frac{\partial g_{ij}}{\partial t} \tag{3.76}$$

质点在t瞬时的速度$\boldsymbol{v}$及其在变形后坐标的基矢量方向上的分解为

$$\boldsymbol{v}=\frac{\partial \boldsymbol{u}}{\partial t}=\frac{\partial}{\partial t}(\boldsymbol{r}-\boldsymbol{R})=\frac{\partial \boldsymbol{r}}{\partial t}=v^k\boldsymbol{g}_k=v_k\boldsymbol{g}^k \tag{3.77}$$

对基矢量求时间导数，则有

$$\frac{\partial \boldsymbol{g}_i}{\partial t}=\frac{\partial}{\partial t}\left(\frac{\partial \boldsymbol{r}}{\partial x^i}\right)=\frac{\partial}{\partial x^i}\left(\frac{\partial \boldsymbol{r}}{\partial t}\right)=\frac{\partial \boldsymbol{v}}{\partial x^i}=\boldsymbol{g}_k\nabla_i v^k=\boldsymbol{g}^k\nabla_i v_k \tag{3.78}$$

由此得

$$\frac{\partial g_{ij}}{\partial t}=\boldsymbol{g}_i\frac{\partial \boldsymbol{g}_j}{\partial t}+\boldsymbol{g}_j\frac{\partial \boldsymbol{g}_i}{\partial t}=\boldsymbol{g}_i\boldsymbol{g}^k\nabla_i v_k+\boldsymbol{g}_j\boldsymbol{g}^k\nabla_i v_k=\nabla_i v_j+\nabla_j v_i \tag{3.79}$$

将它代入式（3.76），最后得到

$$\frac{\partial E_{ij}}{\partial t}=\frac{1}{2}\left(\nabla_i v_j+\nabla_j v_i\right) \tag{3.80}$$

3.5　应 力 张 量

采用曲线坐标，在连续介质域中任一点P处取由三个坐标面和一个任意倾斜面构成的微四面体，如图3-4所示。坐标系在P点处的三个基矢量$\boldsymbol{g}_1$、$\boldsymbol{g}_2$、$\boldsymbol{g}_3$分别沿四面体的三个棱边PP_1、PP_2、PP_3方向。三个坐标面的外法线方向分别沿逆变基矢量$\boldsymbol{g}^1$、$\boldsymbol{g}^2$、$\boldsymbol{g}^3$的负向，而斜面$P_1P_2P_3$的单位外法线矢量用$\boldsymbol{N}$表示。

设四面体斜面 $P_1P_2P_3$ 上的应力矢量用$\boldsymbol{T}$表示，而各坐标面上的应力分别以$-\overset{1}{\boldsymbol{T}}$、$-\overset{2}{\boldsymbol{T}}$、$-\overset{3}{\boldsymbol{T}}$表示。再设以$\mathrm{d}A$和$\mathrm{d}A_1$、$\mathrm{d}A_2$、$\mathrm{d}A_3$分别表示四面体斜面和各坐标面的面积。于是由四面体平衡条件（体积力为高一阶的微量，略去），可得

$$\boldsymbol{T}\mathrm{d}A-\overset{i}{\boldsymbol{T}}\mathrm{d}A_i=0 \tag{3.81}$$

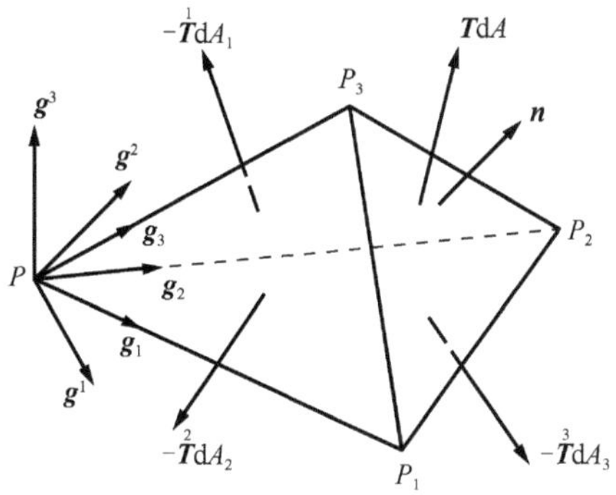

图 3-4　曲线坐标下的四面体

四面体斜面面积矢量 $\mathrm{d}\boldsymbol{A}$ 在三个坐标面面积矢量 $\mathrm{d}\boldsymbol{A}_1$、$\mathrm{d}\boldsymbol{A}_2$、$\mathrm{d}\boldsymbol{A}_3$ 的方向 $\boldsymbol{g}^1$、$\boldsymbol{g}^2$、$\boldsymbol{g}^3$ 的投影为

$$\mathrm{d}\boldsymbol{A}=\mathrm{d}a_i\boldsymbol{g}^i \tag{3.82}$$

式中

$$\mathrm{d}\boldsymbol{A}_i=\mathrm{d}a_i\boldsymbol{g}^i \tag{3.83}$$

由此可见 $\mathrm{d}a_i$ 实为 $\mathrm{d}\boldsymbol{A}$ 的协变分量。于是面元 $\mathrm{d}\boldsymbol{A}$ 面积的平方为

$$\mathrm{d}A^2=g^{ij}\mathrm{d}a_i\mathrm{d}a_j \tag{3.84}$$

由此可见逆变度量张量分量 g^{ij} 起着度量面积的作用。

由式（3.82）可得坐标面各面元矢量 $\mathrm{d}A_i$ 的物理分量，即各面元的面积 $\mathrm{d}A_i$

$$\mathrm{d}A_i=\mathrm{d}a_i\sqrt{g^{(ii)}} \tag{3.85}$$

注意到

$$\mathrm{d}\boldsymbol{A}=\mathrm{d}A\boldsymbol{N}=\mathrm{d}An_i\boldsymbol{g}^i \tag{3.86}$$

式（3.86）与式（3.82）比较，得

$$\mathrm{d}a_i=n_i\mathrm{d}A \tag{3.87}$$

于是，可得

$$\mathrm{d}A_i=n_i\sqrt{g^{(ii)}}\mathrm{d}A \tag{3.88}$$

将它代入式（3.81），有

$$\boldsymbol{T}=n_i\sqrt{g^{(ii)}}\overset{i}{\boldsymbol{T}}=n_i\boldsymbol{\tau}^i \tag{3.89}$$

式中

$$\boldsymbol{\tau}^i=\sqrt{g^{(ii)}}\overset{i}{\boldsymbol{T}} \tag{3.90}$$

单位外法线矢量 $\boldsymbol{N}$ 的协变分量为

$$n_i=\boldsymbol{N}\cdot\boldsymbol{g}_i \tag{3.91}$$

则有

$$\boldsymbol{T}=\boldsymbol{N}\cdot\boldsymbol{g}_i\boldsymbol{\tau}^i=\boldsymbol{N}\cdot\boldsymbol{\tau} \tag{3.92}$$

由于$\boldsymbol{T}$和$\boldsymbol{N}$均为一阶张量，故可知$\boldsymbol{\tau}$为二阶张量，称为曲线坐标下的应力张量。

$$\boldsymbol{\tau}=\boldsymbol{g}_i\tau^i=\tau^{ij}\boldsymbol{g}_i\boldsymbol{g}_j=\tau^i{}_j\boldsymbol{g}_i\boldsymbol{g}^j=\tau_{ij}\boldsymbol{g}^i\boldsymbol{g}^j \tag{3.93}$$

式中，τ^{ij}为应力张量的二阶逆变分量，是法线为$\boldsymbol{g}^i$的坐标面上沿$\boldsymbol{g}_j$方向的应力张量分量；$\tau^i{}_j$为应力张量的二阶混变分量，是法线为$\boldsymbol{g}^i$的坐标面上沿$\boldsymbol{g}^j$方向的应力张量分量；τ_{ij}为应力张量的二阶协变分量，是法线为$\boldsymbol{g}_i$的坐标面上沿$\boldsymbol{g}^j$方向的应力张量分量。

由（3.81）式还可得

$$\boldsymbol{T}=T^j\boldsymbol{g}_j \tag{3.94}$$

同时也有

$$\boldsymbol{T}=\boldsymbol{N}\cdot\boldsymbol{\tau}=n_r\boldsymbol{g}^r\cdot\tau^{ij}\boldsymbol{g}_i\boldsymbol{g}_j=n_r\tau^{ij}\left(\boldsymbol{g}^r\cdot\boldsymbol{g}_i\right)\boldsymbol{g}_j=n_r\tau^{ij}\delta_i^r\boldsymbol{g}_j=n_i\tau^{ij}\boldsymbol{g}_j \tag{3.95}$$

比较式（3.94）和式（3.95）可得

$$T^j=\tau^{ij}n_i \tag{3.96}$$

式中，T^j是外法线为$\boldsymbol{N}$的面元上应力矢量$\boldsymbol{T}$的逆变分量。这便是曲线坐标下柯西应力基本定理。

利用公式$\boldsymbol{T}=n_i\tau^{ij}\boldsymbol{g}_j=n_i\tau^i_{\cdot j}\boldsymbol{g}^j$及其不变性，可以将其中的外法线矢量分量及协变与逆变基矢量分量均转换为物理分量，即

$$\boldsymbol{T}=\left(n_i\sqrt{g^{(ii)}}\right)\left(\tau^{ij}\sqrt{\frac{g_{(jj)}}{g^{(ii)}}}\right)\left(\frac{\boldsymbol{g}_j}{\sqrt{g_{(jj)}}}\right)=\left(n_i\sqrt{g^{(ii)}}\right)\left(\tau^i_{\cdot j}\sqrt{\frac{g^{(jj)}}{g^{(ii)}}}\right)\left(\frac{\boldsymbol{g}^j}{\sqrt{g^{(jj)}}}\right) \tag{3.97}$$

得到曲线坐标下柯西应力张量的物理分量，即

$$\sigma^{ij}=\tau^{ij}\sqrt{\frac{g_{(jj)}}{g^{(ii)}}} \tag{3.98}$$

$$\sigma^i_{\cdot j}=\tau^i_{\cdot j}\sqrt{\frac{g^{(jj)}}{g^{(ii)}}} \tag{3.99}$$

此时，σ^{ij}和$\sigma^i_{\cdot j}$具有应力的因次，同时也仅仅在正交曲线坐标下，σ^{ij}和$\sigma^i_{\cdot j}$才具有通常的正应力和剪应力的意义，且有$\sigma^{ij}=\sigma^i_{\cdot j}$。因为正交曲线坐标下有

$$g_{ij}=g^{ij}=0\,,\qquad g^{(ii)}=\frac{1}{g_{(ii)}}\,,\qquad i\neq j \tag{3.100}$$

应变可以有不同构形下的两种描述。由于物体的本构关系必须是在同一构形中建立的，因此应力也必须有参考构形和瞬时构形下的描述。如果采用初始参考构形的拉格朗日描述，则瞬时构形下的欧拉应力也应该以某一确定的规则转换到

参考构形中去，从而引入了第一类和第二类皮奥拉-克希霍夫（Piola-Kirchhoff）应力张量。于是在正交直线坐标下，可以定义变形前后两个不同构形的应力。

在初始构形中定义与瞬时构形中欧拉应力 σ_{ij} 相对应的应力张量是人为设想的，但在数学上必须是相容的。

设 $\mathrm{d}\boldsymbol{s}$ 为瞬时变形构形中的面元，其分量为 $\mathrm{d}s_i = n_i \mathrm{d}s$ 。该面元上的面力为 $\mathrm{d}\boldsymbol{F}$ ，其分量为

$$\mathrm{d}F_i = T_i \mathrm{d}s = \sigma_{ij} n_j \mathrm{d}s = \sigma_{ij} \mathrm{d}s_j \tag{3.101}$$

式中，σ_{ij} 为欧拉应力张量分量。

在初始构形中，该面元为 $\mathrm{d}\bar{\boldsymbol{s}}$ ，其分量为 $\mathrm{d}\bar{s}_I = N_I \mathrm{d}\bar{s}$ 。按照欧拉应力张量的定义方法在初始构形中定义如下的应力张量分量 T_{Ij} ，即

$$\mathrm{d}F_i = T_i^{(L)} \mathrm{d}\bar{s} = T_{Qi} N_Q \mathrm{d}\bar{s} = T_{Qi} \mathrm{d}\bar{s}_Q \tag{3.102}$$

式中，T_{Qi} 为拉格朗日应力张量分量，又称为第一类皮奥拉-克希霍夫应力张量。这个定义方法是把瞬时变形构形中的面元 $\mathrm{d}\boldsymbol{s}$ 上的面力 $\mathrm{d}\boldsymbol{F}$ 不改变大小和方向而直接移植到初始构形中的面元 $\mathrm{d}\bar{\boldsymbol{s}}$ 上，这两个面元之间满足如下的变换关系：

$$\mathrm{d}s_j = J X_{Q,j} \mathrm{d}\bar{s}_Q \tag{3.103}$$

将式（3.103）代入式（3.101），并与式（3.102）比较即得拉格朗日应力张量与欧拉应力张量的关系为

$$T_{Qi} = J X_{Q,j} \sigma_{ij} = X_{Q,j} \tau_{ij} \tag{3.104}$$

式中，$\tau_{ij} = J\sigma_{ij}$ 称为克希霍夫应力张量分量。

由式（3.104）可见，拉格朗日应力张量是不对称的，因此它难以在本构方程中使用（应变张量的对称性要求相应的应力张量也必须是对称的）。为了克服这个困难，必须采用另一种方法去构造初始构形中符合对称性条件的应力张量。为此，不是把瞬时构形面元上的力 $\mathrm{d}\boldsymbol{F}$ 直接移植到初始构形的面元上，而是先令其受如同 $\mathrm{d}x_i$ 到 $\mathrm{d}X_J$ 相同的变换，即面元 $\mathrm{d}\bar{\boldsymbol{s}}$ 上的面力 $\mathrm{d}\boldsymbol{F}^{(K)}$ 的分量 $\mathrm{d}F_P^{(K)}$ 由下式得到

$$\mathrm{d}F_P^{(K)} = X_{P,i} \mathrm{d}F_i \tag{3.105}$$

然后再由下式定义初始构形中新的应力张量分量。

$$\mathrm{d}F_P^{(K)} = S_{PQ} \mathrm{d}\bar{s}_Q \tag{3.106}$$

此应力张量 S_{PQ} 称为第二类皮奥拉-克希霍夫应力张量。

将式（3.101）代入式（3.105），并与式（3.106）比较得

$$S_{PQ} = J X_{P,i} X_{Q,j} \sigma_{ij} \tag{3.107}$$

$$\boldsymbol{S} = J\boldsymbol{F}^{-1}\boldsymbol{\sigma}\left(\boldsymbol{F}^{-1}\right)^{\mathrm{T}} \tag{3.108}$$

$$\boldsymbol{S}^{\mathrm{T}} = J\left(\boldsymbol{F}^{-1}\boldsymbol{\sigma}\boldsymbol{F}^{-\mathrm{T}}\right)^{\mathrm{T}} = J\left(\boldsymbol{F}^{-\mathrm{T}}\right)^{\mathrm{T}}\boldsymbol{\sigma}^{\mathrm{T}}\left(\boldsymbol{F}^{-1}\right)^{\mathrm{T}} = J\boldsymbol{F}^{-1}\boldsymbol{\sigma}\boldsymbol{F}^{-\mathrm{T}} = \boldsymbol{S} \tag{3.109}$$

由此可见，第二类皮奥拉-克希霍夫应力张量是对称的，因此它比第一类皮奥拉-克布霍夫应力张量更适合于本构方程中的应用。

两个构形、三种应力张量间的关系如下：

$$S_{PQ} = X_{P,i} T_{Qi} \tag{3.110}$$

$$T_{Qi} = x_{i,P} S_{PQ} \tag{3.111}$$

$$\sigma_{ij} = \frac{1}{J} x_{j,Q} T_{Qi} = \frac{1}{J} x_{i,P} x_{j,Q} S_{PQ} \tag{3.112}$$

式中，$J = \dfrac{\rho_0}{\rho}$。

3.6 应　力　率

在刚体转动的情况下，柯西应力张量$\boldsymbol{\sigma}$的转换关系是

$$\boldsymbol{\sigma}^* = \boldsymbol{Q}\boldsymbol{\sigma}\boldsymbol{Q}^{\mathrm{T}}, \qquad \boldsymbol{Q}\boldsymbol{Q}^{\mathrm{T}} = 1 \tag{3.113}$$

我们知道，柯西应力张量$\boldsymbol{\sigma}$是一个客观张量，但是对式（3.113）第一个方程求时间导数却有

$$\frac{\mathrm{d}\boldsymbol{\sigma}^*}{\mathrm{d}t} = \dot{\boldsymbol{\sigma}}^* = \dot{\boldsymbol{Q}}\boldsymbol{\sigma}\boldsymbol{Q}^{\mathrm{T}} + \boldsymbol{Q}\dot{\boldsymbol{\sigma}}\boldsymbol{Q}^{\mathrm{T}} + \boldsymbol{Q}\boldsymbol{\sigma}\dot{\boldsymbol{Q}}^{\mathrm{T}} \tag{3.114}$$

该式表明：一般情况下，$\dot{\boldsymbol{\sigma}}^*$并不是客观的时间导数，$\dot{\boldsymbol{\sigma}}^* \neq \boldsymbol{Q}\dot{\boldsymbol{\sigma}}\boldsymbol{Q}^{\mathrm{T}}$。只有当转动率为零，即$\dot{\boldsymbol{Q}} = 0$，也就是当$\boldsymbol{Q} = \mathrm{const}$时，$\dot{\boldsymbol{\sigma}}^*$才是客观性的量，即

$$\dot{\boldsymbol{\sigma}}^* = \boldsymbol{Q}\dot{\boldsymbol{\sigma}}\boldsymbol{Q}^{\mathrm{T}}, \qquad \boldsymbol{Q} = \mathrm{const} \tag{3.115}$$

在某些材料本构建模的过程中，需要考虑应力率与形变率之间的关系，比如次弹性材料等。因此，取一个恰当的形式作为应力率的定义就显得非常重要。

典型的例子是，当物体作刚体转动时，由 3.4 节知识可知，其形变率张量V_{ij}为零，但应力的物质导数$\dfrac{\mathrm{D}\sigma_{ij}}{\mathrm{D}t}$一般却不为零。例如，一根受拉伸杆绕$z$轴转动，在某瞬时，杆轴平行于$x$轴，此时$\sigma_x \neq 0, \sigma_y = 0$。但在另一瞬时，当杆转到其轴线平行于$y$轴时，则$\sigma_x = 0, \sigma_y \neq 0$。这样，从固结于物体的物质坐标架上看，杆件中的应力状态并没有发生变化，但从空间固定参考坐标系来看，应力分量在发生变化，因而应力分量的物质导数$\dfrac{\mathrm{D}\sigma_{ij}}{\mathrm{D}t}$也在变化。由此看来，应取跟随物体一起做刚体转动的物质坐标系$ox'y'z'$上观察到的应力分量$\sigma'_{ij}(t)$对时间的导数$\sigma^{\nabla}_{ij}(t)$作为应力率才合适。对应力率的要求是，它必须是关于刚体转动的不变量，但是这

个要求并没有唯一的解答。下面给出几个重要的结果。

（1）尧曼应力率

尧曼（Jaumann）应力率定义为

$$\sigma_{ij}^{\nabla}(t)=\lim_{\Delta t\to 0}\frac{1}{\Delta t}\left[\sigma_{ij}'(t+\Delta t)-\sigma_{ij}'(t)\right] \tag{3.116}$$

利用应力张量坐标变换规律，物质坐标架 $ox'y'z'$ 上的应力分量可以用空间固定参考坐标架 $oxyz$ 上的应力表示，即

$$\sigma_{ij}=\sigma_{kl}n_{ik}n_{jl} \tag{3.117}$$

式中，$n_{ik}=\cos(x_i',x_k)$，为物质坐标架和空间坐标架坐标轴间夹角的方向余弦。

假定参考坐标架 x_i 不动，物质坐标架 x_i' 以角速度 $\boldsymbol{\omega}$ 转动时，有

$$n_{ik}=\delta_{ik}-e_{ijk}\omega_j\mathrm{d}t \tag{3.118}$$

在 $t+\Delta t$ 瞬时，参考坐标系 x_i 中的应力分量为

$$\sigma_{ij}(t+\mathrm{d}t)=\sigma_{ij}(t)+\frac{\mathrm{D}\sigma_{ij}}{\mathrm{D}t}\mathrm{d}t \tag{3.119}$$

根据式（3.118），有

$$\begin{aligned}\sigma_{ij}'(t+\mathrm{d}t)&=n_{ik}n_{jl}\sigma_{kl}'(t+\mathrm{d}t)\\&=(\delta_{ik}-e_{imk}\omega_m\mathrm{d}t)(\delta_{jl}-e_{jnl}\omega_n\mathrm{d}t)\left(\sigma_{kl}+\frac{\mathrm{D}\sigma_{kl}}{\mathrm{D}t}\mathrm{d}t\right)\\&=\sigma_{ij}(t)+\left(\frac{\mathrm{D}\sigma_{ij}}{\mathrm{D}t}-e_{imk}\omega_m\sigma_{kl}-e_{jnl}\omega_n\sigma_{il}\right)\mathrm{d}t+O(\mathrm{d}t^2)\end{aligned} \tag{3.120}$$

将式（3.120）代入式（3.116），并注意到 $\sigma_{ij}(t)=\sigma_{ji}(t)$，最后得

$$\sigma_{ij}^{\nabla}(t)=\frac{\mathrm{D}\sigma_{ij}}{\mathrm{D}t}-e_{ipk}\omega_p\sigma_{kj}-e_{jql}\omega_q\sigma_{il}=\frac{\mathrm{D}\sigma_{ij}}{\mathrm{D}t}-W_{ik}\sigma_{kj}-W_{jl}\sigma_{li} \tag{3.121}$$

$$\boldsymbol{\sigma}^{\nabla}=\dot{\boldsymbol{\sigma}}-\boldsymbol{W}\boldsymbol{\sigma}-\boldsymbol{\sigma}\boldsymbol{W} \tag{3.122}$$

这就是尧曼应力率的表达式，它是一个二阶对称张量。

尧曼应力率的优点之一是它直接由跟随质点邻域做瞬时转动的物质坐标架上观察到的应力分量对时间的变化率来定义的，其力学意义比较明确。

（2）特鲁斯德尔应力率

特鲁斯德尔（Truesdell）给出了下列形式的应力率：

$$\overset{\circ}{\sigma}_{ij}(t)=\frac{\mathrm{D}\sigma_{ij}}{\mathrm{D}t}+\sigma_{ij}v_{p,p}-\sigma_{ip}v_{j,p}-\sigma_{jp}v_{i,p} \tag{3.123}$$

由于 $v_{p,p}=V_{pp}$，$v_{j,p}=V_{jp}+W_{jp}$，将它们代入式（3.123），并和式（3.121）比较，有

$$\overset{\circ}{\sigma}_{ij}(t)-\sigma_{ij}^{\nabla}=\sigma_{ij}V_{pp}-\sigma_{ip}V_{jp}-\sigma_{jp}V_{ip} \tag{3.124}$$

当质点 P 邻域只做刚体运动时，$V_{pp}=V_{ip}=0$，由于 σ_{ij}^{∇} 不受刚体转动的影响，故 $\overset{\circ}{\sigma}_{ij}(t)$ 也不受刚体转动的影响。实际上，式（3.124）给出的 $\overset{\circ}{\sigma}_{ij}(t)$ 与 σ_{ij}^{∇} 之差反映了质点邻域变形速率的影响。

3.7　物理守恒定律

以下讨论适用于任何曲线坐标系，方程中的各量均为张量分量而非物理分量。

1. 质量守恒定律

物体的总质量在运动过程中保持不变。设 ρ_0 和 V_0 分别表示初始时刻的密度和体积，ρ 和 V 表示任意时刻 t 的密度和体积，则有

$$M=\int_V \rho \mathrm{d}V=\int_{V_0} \rho_0 \mathrm{d}V_0 \tag{3.125}$$

$$\frac{\mathrm{D}M}{\mathrm{D}t}=\int_V\left(\frac{\mathrm{D}\rho}{\mathrm{D}t}+\rho\nabla_k v^k\right)\mathrm{d}V=0 \tag{3.126}$$

由此得连续性方程为

$$\frac{\mathrm{D}\rho}{\mathrm{D}t}+\rho\nabla_k v^k=0 \tag{3.127}$$

在质量守恒条件下，任意张量有下列等式：

$$\begin{aligned}\frac{\mathrm{D}}{\mathrm{D}t}\int_V \rho T^{ij}_{\cdot\cdot kl}\mathrm{d}V&=\int_V\left[\frac{\mathrm{D}}{\mathrm{D}t}\left(\rho T^{ij}_{\cdot\cdot kl}\right)+\rho T^{ij}_{\cdot\cdot kl}\nabla_r v^r\right]\mathrm{d}V\\&=\int_V\left(\frac{\mathrm{D}\rho}{\mathrm{D}t}+\rho\nabla_r v^r\right)T^{ij}_{\cdot\cdot kl}\mathrm{d}V+\int_V\rho\frac{\mathrm{D}T^{ij}_{\cdot\cdot kl}}{\mathrm{D}t}\mathrm{d}V\\&=\int_V\rho\frac{\mathrm{D}T^{ij}_{\cdot\cdot kl}}{\mathrm{D}t}\mathrm{d}V\end{aligned} \tag{3.128}$$

2. 线动量守恒定律

假定物体某瞬时 t 体积为 V，边界面为 A，边界面 A 的单位外法线矢量为 $\boldsymbol{N}$。物体上作用有面力 $\boldsymbol{T}$、单位质量的体力 $\boldsymbol{f}$ 和体矩 $\boldsymbol{b}$。动量守恒定律表明：物体动量对时间的变化率等于作用在物体上的外力矢量和，即

$$\frac{\mathrm{D}}{\mathrm{D}t}\int_V \rho\boldsymbol{v}\mathrm{d}V=\int_A \boldsymbol{T}\mathrm{d}A+\int_V\rho\boldsymbol{f}\mathrm{d}V \tag{3.129}$$

式（3.129）在任一单位平行矢量场 $\boldsymbol{R}$ 方向上的投影为

$$\frac{\mathrm{D}}{\mathrm{D}t}\int_V \rho v^i R_i\mathrm{d}V=\int_A \tau^{ji}n_j R_i\mathrm{d}A+\int_V\rho f^i R_i\mathrm{d}V \tag{3.130}$$

它可以化简为

$$\int_V \left(\nabla_j \tau^{ji} + \rho f^i - \rho \frac{\mathrm{D}v^i}{\mathrm{D}t} \right) R_i \mathrm{d}V = 0 \tag{3.131}$$

它的局部形式，即欧拉运动方程为

$$\nabla_j \tau^{ji} + \rho f^i = \rho \frac{\mathrm{D}v^i}{\mathrm{D}t} \tag{3.132}$$

3. 角动量守恒定律

动量矩守恒定律表明：物体动量对坐标原点矩的时间变化率等于作用在物体上的外力对坐标原点的矩，即

$$\frac{\mathrm{D}}{\mathrm{D}t}\int_V \rho (\boldsymbol{r}\times\boldsymbol{v}) \mathrm{d}V = \int_A (\boldsymbol{r}\times\boldsymbol{T}) \mathrm{d}A + \int_V \rho (\boldsymbol{r}\times\boldsymbol{f}) \mathrm{d}V + \int_V \rho \boldsymbol{b} \mathrm{d}V \tag{3.133}$$

式（3.133）在任一单位平行矢量场 $\boldsymbol{R}$ 方向上的投影为

$$\frac{\mathrm{D}}{\mathrm{D}t}\int_V \rho \in_{ijk} r^i v^j R^k \mathrm{d}V = \int_A \in_{ijk} r^i \tau^{pj} n_p R^k \mathrm{d}A + \int_V \rho \in_{ijk} r^i f^j R^k \mathrm{d}\boldsymbol{V} + \int_V \rho b_k R^k \mathrm{d}V \tag{3.134}$$

式中，

$$\boldsymbol{r} = r^i \boldsymbol{g}_i \tag{3.135}$$

$$\frac{\mathrm{D}r^i}{\mathrm{D}t} = v^i \tag{3.136}$$

$$\nabla_j r^i = \delta^i_j \tag{3.137}$$

式（3.134）可化简为

$$\int_V \left(\rho b_k + \in_{ijk} \tau^{ij} \right) R^k \mathrm{d}V = 0 \tag{3.138}$$

其局部形式为

$$\in_{ijk} \tau^{ji} + \rho b_k = 0 \tag{3.139}$$

可见，当有体矩时，应力张量不对称。

4. 能量守恒定律

设 E 是物体的总内能，e 是单位质量物体的内能，K 是物体的总动能，W 是外界对物体所做的功，Q 是输入物体的热量，$\boldsymbol{h}$ 是物体热流密度矢量，$\dot{q}$ 是物体内部热源单位时间单位质量提供的热量，$\boldsymbol{\omega}$ 是物体质点邻域的角速度矢量。热力学第一定律表明：外力对物体所做的功和输入给物体的热量等于物体内能的改变和动能之和，即

$$\dot{E} + \dot{K} = \dot{W} + \dot{Q} \tag{3.140}$$

式中

$$\dot{E} = \frac{\mathrm{D}}{\mathrm{D}t}\int_V \rho e \mathrm{d}V = \int_V \rho \frac{\mathrm{D}e}{\mathrm{D}t} \mathrm{d}V \tag{3.141}$$

$$\dot{K} = \frac{\mathrm{D}}{\mathrm{D}t}\int_V \frac{1}{2}\rho \boldsymbol{v}\cdot\boldsymbol{v}\mathrm{d}V = \frac{\mathrm{D}}{\mathrm{D}t}\int_V \frac{1}{2}\rho v^i v_i \mathrm{d}V \tag{3.142}$$

$$\dot{W} = \int_V \boldsymbol{f}\cdot\boldsymbol{v}\rho\mathrm{d}V + \int_A \boldsymbol{T}\cdot\boldsymbol{v}\mathrm{d}A + \int_V \rho\boldsymbol{b}\cdot\boldsymbol{\omega}\mathrm{d}V = \int_V f^i v_i\rho\mathrm{d}V + \int_A \tau^{ji} n_j v_i \mathrm{d}A + \int_V \rho b_k \omega^k \mathrm{d}V \tag{3.143}$$

$$\dot{Q} = -\int_A \boldsymbol{h}\cdot\boldsymbol{n}\mathrm{d}A + \int_V \rho\dot{q}\mathrm{d}V = -\int_A h^i n_i \mathrm{d}A + \int_V \rho\dot{q}\mathrm{d}V \tag{3.144}$$

将式（3.141）～式（3.144）代入式（3.140），利用高斯定律将面积分化为体积分，再利用动量定理和动量矩定理可得

$$\int_V \rho\frac{\mathrm{D}e}{\mathrm{D}t}\mathrm{d}V = \int_V \left(\tau^{ji}V_{ij} + \rho\dot{q} - \nabla_j h^j\right)\mathrm{d}V \tag{3.145}$$

其局部形式为

$$\rho\frac{\mathrm{D}e}{\mathrm{D}t} = \tau^{ji}V_{ij} + \rho\dot{q} - \nabla_j h^j \tag{3.146}$$

式中，V_{ij} 为形变率张量 $\boldsymbol{V}$ 的分量。

$$V_{ij} = \frac{1}{2}\left(\nabla_i v_j + \nabla_j v_i\right) \tag{3.147}$$

3.8　弹性本构理论

特鲁斯德尔提出弹性的三种定义，并分别命名为弹性（elasticity）、次弹性（hypoelasticity）和超弹性（hyperelasticity）。对等温或绝热条件下的小变形线弹性体，这三种定义是等价的。但是当将它们推广到较一般的物质和变形范围时，它们就不再等价了，并且得到三个不同级别的普遍性。

第一种定义是基于柯西方法。它直接建立应力张量和应变张量间相互单值对应的关系。若材料处于均匀无应力的自然状态，且在此状态的有限邻域内存在欧拉应力张量分量 σ_{ij} 和阿尔曼西应变张量分量 e_{ij} 间的一一对应的关系，则称为弹性材料，其普遍本构方程是

$$\sigma_{ij} = f\left(e_{ij}\right) \tag{3.148}$$

这样，应力只与当前应变有关，而与应变历史无关。这种定义法是经典弹性理论中采用的基本方法，称这种弹性本构关系为柯西弹性。

对小变形情况，有

$$\sigma_{ij} = C_{ijkl}\varepsilon_{kl} \tag{3.149}$$

式中，C_{ijkl} 为四阶弹性系数张量。它具有如下的对称性质：

$$C_{ijkl} = C_{klij}, \qquad C_{ijkl} = C_{jikl}, \qquad C_{ijkl} = C_{ijlk} \tag{3.150}$$

由于对称性，其独立的分量数目由 81 个减至 21 个。

在各向同性情况下，弹性系数张量可以表示为

$$C_{ijkl} = \lambda\delta_{ij}\delta_{kl} + \mu(\delta_{ik}\delta_{jl} + \delta_{il}\delta_{jk}) \tag{3.151}$$

因此，各向同性弹性本构方程为

$$\sigma_{ij} = \lambda\varepsilon_{kk}\delta_{ij} + 2\mu\varepsilon_{ij} \tag{3.152}$$

式中，λ 和 μ 分别是拉梅弹性系数。

第二种定义是建立率形式的弹性本构关系，若材料应力率分量为形变率分量的齐次线性函数，则称为次弹性材料。与弹性材料的应力响应只取决于当前应变状态的情况不同，某些材料的弹性性质与应力的加载路径有关。正是由于这种路径相关性，这类材料的应力应变关系已不能写成全量形式，而必须写成增量形式或率的形式，即

$$\sigma_{ij}^{\nabla} = f_{ij}\left(V_{kl}\right) \tag{3.153}$$

为了使上述本构关系中的材料常数不含牛顿时间，由因次分析可知，$f_{ij}\left(V_{kl}\right)$ 应写成 V_{kl} 的齐次线性形式，因此有

$$\sigma_{ij}^{\nabla} = C_{ijkl}V_{kl} \tag{3.154}$$

具有这类形式本构关系的材料称为次弹性材料。C_{ijkl} 依赖于瞬时应力张量或瞬时应变张量，由张量商律性质可知，它为四阶张量，且由于应力率和形变率的对称性可得

$$C_{ijkl} = C_{jikl} = C_{ijlk} \tag{3.155}$$

假定材料是各向同性的，即坐标变换时本构关系的函数形式与物性常数保持不变，于是 C_{ijkl} 在任意取向的笛卡儿坐标系中相同，为四阶各向同性张量，有

$$\sigma_{ij}^{\nabla} = \lambda V_{kk}\delta_{ij} + 2\mu V_{ij} \tag{3.156}$$

次弹性材料除了对有限变形的路径相关外，还存在对无限小位移的无黏性及可逆性。

在位移很小，且转动和应变相比为同阶或更高阶小量的情况下，$V_{ij} \simeq \dot{\varepsilon}_{ij}$，$\sigma_{ij}^{\nabla} \simeq \dot{\sigma}_{ij}$。故式（3.154）可以写成

$$\dot{\sigma}_{ij} = C_{ijkl}\dot{\varepsilon}_{kl} \tag{3.157}$$

或写成增量的形式

$$\mathrm{d}\sigma_{ij} = C_{ijkl}\left(\sigma_{mn}\right)\mathrm{d}\varepsilon_{kl} \tag{3.158}$$

考虑 C_{ijkl} 是应力分量的线性函数的初始各向同性次弹性材料，为满足式（3.155）的对称性要求，可以判断张量分量 C_{ijkl} 将是下面 5 个张量的线性组合：

$$\begin{cases} \delta_{ij}\delta_{kl}, \quad \delta_{ik}\delta_{jl} + \delta_{il}\delta_{jk}, \quad \delta_{ij}\sigma_{kl}, \\ \delta_{ik}\sigma_{jl} + \delta_{il}\sigma_{jk} + \delta_{jk}\sigma_{il} + \delta_{jl}\sigma_{ik}, \quad \sigma_{ij}\delta_{kl} \end{cases} \tag{3.159}$$

其中，前两个张量的系数是应力张量的迹 $\mathrm{tr}\boldsymbol{\sigma}$ 的线性函数，而后三个张量的系数为常数。因此，这类次弹性材料 C_{ijkl} 最一般的形式可以写成：

$$C_{ijkl}=\left(a_{01}+a_{11}\sigma_{rr}\right)\delta_{ij}\delta_{kl}+\frac{1}{2}\left(a_{02}+a_{12}\sigma_{rr}\right)\left(\delta_{ik}\delta_{jl}+\delta_{jk}\delta_{il}\right)$$
$$+a_{13}\sigma_{ij}\delta_{kl}+\frac{1}{2}a_{14}\left(a_{jk}\delta_{li}+a_{jl}\delta_{ki}+a_{ik}\delta_{lj}+a_{il}\delta_{kj}\right)+a_{15}\sigma_{kl}\delta_{ij} \tag{3.160}$$

将它代到方程（3.157），可以得到如下本构关系：

$$\dot{\sigma}_{ij}=a_{01}\dot{\varepsilon}_{kk}\delta_{ij}+a_{02}\dot{\varepsilon}_{ij}+a_{11}\sigma_{pp}\dot{\varepsilon}_{kk}\delta_{ij}+a_{12}\sigma_{mm}\dot{\varepsilon}_{ij}+a_{13}\sigma_{ij}\dot{\varepsilon}_{kk}$$
$$+a_{14}\left(\sigma_{jk}\dot{\varepsilon}_{ik}+\sigma_{ik}\dot{\varepsilon}_{jk}\right)+a_{15}\sigma_{kl}\dot{\varepsilon}_{kl}\delta_{ij} \tag{3.161}$$

式中，7 个参数 $a_{01}\sim a_{15}$ 是材料常数。具有上述本构方程的材料称为一阶（或线性）次弹性材料。式（3.161）代表了初始各向同性次弹性本构关系的最一般公式，其中后三项表示此方程描述的性质呈现应力诱发的各向异性。

在式（3.161）中，如果除 a_{01}、a_{02} 外的所有材料常数为零，它就回归到线弹性材料的广义胡克定律。对于任何描述的加载（应力）路径和初始条件，则可通过对式（3.161）次弹性本构方程求积分得到全应力-应变关系式，其能满足下述假设条件：

$$\frac{\partial C_{ijkl}}{\partial\varepsilon_{np}}=\frac{\partial C_{ijnp}}{\partial\varepsilon_{kl}} \tag{3.162}$$

$$\frac{\partial C_{ijkl}}{\partial\sigma_{rs}}\frac{\partial\sigma_{rs}}{\partial\varepsilon_{np}}=\frac{\partial C_{ijnp}}{\partial\sigma_{mq}}\frac{\partial\sigma_{mq}}{\partial\varepsilon_{kl}} \tag{3.163}$$

$$\frac{\partial\sigma_{ij}}{\partial\varepsilon_{kl}}=C_{ijkl} \tag{3.164}$$

对于柯西弹性材料（即应力状态由应变状态唯一决定，而与应力历史无关），式（3.162）～式（3.164）对所有应力状态成立，这就给材料常数强加了某些约束。将式（3.160）代入式（3.162），且要求结果与应力状态无关，有

$$\begin{cases}a_{14}=0\\ a_{12}\left(3a_{11}+a_{12}\right)=0\\ a_{12}a_{15}=0\\ a_{15}\left(3a_{11}+a_{15}\right)=0\\ 3a_{01}a_{12}+a_{02}\left(a_{12}-a_{13}\right)=0\end{cases} \tag{3.165}$$

此外，弹性张量 C_{ijkl} 还需满足对称性条件，即 $C_{ijkl}=C_{klij}$，它引出材料常数的附加约束是

$$a_{13}=a_{15} \tag{3.166}$$

于是，对于任何不满足前两式要求的材料常数（$a_{01}\sim a_{15}$）的组合，其全应力和应变决定于加载路径。因此，本构方程（3.161）描述的性质通常是与路径相

关的。

第三种定义则从材料具有储能函数出发。若材料具有作为应变张量解析函数的应变能函数，且应变能函数的变化率等于应力所做的功率，则称为超弹性材料。

我们知道，对于所考虑的材料及其热力学过程，存在一个应变能函数 W（以单位变形前体积计），它是相对于自然状态的格林应变张量分量 E_{IJ} 的函数，即

$$W = W\left(E_{IJ}\right) \tag{3.167}$$

同时，对等温或绝热热力学过程，有

$$\frac{\mathrm{D}W}{\mathrm{D}t} = S_{IJ}\frac{\mathrm{D}E_{IJ}}{\mathrm{D}t} \tag{3.168}$$

满足式（3.167）和式（3.168）要求的材料即为超弹性材料，这种材料热力学过程的特点是变形功全部以应变能的形式储存在弹性体内。

对式（3.167）求物质导数，有

$$\frac{\mathrm{D}W}{\mathrm{D}t} = \frac{\mathrm{D}W}{\mathrm{D}E_{IJ}}\frac{\mathrm{D}E_{IJ}}{\mathrm{D}t} \tag{3.169}$$

将它代入式（3.168）得

$$\left(\frac{\mathrm{D}W}{\mathrm{D}E_{IJ}} - S_{IJ}\right)\frac{\mathrm{D}E_{IJ}}{\mathrm{D}t} = 0 \tag{3.170}$$

式（3.170）未对弹性介质任意部分的变形施加几何限制（如不可压缩）。对可压缩的弹性介质，式（3.170）中 $\frac{\mathrm{D}E_{IJ}}{\mathrm{D}t}$ 各分量是彼此独立的变量。因此，式（3.170）对应变率 $\frac{\mathrm{D}E_{IJ}}{\mathrm{D}t}$ 的任意值都成立，则最后得

$$S_{IJ} = \frac{\mathrm{D}W}{\mathrm{D}E_{IJ}} = 2\frac{\mathrm{D}W}{\mathrm{D}C_{IJ}} \tag{3.171}$$

这就是超弹性本构方程的一般形式。由此可知，对超弹性材料，应力张量是有势的，它可以由应变能函数对应变分量的偏导数得到。

式（3.171）是克希霍夫应力张量分量 S_{IJ} 用应变能函数 W 表示的超弹性本构方程，同样也可以写出拉格朗日应力张量分量 T_{Ij} 和欧拉应力张量分量 σ_{ij} 用应变能函数 W 表示的超弹性本构方程。

由式（3.111）可知

$$T_{Ij} = S_{IP}x_{j,P} \tag{3.172}$$

将式（3.171）代入式（3.172），有

$$T_{Ij} = \frac{\mathrm{D}W}{\mathrm{D}E_{IP}}\frac{\partial x_j}{\partial X_P} = \frac{1}{2}\left(\frac{\partial x_j}{\partial X_Q}\frac{\mathrm{D}W}{\mathrm{D}E_{IQ}} + \frac{\partial x_j}{\partial X_P}\frac{\mathrm{D}W}{\mathrm{D}E_{IP}}\right) \tag{3.173}$$

由于

$$\frac{\partial W}{\partial\left(\frac{\partial x_j}{\partial X_I}\right)}=\frac{\mathrm{D}W}{\mathrm{D}E_{PQ}}\frac{\partial E_{PQ}}{\partial\left(\frac{\partial x_j}{\partial X_I}\right)} \tag{3.174}$$

并且

$$\begin{aligned}\frac{\partial E_{PQ}}{\partial\left(\frac{\partial x_j}{\partial X_I}\right)}&=\frac{1}{2}\frac{\partial}{\partial\left(\frac{\partial x_j}{\partial X_I}\right)}\left(\frac{\partial x_k}{\partial X_P}\frac{\partial x_k}{\partial X_Q}-\delta_{PQ}\right)=\frac{1}{2}\left(\frac{\partial x_k}{\partial X_Q}\delta_{jk}\delta_{IP}+\frac{\partial x_k}{\partial X_P}\delta_{jk}\delta_{IQ}\right)\\&=\frac{1}{2}\left(\frac{\partial x_j}{\partial X_Q}\delta_{IP}+\frac{\partial x_j}{\partial X_P}\delta_{IQ}\right)\end{aligned} \tag{3.175}$$

将式（3.175）代入式（3.174），并与式（3.173）比较即得

$$T_{Ij}=\frac{\partial W}{\partial\left(\frac{\partial x_j}{\partial X_I}\right)} \tag{3.176}$$

$$\boldsymbol{T}=\frac{\partial W}{\partial \boldsymbol{F}} \tag{3.177}$$

式中，$\boldsymbol{F}$为变形梯度张量。此时W应是变形梯度分量的函数。

再由式（3.112）可知

$$\sigma_{ij}=\frac{\rho}{\rho_0}\frac{\partial x_i}{\partial X_P}T_{Pj} \tag{3.178}$$

将式（3.176）代入，有

$$\sigma_{ij}=\frac{\rho}{\rho_0}\frac{\partial x_i}{\partial X_P}\frac{\partial W}{\partial\left(\frac{\partial x_j}{\partial X_P}\right)}=2\frac{\rho}{\rho_0}\frac{\partial x_i}{\partial X_P}\frac{\partial x_j}{\partial X_Q}\frac{\partial W}{\partial C_{PQ}} \tag{3.179}$$

式中，C_{PQ}为柯西-格林张量的分量。此时W应是柯西-格林张量分量的函数。

第 4 章　相对论与引力波

相对论是关于时间、空间及其相互关系的理论，它不可避免地和几何学联系在一起。相对论的几何基础不可能是我们熟知的欧氏几何，而是闵可夫斯基专门为相对论创造的四维闵氏几何。

4.1　狭义相对论力学

1. 瞬时惯性系与固有物理量

瞬时惯性系是为了研究任意运动质点而引入的一种参考系，其特点是相对于所研究的质点的瞬时速度为零。因此瞬时惯性系是对于某一特定的研究对象（例如运动质点）而言的，如果质点相对于某一惯性系做加速运动，而惯性系不能具有加速度，因此瞬时惯性系只是在某一瞬时随着质点一起运动，在不同时刻的瞬时惯性系不同——这就是“瞬时”的意思。也可以这样理解：在质点的运动轨迹上存在许多惯性系，其速度等于质点在某时刻的瞬时速度，分别为 $\boldsymbol{u}$，$\boldsymbol{u}+\mathrm{d}\boldsymbol{u}$，… 质点在不同时刻处于不同的惯性系中。

在瞬时惯性系中测量的质点的运动时间为固有时间，根据时空间隔不变性，定义固有时间为

$$\mathrm{d}\tau=\frac{\mathrm{d}s}{c}=\mathrm{d}t\sqrt{1-\frac{u^2}{c^2}} \tag{4.1}$$

因为质点在瞬时惯性系中的速度 $\boldsymbol{u}_0=0$，所以 $\mathrm{d}t_0=\mathrm{d}\tau$ 就是固有时间。

值得注意的是，虽然质点相对于瞬时惯性系中的速度 $\boldsymbol{u}_0=0$，但其加速度 $\boldsymbol{a}_0\neq 0$，称其为固有加速度，即

$$\boldsymbol{a}_0=\frac{\mathrm{d}\boldsymbol{u}_0}{\mathrm{d}t_0}=\frac{\mathrm{d}\boldsymbol{u}_0}{\mathrm{d}\tau} \tag{4.2}$$

它与质点在惯性系中的加速度 $\boldsymbol{a}$ 不是一个概念。

除了以上固有时间 $\mathrm{d}\tau$ 和固有加速度 $\boldsymbol{a}_0$ 外，还有在惯性系中测得的固有长度 $\mathrm{d}l_0$、固有体积元 $\mathrm{d}V_0=\mathrm{d}x_0\wedge\mathrm{d}y_0\wedge\mathrm{d}z_0$、固有质量 m_0 和固有质量密度 ρ_0 等。其中固有长度 $\mathrm{d}l_0$（从相对于测量尺度为静止的惯性系测量的长度）与相对于测量尺度为运动的惯性系测量，沿运动方向的长度缩短关系为

$$\mathrm{d}l=\mathrm{d}l_0\sqrt{1-\frac{u^2}{c^2}} \tag{4.3}$$

2. 四维位移和四维速度

在四维闵氏空间中的世界点 $P\left(x_\mu\right)$ 的位置矢量是由 4 个坐标组成的四维位矢。

$$\boldsymbol{X}=\left(x_\mu\right)=\left(\boldsymbol{x},\mathrm{i}ct\right) \tag{4.4}$$

它的模方表示 $P\left(x_\mu\right)$ 与原点的时空间隔的平方，是一个不变量。

$$\boldsymbol{X}^2=x_\mu x_\mu=\boldsymbol{x}\cdot\boldsymbol{x}-c^2t^2=-s^2 \tag{4.5}$$

四维闵氏空间中的两个世界点 $P\left(x_\mu\right)$ 和 $Q\left(x_\mu+\mathrm{d}x_\mu\right)$ 的位置矢量之差称作四维位移矢量，即

$$\mathrm{d}\boldsymbol{X}=\left(\mathrm{d}x_\mu\right)=\left(\mathrm{d}\boldsymbol{x},\mathrm{i}c\mathrm{d}t\right) \tag{4.6}$$

它的模方即为两个世界点的时空间隔的平方，也是一个不变量。

$$\mathrm{d}\boldsymbol{X}^2=\mathrm{d}x_\mu\mathrm{d}x_\mu=\mathrm{d}\boldsymbol{x}\cdot\mathrm{d}\boldsymbol{x}-c^2t^2=-\mathrm{d}s^2 \tag{4.7}$$

按照四维闵氏空间的矢量定义，四维位矢和四维位移的各个分量的变换即为洛伦兹变换。

$$x'_\mu=L_{\mu\nu}x_\nu \tag{4.8}$$

$$\mathrm{d}x'_\mu=L_{\mu\nu}\mathrm{d}x_\nu \tag{4.9}$$

由于 $\mathrm{d}x_\mu$ 是矢量分量，$\mathrm{d}\tau$ 是标量，将它们的比值定义为四维速度或闵可夫斯基速度：

$$U_\mu=\frac{\mathrm{d}x_\mu}{\mathrm{d}\tau}=\frac{\mathrm{d}t}{\mathrm{d}\tau}\frac{\mathrm{d}x_\mu}{\mathrm{d}t}=\gamma_\mu\left(\boldsymbol{u},\mathrm{i}c\right) \tag{4.10}$$

它是三维经典速度 $\boldsymbol{u}$ 和光速 c 组合而成。当 $u\ll c$ 时其空间分量退化为经典速度，即 $U_i\to u_i$。

$$\gamma_\mu=\frac{1}{\sqrt{1-\beta_u^2}},\qquad \beta_\mu=\frac{u}{c} \tag{4.11}$$

设一惯性系 S' 相对另一惯性系 S 的速度是 $\boldsymbol{v}$，而质点在 S 系和 S' 系中的速度分别为 $\boldsymbol{u}$ 和 $\boldsymbol{u}'$。根据闵氏空间矢量的变换规律，四维速度的变换为

$$U'_\mu=L_{\mu\nu}U_\nu \tag{4.12}$$

由洛伦兹变换矩阵，式（4.12）可写成

$$\gamma'_\mu \begin{Bmatrix} u'_1 \\ u'_2 \\ u'_3 \\ \mathrm{i}c' \end{Bmatrix} = \gamma_\mu \begin{bmatrix} \gamma & 0 & 0 & \mathrm{i}\gamma\beta \\ 0 & 1 & 0 & 0 \\ 0 & 0 & 1 & 0 \\ -\mathrm{i}\gamma\beta & 0 & 0 & \gamma \end{bmatrix} \begin{Bmatrix} u_1 \\ u_2 \\ u_3 \\ \mathrm{i}c \end{Bmatrix} \tag{4.13}$$

式中，$\gamma'_\mu = \dfrac{1}{\sqrt{1-\beta_u'^2}}$； $\beta'_\mu = \dfrac{u'}{c}$。

利用式（4.1）和洛伦兹时间变换可知

$$\frac{\gamma_\mu}{\gamma'_\mu} = \frac{\mathrm{d}t}{\mathrm{d}t'} = \frac{1}{\gamma\left(1-\dfrac{u_1 v}{c^2}\right)} \tag{4.14}$$

故前三个分量的变换，即洛伦兹变换为

$$\boldsymbol{u}' = \frac{1}{1-\dfrac{u_1 v}{c^2}}\left(u_1 - v,\ \frac{u_2}{\gamma},\ \frac{u_3}{\gamma}\right) \tag{4.15}$$

第四个分量的变换为$c' = c$，表明光速是不变的。

3. 四维加速度

四维闵氏空间中质点运动的加速度定义为

$$W_\mu = \frac{\mathrm{d}U_\mu}{\mathrm{d}\tau} = \frac{\mathrm{d}^2 x_\mu}{\mathrm{d}\tau^2} \tag{4.16}$$

设$\boldsymbol{a}$是牛顿物理意义下的三维加速度，即

$$\boldsymbol{a} = \frac{\mathrm{d}\boldsymbol{u}}{\mathrm{d}t} = \frac{\mathrm{d}^2\boldsymbol{x}}{\mathrm{d}t^2} \tag{4.17}$$

利用式（4.10）可求得两种加速度的关系是

$$W_\mu = \left(\gamma_u^2 \boldsymbol{a} + \gamma_u^4 \frac{(\boldsymbol{a}\cdot\boldsymbol{u})\boldsymbol{u}}{c^2}, \mathrm{i}\gamma_u^4 \frac{\boldsymbol{a}\cdot\boldsymbol{u}}{c}\right) \tag{4.18}$$

如果$\boldsymbol{u} = 0(\gamma_u = 1)$，则$\boldsymbol{a} = \boldsymbol{a}_0$为固有加速度，四维加速度是

$$W_\mu = (\boldsymbol{a}_0, 0), \qquad \boldsymbol{u} = 0 \tag{4.19}$$

四维加速度的变换满足矢量变换关系，即

$$W'_\mu = L_{\mu\nu} W_\nu \tag{4.20}$$

由此可得经典加速度的变换：

$$\begin{cases} a_1' = \dfrac{a_1}{\gamma^3\left(1-\dfrac{u_1 v}{c^2}\right)^3} \\ a_2' = \dfrac{a_2}{\gamma^2\left(1-\dfrac{u_1 v}{c^2}\right)^2} + \dfrac{a_1\dfrac{u_2 v}{c^2}}{\gamma^2\left(1-\dfrac{u_1 v}{c^2}\right)^3} \\ a_3' = \dfrac{a_3}{\gamma^2\left(1-\dfrac{u_1 v}{c^2}\right)^2} + \dfrac{a_1\dfrac{u_3 v}{c^2}}{\gamma^2\left(1-\dfrac{u_1 v}{c^2}\right)^3} \end{cases} \tag{4.21}$$

令 $v \to -v$ 即为逆变换，这就是洛伦兹加速度变换。

4. 四维力

在相对论力学中，定义四维力为

$$f_\mu = \left(\boldsymbol{f},\ \frac{\mathrm{i}}{c}\boldsymbol{f}\cdot\boldsymbol{u}\right) \tag{4.22}$$

然而，在相对论中体元 $\mathrm{d}V = \mathrm{d}V'$，且不是标量，因此对四维力密度矢量做通常的体积分，不可能得到相对论意义的矢量。为此引入一个固有体元，它是在质点的瞬时惯性系 S' 中测得的质点体元，是一个标量。

$$\mathrm{d}V_0 = \mathrm{d}x_1' \wedge \mathrm{d}x_2' \wedge \mathrm{d}x_3' \tag{4.23}$$

设观察者所在的 S 系相对于质点以速度 u 运动，根据长度收缩效应有

$$\mathrm{d}x_1' = \gamma_\mu \mathrm{d}x_1, \qquad \mathrm{d}x_2' = \mathrm{d}x_2, \qquad \mathrm{d}x_3' = \mathrm{d}x_3 \tag{4.24}$$

在 S 系中测量的体元 $\mathrm{d}V$ 与固有体元的关系是

$$\mathrm{d}V_0 = \gamma_\mu \mathrm{d}x_1 \wedge \mathrm{d}x_2 \wedge \mathrm{d}x_3 = \gamma_\mu \mathrm{d}V \tag{4.25}$$

因此，将四维力密度矢量对固有体元做体积分，就得到一个具有力的量纲的四维力：

$$K_\mu = \int f_\mu \mathrm{d}V_0 = \int \gamma_\mu f_\mu \mathrm{d}V \tag{4.26}$$

这就是四维力或闵可夫斯基力的定义式。

将式（4.22）代入式（4.26），分别得到 K_μ 的空间分量和时间分量：

$$\boldsymbol{K} = \int \gamma_\mu \boldsymbol{f} \mathrm{d}V \tag{4.27}$$

$$K_4 = \frac{\mathrm{i}}{c}\int \gamma_\mu \boldsymbol{f}\cdot\boldsymbol{u}\,\mathrm{d}V \tag{4.28}$$

对于质点或平动的刚体，在任一坐标系中各点都以同一速度运动，因此可将

上面两式积分，此时四维力就写成

$$K_\mu = \gamma_\mu \left(\boldsymbol{F},\ \frac{\mathrm{i}}{c} \boldsymbol{F} \cdot \boldsymbol{u} \right) \tag{4.29}$$

在相对论力学中，通常以此式作为四维力的定义。它的时间分量与功率 $\boldsymbol{F} \cdot \boldsymbol{u}$ 有关，空间分量与牛顿力 $\boldsymbol{F}$ 有关，且当 $u \ll c$ 时退化为牛顿力，即 $\boldsymbol{K} \to \boldsymbol{F}$ 。

根据四维矢量的变换式可得四维力的变换为

$$K'_\mu = L_{\mu\nu} K_\nu \tag{4.30}$$

$$\gamma'_\mu \begin{Bmatrix} F'_1 \\ F'_2 \\ F'_3 \\ \mathrm{i}\boldsymbol{F}' \cdot \boldsymbol{\beta}'_\mu \end{Bmatrix} = \gamma_\mu \begin{bmatrix} \gamma & 0 & 0 & \mathrm{i}\gamma\beta \\ 0 & 1 & 0 & 0 \\ 0 & 0 & 1 & 0 \\ -\mathrm{i}\gamma\beta & 0 & 0 & \gamma \end{bmatrix} \begin{Bmatrix} F_1 \\ F_2 \\ F_3 \\ \mathrm{i}\boldsymbol{F} \cdot \boldsymbol{\beta}_\mu \end{Bmatrix} \tag{4.31}$$

利用式（4.14），不难求得

$$\begin{cases} F'_1 = \dfrac{F_1 - (\boldsymbol{F} \cdot \boldsymbol{u}) \dfrac{v}{c^2}}{1 - \dfrac{u_1 v}{c^2}} \\ F'_2 = \dfrac{F_2}{\gamma\left(1 - \dfrac{u_1 v}{c^2}\right)} \\ F'_3 = \dfrac{F_3}{\gamma\left(1 - \dfrac{u_1 v}{c^2}\right)} \end{cases} \tag{4.32}$$

这就是三维力的洛伦兹变换。由此还可以看出：在相对论中，四维力 K_μ 才具有矢量性质，三维力 $\boldsymbol{F}$ 不再是矢量，也不是四维力 K_μ 的空间分量。

5. 相对论质点运动方程

设 m_0 是在瞬时惯性系中测得的质点质量，称为固有质量或静止质量，是一个不随时间变化的标量。将 m_0 和四维加速度矢量相乘，可以得到一个具有力的量纲的四维矢量。把它和四维力等同起来就得到一个四维矢量方程，即

$$K_\mu = m_0 W_\mu = m_0 \frac{\mathrm{d}U_\mu}{\mathrm{d}\tau} \tag{4.33}$$

注意到 m_0 与时间无关，利用式（4.1），式（4.33）可改写为

$$K_\mu = m_0 \frac{\mathrm{d}t}{\mathrm{d}\tau} \frac{\mathrm{d}U_\mu}{\mathrm{d}t} = \gamma_\mu \frac{\mathrm{d}\left(m_0 U_\mu\right)}{\mathrm{d}t} \tag{4.34}$$

将四维力式（4.29）和四维速度式（4.10）代入式（4.34），则该方程的分量

式为

$$\begin{cases} \boldsymbol{F}=\dfrac{\mathrm{d}}{\mathrm{d}t}\left(\gamma_{\mu} m_0 \boldsymbol{u}\right) \\ \boldsymbol{F}\cdot\boldsymbol{u}=\dfrac{\mathrm{d}}{\mathrm{d}t}\left(\gamma_{\mu} m_0 c^2\right) \end{cases} \tag{4.35}$$

这就是质点的相对论运动方程，也将这两式分别称为相对论质点动量定理和能量定理。

相对论运动方程满足修改牛顿力学的两个条件：

1）式（4.34）是四维时空的张量方程，因而是洛伦兹协变的。

2）当$u \ll c$，式（4.35）的两式分别退化为牛顿力学的动量定理和能量定理：

$$\begin{cases} \boldsymbol{F}\approx m_0\dfrac{\mathrm{d}\boldsymbol{u}}{\mathrm{d}t}=m_0\boldsymbol{a} \\ \boldsymbol{F}\cdot\boldsymbol{u}\approx\dfrac{\mathrm{d}}{\mathrm{d}t}\left(\dfrac{1}{2}m_0 u^2\right) \end{cases} \tag{4.36}$$

6. 相对论质量与动量

考虑式（4.35）的空间分量，令

$$m=\frac{m_0}{\sqrt{1-\dfrac{u^2}{c^2}}} \tag{4.37}$$

$$\boldsymbol{p}=\frac{m_0\boldsymbol{u}}{\sqrt{1-\dfrac{u^2}{c^2}}}=m\boldsymbol{u} \tag{4.38}$$

则空间分量为

$$\boldsymbol{F}=\frac{\mathrm{d}(m\boldsymbol{u})}{\mathrm{d}t}=\frac{\mathrm{d}\boldsymbol{p}}{\mathrm{d}t} \tag{4.39}$$

由式（4.37）和式（4.38）定义的m和$\boldsymbol{p}$称为相对论质量和相对论动量。在此定义下，相对论运动方程与牛顿方程的形式相同，但是这里的质量并不是常量。

式（4.37）说明质点的质量随速度的增大而增大。当$u \ll c$时的静止质量m_0，即相对于质点瞬时静止的惯性系所测得的质量最小。一旦质点相对于惯性系有了速度，其质量无例外地都将增大；当$u \to c$时，$m \to \infty$。它表明：当质点速度接近光速时，质量趋于无限大。

7. 相对论能量与质能关系

再考虑式（4.35）的时间分量：

$$\boldsymbol{F}\cdot\boldsymbol{u}=\frac{\mathrm{d}}{\mathrm{d}t}\left(\frac{m_0c^2}{\sqrt{1-\frac{u^2}{c^2}}}\right) \tag{4.40}$$

式(4.40)左边是外力对质点所做的功率，右边是某个量的全微分。且当 $u\ll c$ 时，就是经典的动能定理。因此，括号内的量就是质点的总能量。考虑到运动质量式（4.37），质点的相对论能量为

$$E=mc^2=\frac{m_0c^2}{\sqrt{1-\frac{u^2}{c^2}}} \tag{4.41}$$

则有

$$\boldsymbol{F}\cdot\boldsymbol{u}=\frac{\mathrm{d}E}{\mathrm{d}t} \tag{4.42}$$

虽然它与经典的动能定理形式相同，但这里的 E 并非动能。

式（4.41）就是著名的质能关系式。它说明物质系统的总能量和系统的总质量成正比。只要有质量，就一定有能量，反之亦然。这与经典力学概念完全不同。在经典力学中，质量和能量是没有直接联系的两个量，但是在相对论力学中，两者紧密联系在一起了。式（4.41）还说明物质系统具有的能量是一个相对量，它随速度的增加而增加，特别是当速度等于零时，亦即在瞬时惯性系中测量的能量最小，但不等于零。这时的能量称为静止能量或者固有能量：

$$E_0=m_0c^2 \tag{4.43}$$

相对静止的物体，不管其组成成分是什么，也不管它是否处在力场中，都具有大小为 m_0c^2 的能量。尽管物体的固有能量很大，但是它蕴藏在物体的内部，在没有释放出来以前，是测量不到的，只有通过核反应才能把物体的固有能量释放出来。因此在牛顿力学时代，人们始终不了解这一点，只有相对论才揭示了质量和能量之间的内在联系。

8. 能量动量矢量

在相对论出现之前，物理学认识到两个具有根本重要性的守恒定律，即动量守恒定律和能量守恒定律，这两个守恒定律是完全相互独立的，由于相对论，它们合成了一个定律。

将上面定义的相对论动量 $\boldsymbol{p}=m\boldsymbol{u}$ 和能量 $E=mc^2$ 合在一起，则构成四维空间的一个矢量，定义为能量动量矢量或四维动量，其分量为

$$P_\mu=m_0U_\mu=\left(\boldsymbol{p},\frac{\mathrm{i}}{c}E\right) \tag{4.44}$$

其中空间分量是牛顿力学中相应的定义 $m_0\boldsymbol{u}$ 的推广，时间分量 P_4 与质点的总能量

有关。这样四维动量就把动量和能量统一在了一起。

由于矢量的内积是标量，则

$$P_\mu P_\mu = p^2 - \frac{E^2}{c^2} = p^2 - m_0^2c^2 = \text{inv.} \tag{4.45}$$

在质点的瞬时惯性系中，有

$$\boldsymbol{p} = m\boldsymbol{u} = 0 \tag{4.46}$$

式（4.45）的不变量就是 $-m_0^2c^2$，因此：

$$E^2 - p^2c^2 = m_0^2c^4 \tag{4.47}$$

假定能量不可能为负值，则式（4.47）又可以写成

$$E = \sqrt{p^2c^2 + m_0^2c^4} \tag{4.48}$$

这就是相对论质点的能量动量关系式。

根据矢量的变换规律，四维动量的变换为

$$P'_\mu = L_{\mu\nu}P_\nu \tag{4.49}$$

其分量变换与时空坐标变换的形式相同：

$$\begin{cases} p'_1 = \gamma\left(p_1 - \dfrac{v}{c^2}E\right) \\ p'_2 = p_2 \\ p'_3 = p_3 \\ E' = \gamma\left(E - vp_1\right) \end{cases} \tag{4.50}$$

4.2　广义相对论力学

广义相对论力学更要求满足广义协变原理，即它要求全部参考系都同样适合表述自然规律，因此它必须抛弃狭义相对论惯性参考系的概念。

如何用数学形式来表述各种参考系的等效性呢？我们常用坐标系代表参考系，特别是用洛伦兹坐标系代表惯性系，但是我们不应该被限制在洛伦兹坐标变换上，而且讨论具有任意变换系数的线性变换也是不够的，因为从一个参考系变换到另一个被加速的参考系，显然不能用一个对时间坐标为线性的坐标变换来代替。必须考虑雅可比行列式不等于零的一切连续的可微分的坐标变换群，这也是被称为广义相对论的原因。

在欧氏空间里，由笛卡儿坐标系和正交坐标系可以发展一种狭义的张量计算，因为它的度规张量是 δ_{ij} 的形式。所以可以不把它当作独立的几何元素。在黎曼空间中，引进笛卡儿坐标是不可能的，必须采用广义的数学形式，即必须引进形式

为 g_{mn} 的度规张量，它的分量是坐标的函数，这种形式对于一般的坐标变换来讲是协变的。

尽管可以用四维世界的曲线坐标和广义坐标变换来表述狭义相对论，但是可能引入的度规张量分量则是取特定常数值 $\eta_{\mu\nu}$ 的坐标系，并且其中的仿射联络分量等于零。对从一个具有上述特征的坐标系变换到另一个这样的坐标系的数学体系中，不需要引进一些几何概念，然而在将广义坐标变换成协变关系的数学体系中，这些几何概念却是必然的组成部分。度规张量分量取常数值 $\eta_{\mu\nu}$ 的特殊坐标系是惯性坐标系，从一个惯性系变换到另一个惯性系的坐标变换就是洛伦兹变换。

在广义相对论中，各种参考系的等效性必须用各种坐标系的等效性来表示，而不能引进特殊的洛伦兹坐标系。如果不能引入洛伦兹坐标系，就可以称四维的闵氏空间为黎曼空间。在黎曼空间内，度规张量分量 $g_{\mu\nu}$ 在各种坐标系中都是坐标的不等于常数的函数。即使被限制在洛伦兹变换，也不能简化这个数学形式。

如果不能引进度规张量分量取恒定值的坐标系，那么度规张量本身就将成为场物理的一部分。因而场方程将限制并在某种程度上也将决定 $g_{\mu\nu}$ 对四维空间坐标的函数关系。在黎曼空间，线元的平方由下式给出：

$$-\mathrm{d}s^2 = g_{\mu\nu}\mathrm{d}x^\mu \mathrm{d}x^\nu \tag{4.51}$$

广义相对论就是把这个度规张量分量 $g_{\mu\nu}$ 与引力场等同起来。它是将 $g_{\mu\nu}$ 同物质的能量分布联系起来的微分方程。

在相对论中，物质的能量分布通常用引力-能量张量 $T_\mu{}^\nu$ 表示。它满足如下守恒律：

$$\frac{\partial T_\mu{}^\nu}{\partial x^\nu} = 0 \tag{4.52}$$

通常用“$,\alpha$”的形式来表示运算 $\partial/\partial x^\alpha$，则式（4.52）为

$$T_{\mu,\nu}^{\ \nu} = 0 \tag{4.53}$$

对于广义协变理论而言，它的逻辑推广为

$$T_{\mu;\nu}^{\ \nu} = 0 \tag{4.54}$$

在狭义相对论的场论中，有一种由拉格朗日密度 L 获得 $T_\mu{}^\nu$ 的方法。其中 L 被假定为场变量 q^α 及其一阶导数 $q^\alpha{}_{,\beta}$ 的函数。作用量函数是 L/c 的四维体积分，而稳定作用量原理认为：当场变量的变分在边界上为零时，有

$$\delta\int L\mathrm{d}^4 x = 0 \tag{4.55}$$

假定场变量 q^α 和 $q^\alpha{}_{,\beta}$ 是某参数的函数。若参数为 k，则变分 δ 意为 $\mathrm{d}k(\partial/\partial k)$，并且在求微分 $\partial/\partial k$ 时假定 x^μ 为常数。因此，对坐标微分和对参数 k 微分的次序是可交换的。于是，式（4.55）可表示为

$$0=\delta\int L\mathrm{d}^4x=\int\left(\frac{\partial L}{\partial q^\alpha}\delta q^\alpha+\frac{\partial L}{\partial q^\alpha_{,\gamma}}\delta q^\alpha_{,\gamma}\right)\mathrm{d}^4x$$

$$=\int\left(\frac{\partial L}{\partial q^\alpha}-\frac{\partial}{\partial x^\gamma}\frac{\partial L}{\partial q^\alpha_{,\gamma}}\right)\delta q^\alpha\mathrm{d}^4x+\int\frac{\partial}{\partial x^\beta}\left(\frac{\partial L}{\partial q^\alpha_{,\beta}}\delta q^\alpha\right)\mathrm{d}^4x \tag{4.56}$$

式（4.56）右端的最后一项又可以写成面积分的形式，而因假定了 δq^α 在积分域的边界上为零，故此面积分也为零。由于式（4.56）对于任意的变分均成立，推出场方程为

$$\frac{\partial}{\partial x^\gamma}\frac{\partial L}{\partial q^\alpha_{,\gamma}}-\frac{\partial L}{\partial q^\alpha}=0 \tag{4.57}$$

将它乘以 $q^\alpha_{,\beta}$，并注意到

$$\frac{\partial L}{\partial q^\beta}=\frac{\partial L}{\partial q^\alpha}\frac{\partial q^\alpha}{\partial x^\beta}+\frac{\partial L}{\partial q^\alpha_{,\rho}}\frac{\partial q^\alpha_{,\rho}}{\partial x^\beta} \tag{4.58}$$

以及 $q^\alpha_{,\gamma,\beta}=q^\alpha_{,\beta,\gamma}$，则可以得到

$$\left[\delta_\beta^{\ \gamma}L-q^\alpha_{,\beta}\frac{\partial L}{\partial q^\alpha_{,\gamma}}\right]_{,\gamma}=0 \tag{4.59}$$

由式（4.52）和式（4.59）得到

$$T_\beta^{\ \gamma}=\delta_\beta^{\ \gamma}L-q^\alpha_{,\beta}\frac{\partial L}{\partial q^\alpha_{,\gamma}} \tag{4.60}$$

从经典力学可知，因为 $q^\alpha_{,0}$ 是同速度相对应的，$-T_0^{\ 0}$ 即为能量密度。

对于流体，$T_{\mu\nu}$ 是借助四维速度 U_μ 来给定的，即

$$T_{\mu\nu}=(p+E)U_\mu U_\nu+\delta_{\mu\nu}p \tag{4.61}$$

式中，p 是压力；E 是在各点的局部物质静止系中算出的总（质量）能量密度。它是三维应力张量 T_{ij} 的四维推广。由 T_{ij} 确定的作用在面元 $\mathrm{d}s^i$ 上的力 $\mathrm{d}F_i$ 为

$$\mathrm{d}F_i=T_{ij}\mathrm{d}s^i \tag{4.62}$$

因此式（4.52）既包含了总能量的守恒，又包含了动量的守恒。其中动量与能量由 P_α 的空间分量和时间分量确定，即

$$P_i=\int T_i^0\mathrm{d}x^1\mathrm{d}x^2\mathrm{d}x^3,\qquad P_0=\int T_0^0\mathrm{d}x^1\mathrm{d}x^2\mathrm{d}x^3 \tag{4.63}$$

在洛伦兹变换下，P_α 的变换有如一个四维矢量。

在电动力学中，应力-能量张量是用电磁场张量分量 $F_{\mu\alpha}$ 给出的，即

$$T_\mu^\nu=\frac{1}{4\pi}\left(F_{\mu\alpha}F^{\nu\alpha}-\frac{1}{4}F_{\alpha\beta}F^{\alpha\beta}\delta_\mu^{\ \nu}\right) \tag{4.64}$$

式（4.61）和式（4.64）均为张量形式，故它们对任意的坐标系均有效。此外，由式（4.60）给出的任何结果，或者已呈现张量形式，或者可以容易地修改成按张量方式变换的形式（例如，将普通导数变成协变导数）。

下面，我们从变分原理出发推导出引力-能量张量引起的时空改变，即广义相对论方程，或爱因斯坦方程。

引入作用量函数 I 为

$$I = I_G + I_F = \frac{1}{c}\int\left(L_G + L_F\right)\sqrt{-g}\,\mathrm{d}^4x \tag{4.65}$$

式中，I_G 为引力场作用量函数；I_F 为所有其他场的作用量函数；L_G 为引力场的拉格朗日密度；L_F 为所有其他场的拉格朗日密度。选取曲率标量 R 与量纲因子 $c^4/(16\pi G)$ 的乘积作为 L_G，这里 G 为引力常数，由稳定作用量原理给出：

$$\left(\frac{c^3}{16\pi G}\right)\delta\int R\sqrt{-g}\,\mathrm{d}^4x + \delta I_F = 0 \tag{4.66}$$

对于引力场作用量函数的变分，我们有

$$\delta I_G = \left(\frac{c^3}{16\pi G}\right)\left[\int \delta R_{\mu\nu} g^{\mu\nu}\sqrt{-g}\,\mathrm{d}^4x + \int R_{\mu\nu}\delta\left(\sqrt{-g}\,g^{\mu\nu}\right)\mathrm{d}^4x\right] \tag{4.67}$$

式中，

$$R_{\mu\nu} = \Gamma^{\alpha}{}_{\mu\nu,\alpha} - \Gamma^{\alpha}{}_{\mu\alpha,\nu} + \Gamma^{\alpha}{}_{\mu\nu}\Gamma^{\beta}{}_{\alpha\beta} - \Gamma^{\alpha}{}_{\mu\beta}\Gamma^{\beta}{}_{\nu\alpha} \tag{4.68}$$

选取短程线坐标系，并对式（4.68）变分有

$$\delta R_{\mu\nu} = \left(\delta\Gamma^{\alpha}{}_{\mu\nu}\right)_{;\alpha} - \left(\delta\Gamma^{\alpha}{}_{\mu\alpha}\right)_{;\nu} \tag{4.69}$$

这是一个张量方程，因而在所有的坐标系中均成立。

后面的推导，用到了下列等式：

$$\frac{\partial g}{\partial g_{\mu\nu}} = g g^{\mu\nu} \tag{4.70}$$

$$\mathrm{d}g = g g^{\mu\nu}\mathrm{d}g_{\mu\nu} = -g g_{\mu\nu}\mathrm{d}g^{\mu\nu} \tag{4.71}$$

$$\delta(-g) = -g g^{\mu\nu}\delta g_{\mu\nu} = g g_{\mu\nu}\delta g^{\mu\nu} \tag{4.72}$$

利用式（4.69）和式（4.72）以及度规张量的协变导数为零，式（4.67）可以表达成如下形式：

$$\delta I_G = \left(\frac{c^3}{16\pi G}\right)\left[\int\left(g^{\mu\nu}\delta\Gamma^{\alpha}{}_{\mu\nu} - g^{\mu\alpha}\delta\Gamma^{\beta}{}_{\mu\beta}\right)_{;\alpha}\sqrt{-g}\,\mathrm{d}^4x + \int\left(R_{\mu\nu} - \frac{1}{2}g_{\mu\nu}R\right)\delta g^{\mu\nu}\sqrt{-g}\,\mathrm{d}^4x\right] \tag{4.73}$$

式（4.73）第一项被积函数为一矢量，于是有

$$\int\left(g^{\mu\nu}\delta\Gamma^{\alpha}{}_{\mu\nu} - g^{\mu\alpha}\delta\Gamma^{\beta}{}_{\mu\beta}\right)_{;\alpha}\sqrt{-g}\,\mathrm{d}^4x = \int\sqrt{-g}\left(g^{\mu\nu}\delta\Gamma^{\alpha}{}_{\mu\nu} - g^{\mu\alpha}\delta\Gamma^{\beta}{}_{\mu\beta}\right)_{,\alpha}\mathrm{d}^4x \tag{4.74}$$

可以用高斯定理将式（4.74）右端化为面积分，因为变分边界上为零，故该面积分也为零。于是，式（4.74）成为

$$\delta I_G = \left(\frac{c^3}{16\pi G}\right)\int\left(R_{\mu\nu} - \frac{1}{2}g_{\mu\nu}R\right)\delta g^{\mu\nu}\sqrt{-g}\mathrm{d}^4x \tag{4.75}$$

对 I_F 的变分，有

$$\delta I_F = \frac{1}{c}\int\left[\frac{\partial\left(L_F\sqrt{-g}\right)}{\partial g^{\mu\nu}}\delta g^{\mu\nu} + \frac{\partial\left(L_F\sqrt{-g}\right)}{\partial g^{\mu\nu}_{,\alpha}}\delta g^{\mu\nu}{}_{,\alpha}\right]\mathrm{d}^4x \tag{4.76}$$

式中，被积函数的第二项可以写为

$$\frac{\partial\left(L_F\sqrt{-g}\right)}{\partial g^{\mu\nu}{}_{,\alpha}}\delta g^{\mu\nu}{}_{,\alpha} = \left[\delta g^{\mu\nu}\frac{\partial\left(L_F\sqrt{-g}\right)}{\partial g^{\mu\nu}{}_{,\alpha}}\right]_{,\alpha} - \left[\frac{\partial\left(L_F\sqrt{-g}\right)}{\partial g^{\mu\nu}{}_{,\alpha}}\right]_{,\alpha}\delta g^{\mu\nu} \tag{4.77}$$

式（4.77）第一项可化为面积分，因为变分在边界上为零，它仍然为零。由此得出：

$$\delta I_F = \frac{1}{c}\int\left[\frac{\partial\left(L_F\sqrt{-g}\right)}{\partial g^{\mu\nu}} - \left(\frac{\partial\left(L_F\sqrt{-g}\right)}{\partial g^{\mu\nu}{}_{,\alpha}}\right)_{,\alpha}\right]\delta g^{\mu\nu}\mathrm{d}^4x \tag{4.78}$$

令式（4.78）中方括号内的被积函数等于一个二秩张量密度，即

$$\frac{1}{\sqrt{-g}}\left[\left(\frac{\partial\left(L_F\sqrt{-g}\right)}{\partial g^{\mu\nu}{}_{,\alpha}}\right)_{,\alpha} - \frac{\partial\left(L_F\sqrt{-g}\right)}{\partial g^{\mu\nu}}\right] = \frac{1}{2}T_{\mu\nu} \tag{4.79}$$

于是，由式（4.65）、式（4.75）、式（4.78）和式（4.79）式得

$$R_{\mu\nu} - \frac{1}{2}g_{\mu\nu}R = \frac{8\pi G}{c^4}T_{\mu\nu} \tag{4.80}$$

式（4.80）左边满足比安基恒等式，因而由式（4.79）定义的 $T_{\mu\nu}$ 满足

$$T_{\mu}{}^{\nu}{}_{,\nu} = 0 \tag{4.81}$$

鉴于唯一性考虑，可以将 $T_{\mu\nu}$ 与应力-能量张量等同起来。同时用式（4.79）计算应力-能量张量 $T_{\mu\nu}$ 比式（4.60）有某些方面的优越性，因为它所得出的量总是对称的量。

4.3 引 力 波

我们知道，引力是自然界中最弱的力，牛顿引力耦合常数很小。一方面由于

引力波很微弱，探测引力波十分困难。另一方面，由于耦合常数很小，引力波在传播过程中与其他物质的耦合很弱，也就是说引力波很难受到其他物质的干扰。因此如果探测到引力波，则它就携带有引力波源的完整信息。

在广义相对论里可以证明：四维度规 $g_{\mu\nu}$ 的微小扰动 $\delta g_{\mu\nu}$ 在四维时空里以波的形式传播，其传播速度恰好等于真空中的光速 c 。因此，通常把 $\delta g_{\mu\nu}$ 在四维时空里的传播称为引力波。

在爱因斯坦引力场方程（4.80）弱场近似的基础上，时空度规场可以分解为两部分——平坦时空背景及其扰动，即

$$g_{\mu\nu}=\delta_{\mu\nu}+h_{\mu\nu} \tag{4.82}$$

式中，$\delta_{\mu\nu}$ 是洛伦兹度规；$h_{\mu\nu}$ 是时空一级扰动量。

定义如下两个量：

$$h_{\mu}{}^{\lambda}=\delta^{\lambda\alpha}h_{\mu\alpha} \tag{4.83}$$

$$h=h_{\alpha}{}^{\alpha}=\delta^{\sigma\lambda}h_{\sigma\lambda} \tag{4.84}$$

里奇张量分量可以借助克里斯托弗符号写为

$$R_{\mu\nu}=\Gamma^{\beta}{}_{\mu\nu,\beta}-\Gamma^{\beta}{}_{\mu\beta,\nu}+\Gamma^{\beta}{}_{\mu\nu}\Gamma^{\alpha}{}_{\beta\alpha}-\Gamma^{\alpha}{}_{\mu\beta}\Gamma^{\beta}{}_{\nu\alpha} \tag{4.85}$$

于是，利用式（4.82）～式（4.84），就可以得到精确到一级量的克里斯托弗符号为

$$R_{\mu\nu}=-\frac{1}{2}\delta^{\sigma\lambda}h_{\mu\nu,\sigma\lambda}-\frac{1}{2}\left(h_{,\mu\nu}-h_{\mu}{}^{\beta}{}_{,\nu\beta}-h_{\nu}{}^{\beta}{}_{,\mu\beta}\right) \tag{4.86}$$

式（4.86）的后三项可以整理成如下形式：

$$h_{,\mu\nu}-h_{\mu}{}^{\beta}{}_{,\nu\beta}-h_{\nu}{}^{\beta}{}_{,\mu\beta}=\left(\frac{1}{2}\delta_{\mu}{}^{\beta}h-h_{\mu}{}^{\beta}\right)_{,\beta\nu}+\left(\frac{1}{2}\delta_{\nu}{}^{\beta}h-h_{\nu}{}^{\beta}\right)_{,\beta\mu} \tag{4.87}$$

通过坐标条件的选择，即令

$$\left(h_{\mu}{}^{\beta}-\frac{1}{2}\delta_{\mu}{}^{\beta}h\right)_{,\beta}=0 \tag{4.88}$$

可以将式（4.87）化为零。也就是说，对于弱场，总可以施行一个无穷小的坐标变换使这些坐标条件得到满足，故附加这些条件不至于影响问题的普遍性。

因此，里奇张量分量 $R_{\mu\nu}$ 仅由式（4.86）的第一项组成，从而爱因斯坦引力场方程（4.80）成为

$$-\frac{1}{2}\delta^{\sigma\lambda}h_{\mu\nu,\sigma\lambda}+g_{\mu\nu}\left(\frac{1}{4}\delta^{\sigma\lambda}h_{,\sigma\lambda}\right)=\frac{8\pi G}{c^{4}}T_{\mu\nu} \tag{4.89}$$

再定义

$$\varphi_{\mu}{}^{\nu}=h_{\mu}{}^{\nu}-\frac{1}{2}\delta_{\mu}{}^{\nu}h \tag{4.90}$$

于是坐标条件式（4.88）可以写为

$$\varphi_{\mu\ \ ,\nu}^{\ \nu} = 0 \tag{4.91}$$

升高式（4.89）中的下指标ν，再利用式（4.90），爱因斯坦引力场方程（4.80）最终成为

$$\Box \varphi_{\mu}^{\ \nu} = -\frac{16\pi G}{c^4} T_{\mu}^{\ \nu} \tag{4.92}$$

式中，□是协变化的达朗贝尔算子。式（4.92）便是著名的引力波方程。

第 5 章　松散介质相对论力学

松散介质又称准连续介质，准连续介质是一种特殊的质点系，如松散介质或宇宙尘埃等，它们是无相互作用的微粒的组合。

5.1　连续性方程

在经典力学中，设 ρ 为连续介质中某处的质量密度，$\boldsymbol{u}$ 为该处质点的速度，则它们满足连续性方程：

$$\nabla\cdot\left(\rho\boldsymbol{u}\right)+\frac{\partial\rho}{\partial t}=0 \tag{5.1}$$

将式（5.1）对任意体积积分有

$$\oint_{\partial V}\rho\boldsymbol{u}\cdot\mathrm{d}\boldsymbol{\sigma}=-\frac{\partial}{\partial t}\int_{V}\rho\mathrm{d}V \tag{5.2}$$

它表明流出体积边界 ∂V 的质量等于体元 V 中质量的减少量，故也称之为质量守恒定律。

由于式（5.2）不具备洛伦兹协变性，因此必须对这个经典定律进行修正。为此，引入瞬时惯性系中的固有质量密度 ρ_0，它是指固有体元 ΔV_0 内的固有质量 Δm_0，即有

$$\rho_0=\frac{\Delta m_0}{\Delta V_0} \tag{5.3}$$

$$\rho=\frac{\Delta m}{\Delta V} \tag{5.4}$$

根据相对论质量和体积的变换，$\Delta m=\gamma_\mu\Delta m_0$ 和 $\Delta V=\dfrac{\Delta V_0}{\gamma_\mu}$，可知两个质量密度的关系为

$$\rho=\gamma_\mu^2\rho_0 \tag{5.5}$$

由于 ρ_0 为一标量，它与四维速度 U_μ 的乘积是四维矢量的分量。

$$J_\mu=\rho_0U_\mu=\gamma_\mu\rho_0\left(\boldsymbol{u},\mathrm{i}c\right) \tag{5.6}$$

称它为四维质量流密度。

将 $\gamma_\mu\rho_0$ 替代经典连续性方程中的 ρ，就得到微分方程

$$\frac{\partial J_\mu}{\partial x_\mu}=0 \tag{5.7}$$

它明显具有洛伦兹协变性，且当$u \ll c$，$\rho_0 \to \rho$，$U_i \to u_i$，方程退化为经典的连续性方程。因此该式又称相对论连续性方程。

将式（5.2）对任意体元积分，利用$\Delta V=\frac{\Delta V_0}{\gamma_\mu}$可得

$$\oint_{\partial V_0}\rho_0 \boldsymbol{u}\cdot \mathrm{d}\boldsymbol{\sigma}_0=-\frac{\partial}{\partial t}\int_{V_0}\rho \mathrm{d}V_0 \tag{5.8}$$

这表明流出静止体元边界∂V_0的质量等于静止体元V_0中质量的减少量，因此相对论连续性方程反映的是静止质量守恒，而运动质量是不守恒的。

5.2 基本运动方程

由牛顿定律，松散介质经典运动方程为

$$\boldsymbol{f}=\rho\frac{\mathrm{d}\boldsymbol{u}}{\mathrm{d}t}=\rho\left[(\boldsymbol{u}\cdot\nabla)\boldsymbol{u}+\frac{\partial \boldsymbol{u}}{\partial t}\right] \tag{5.9}$$

式中，$\boldsymbol{f}$是作用在质点上的力密度矢量。该经典运动方程也不具备洛伦兹协变性。

根据四维力的定义式（4.26）和运动方程（4.34），有

$$K_\mu=\int f_\mu \mathrm{d}V_0=m_0\frac{\mathrm{d}U_\mu}{\mathrm{d}\tau} \tag{5.10}$$

在瞬时惯性系中，取无穷小静止体元$\mathrm{d}V_0$，则体元的静止质量为$m_0=\int \rho_0 \mathrm{d}V_0$。作用其上的四维力为$f_\mu \mathrm{d}V_0$。于是相对论松散介质运动方程为

$$f_\mu=\rho_0\frac{\mathrm{d}U_\mu}{\mathrm{d}\tau} \tag{5.11}$$

因为ρ_0和$\mathrm{d}\tau$为标量，式(5.11)具有洛伦兹协变性。在瞬时惯性系中，$\rho_0=\rho$，$U_i=u_i$。它的空间分量与经典方程相同，但在其他参考系式（5.11）仍然成立，而经典方程不再成立。

5.3 松散介质能动张量

式（5.11）仅适用于松散介质，下面以此为基础，引出更具普遍意义的运动方程。

利用连续性方程（5.7），可将运动学方程（5.11）改写为

$$f_\mu = \rho_0 \frac{\mathrm{d}x_\nu}{\mathrm{d}\tau}\frac{\partial U_\mu}{\partial x_\nu} = \rho_0 U_\nu \frac{\partial U_\mu}{\partial x_\nu} = \frac{\partial}{\partial x_\nu}\left(\rho_0 U_\mu U_\nu\right) \tag{5.12}$$

将式（5.12）括号内的二阶对称张量的负值定义为松散介质的能动张量，即

$$T_{\mu\nu} = -\rho_0 U_\mu U_\nu \tag{5.13}$$

$$\boldsymbol{T} = \rho \begin{bmatrix} & & & -\mathrm{i}cu_1 \\ & \left(-u_i u_j\right) & & -\mathrm{i}cu_2 \\ & & & -\mathrm{i}cu_3 \\ -\mathrm{i}cu_1 & -\mathrm{i}cu_2 & -\mathrm{i}cu_3 & c^2 \end{bmatrix} \tag{5.14}$$

分别做如下定义：

$$w = T_{44} = \rho c^2 \tag{5.15}$$

式中，w 为能量密度，即单位体元内的能量。

$$S_i = \mathrm{i}cT_{4i} = wu_i \tag{5.16}$$

式中，S_i 为能量流密度。能量流 $\int S_i \mathrm{d}V$ 表示单位时间内通过 $\boldsymbol{e}_i$ 方向单位面积的能量。

$$g_i = \frac{\mathrm{i}}{c} T_{i4} = \rho u_i \tag{5.17}$$

式中，g_i 为动量密度，是单位体元内的动量。

$$T_{ij} = -g_i u_j \tag{5.18}$$

式中，T_{ij} 构成应力张量，是指作用在法向为 $\boldsymbol{e}_j$ 单位面积上应力的 i 分量。$-T_{ij} = g_i u_j$ 为动量流密度，动量流 $\int g_i u_j \mathrm{d}V$ 是指动量的 i 分量在 $\boldsymbol{e}_j$ 方向单位面积上的改变量。

于是连续介质的能动张量又可以写成

$$\boldsymbol{T} = \rho \begin{bmatrix} & & & -\mathrm{i}cg_1 \\ & \left(T_{ij}\right) & & -\mathrm{i}cg_2 \\ & & & -\mathrm{i}cg_3 \\ -\frac{\mathrm{i}}{c}S_1 & -\frac{\mathrm{i}}{c}S_2 & -\frac{\mathrm{i}}{c}S_3 & w \end{bmatrix} \tag{5.19}$$

于是，运动方程（5.11）可以写成

$$f_\mu = -\frac{\partial T_{\mu\nu}}{\partial x_\nu} \tag{5.20}$$

该式称为松散连续介质的四维运动方程。当 $\mu = 1,2,3$ 及 $\mu = 4$ 时的分量方程为

$$f_i = -\frac{\partial T_{i\nu}}{\partial x_\nu} = -\frac{\partial T_{ij}}{\partial x_j} + \frac{\partial g_i}{\partial t} \tag{5.21}$$

$$f_4 = -\frac{\partial T_{4\nu}}{\partial x_\nu} = \frac{\mathrm{i}}{c}\left(\frac{\partial S_j}{\partial x_j} + \frac{\partial w}{\partial t}\right) \tag{5.22}$$

写成矢量形式为

$$\boldsymbol{f} = f_i \boldsymbol{e}_i = -\nabla \cdot \boldsymbol{T} + \frac{\partial \boldsymbol{g}}{\partial t} \tag{5.23}$$

$$\boldsymbol{f} \cdot \boldsymbol{u} = icf_4 = \nabla \cdot \boldsymbol{S} + \frac{\partial w}{\partial t} \tag{5.24}$$

它们分别称为松散连续介质的动量定理和能量定理。

对于任意的连续介质，上面得出的能动张量定义式（5.19）和运动方程（5.20）仍然成立。但对于非松散介质，式（5.15）～式（5.18）不再有效，例如 T_{44} 虽仍然表示能量密度 w，但不再等于 ρc^2。

第 6 章　流体介质相对论力学

宇宙中流体介质占比非常大，且形式多样，既有气态流体，也有液态流体，还有等离子磁流体等。例如，早期宇宙原始星云是粒子流星云，又比如像仙女座那样的流体星系，还有像太阳、木星那样的气态星球，而像巨蟹座 55e 这样的星球还具有超临界流体状态的性质，甚至有学者认为时空本身也可能是一种“超液态流体”。流体的特点是由相互作用的微粒的组合且无定形的宇宙物质体。

6.1　流体的世界线

研究一个一般的坐标系，坐标记作 $x^{\mu}\left(\mu=0,1,2,3\right)$，其中线元为

$$ds^2 = g_{\mu\nu}\left(x\right)dx^{\mu}dx^{\nu} \tag{6.1}$$

在这样的一个坐标系中，下面 4 个方程代表了一条以 ω 为参数的曲线，其中 ω 的值标志曲线上的事件。

$$x^{\mu} = x^{\mu}\left(\omega\right), \qquad \mu=0,1,2,3 \tag{6.2}$$

这条曲线的切线矢量的分量为

$$V^{\mu} = \frac{dx^{\mu}}{d\omega} \tag{6.3}$$

这里，量 $V_{\mu}V^{\mu} = g_{\mu\nu}V^{\mu}V^{\nu}$ 的值决定着曲线的性质。

若

$$V_{\mu}V^{\mu} < 0 \tag{6.4}$$

则曲线是类时的。

若

$$V_{\mu}V^{\mu} = 0 \tag{6.5}$$

则曲线是零曲线。

若

$$V_{\mu}V^{\mu} > 0 \tag{6.6}$$

则曲线是类空的。

运动流体质点的迹线是类时曲线，而质点的迹线也称为质点的世界线。对于这样的曲线，总可以选取参数 ω 使得 $V_{\mu}V^{\mu} = -1$，这时常用字母 τ 来代替 ω，并称

τ 为沿世界线的原时。

代表流体区域中质点迹线的类时曲线，确定出一个规范化的矢量场 u^{μ}，称为四维速度矢，它是空间-时间中事件的函数，在上面所用的坐标系中，有

$$u_{\mu}u^{\mu}=g_{\mu\nu}u^{\mu}u^{\nu}=-1 \tag{6.7}$$

同时，有微分方程

$$\frac{\mathrm{d}x^{\mu}}{\mathrm{d}\tau}=u^{\mu} \tag{6.8}$$

方程的解描述了流体“质点”的世界线。

6.2　狭义相对论流体力学

1. 理想流体的能动张量

理想流体是指不存在黏滞性的气体或液体。这意味着相对于介质静止的观察者 S'，只有法向应力 $T'_{ii}\neq 0$，而没有切向应力 $T'_{ij}=0\left(i\neq j\right)$。又因为理想介质必定各向同性，故可以假设

$$T'_{ij}=-P\delta_{ij} \tag{6.9}$$

式中，P 是静止观察者测量的介质压强，即单位体积的流体沿坐标轴方向传递的动量。由于介质静止，因此不存在动量和能量流而只有固有能量密度 $w'=\rho_0c^2$。静止理想流体的能动张量简记为

$$\boldsymbol{T}'=\begin{bmatrix}-P\delta_{ij} & 0\\ 0 & \rho_0c^2\end{bmatrix} \tag{6.10}$$

设介质以速度 $\boldsymbol{u}$ 相对于惯性系 S 运动，则在 S 系中观测的能动张量可以对式（6.10）进行洛伦兹逆变换得到，即

$$T_{\mu\nu}=L_{\alpha\mu}L_{\beta\nu}T'_{\alpha\beta} \tag{6.11}$$

设 S 和 S' 的坐标轴平行，因为相对速度 $\boldsymbol{u}$ 沿任意方向，故选取无空间旋转的固有洛伦兹变换式（4.13），并在该式中令 $\boldsymbol{v}=\boldsymbol{u}$，同时利用四维速度 U_{μ} 表示，则变换系数为

$$\boldsymbol{L}=\begin{bmatrix}\delta_{ij}+\left(\gamma_{\mu}-1\right)\dfrac{U_iU_j}{U_kU_k} & \mathrm{i}\dfrac{U_i}{c}\\ -\mathrm{i}\dfrac{U_i}{c} & \gamma_{\mu}\end{bmatrix} \tag{6.12}$$

由上面三式不难求出，理想流体的能动张量分量为

$$T_{\mu\nu}=-\sigma_0\left(\boldsymbol{x}\right)U_{\mu}U_{\nu}-P\left(\boldsymbol{x}\right)\delta_{\mu\nu} \tag{6.13}$$

其中

$$\sigma_0(\boldsymbol{x}) = \rho_0(\boldsymbol{x}) + \frac{P(\boldsymbol{x})}{c^2} \tag{6.14}$$

$\sigma_0(\boldsymbol{x})$相当于介质的等效固有密度。固有密度$\sigma_0(\boldsymbol{x})$和压强$P(\boldsymbol{x})$都是时空点(x_μ)的函数，二者可以通过实际流体的物态方程$P = P(\rho_0)$建立起联系。

2. 理想流体的四维运动方程

将式（6.13）代入式（5.20），就得到理想流体的四维运动方程为

$$f_\mu = -\frac{\partial T_{\mu\nu}}{\partial x_\nu} = \frac{\partial}{\partial x_\nu}\left(\sigma_0 U_\mu U_\nu\right) + \frac{\partial P}{\partial x_\nu} \tag{6.15}$$

令介质的等效密度为σ，它与σ_0的关系类似于ρ与ρ_0的关系式（5.5），即

$$\sigma = \gamma_\mu^2 \sigma_0 = \frac{\rho_0 + \dfrac{P}{c^2}}{1 - \dfrac{u^2}{c^2}} \tag{6.16}$$

于是，式（6.15）的三维矢量形式为

$$\boldsymbol{f} = \boldsymbol{u}\left[\nabla\cdot(\sigma\boldsymbol{u}) + \frac{\partial\sigma}{\partial t}\right] + \sigma\frac{\partial\boldsymbol{u}}{\partial t} + \nabla P \tag{6.17}$$

$$\boldsymbol{f}\cdot\boldsymbol{u} = c^2\left[\nabla\cdot(\sigma\boldsymbol{u}) + \frac{\partial\sigma}{\partial t} - \frac{1}{c^2}\frac{\partial P}{\partial t}\right] \tag{6.18}$$

这里用到了下面两个公式：

$$\frac{\mathrm{d}}{\mathrm{d}t} = \frac{\mathrm{d}x_i}{\mathrm{d}t}\frac{\partial}{\partial x_i} + \frac{\partial}{\partial t} = (\boldsymbol{u}\cdot\nabla) + \frac{\partial}{\partial t} \tag{6.19}$$

$$\nabla\cdot(\boldsymbol{XY}) = (\nabla\cdot\boldsymbol{X})\boldsymbol{Y} + (\boldsymbol{X}\cdot\nabla)\boldsymbol{Y} \tag{6.20}$$

将式（6.18）乘以$\dfrac{\boldsymbol{u}}{c^2}$后与式（6.17）相减，得到三维运动方程如下：

$$\boldsymbol{f} - \frac{\boldsymbol{u}}{c^2}(\boldsymbol{f}\cdot\boldsymbol{u}) = \sigma\frac{\mathrm{d}\boldsymbol{u}}{\mathrm{d}t} + \nabla P + \frac{\boldsymbol{u}}{c^2}\frac{\partial P}{\partial t} \tag{6.21}$$

该式也称为相对论理想流体的欧拉方程。

在一般情况下，理想的中性介质仅受到内部介质的压力作用，这时体系的能量动量守恒，即有

$$\nabla P + \frac{\boldsymbol{u}}{c^2}\frac{\partial P}{\partial t} = -\sigma\frac{\mathrm{d}\boldsymbol{u}}{\mathrm{d}t} \tag{6.22}$$

该方程的左边是压强的空间和时间变化率，相当于作用在质点上的压力密度的负值；右边可以视为质点的加速度与质量密度的乘积。因此，此式可以看成质点在介质内部压强作用下的三维运动方程，也称为欧拉方程。

有以下几种近似情况。

（1）低速近似

$$\nabla P=-\sigma_0\frac{\mathrm{d}\boldsymbol{u}}{\mathrm{d}t}=-\left(\rho_0+\frac{P}{c^2}\right)\frac{\mathrm{d}\boldsymbol{u}}{\mathrm{d}t},\qquad u\ll c \tag{6.23}$$

（2）低压强近似

$$\nabla P=-\rho\frac{\mathrm{d}\boldsymbol{u}}{\mathrm{d}t}=-\gamma_\mu^2\rho_0\frac{\mathrm{d}\boldsymbol{u}}{\mathrm{d}t},\qquad P\ll\rho_0 c \tag{6.24}$$

（3）低速和低压强近似（经典力学情况）

$$\nabla P=-\rho_0\frac{\mathrm{d}\boldsymbol{u}}{\mathrm{d}t},\qquad u\ll c,\qquad P\ll\rho_0 c \tag{6.25}$$

6.3　广义相对论流体力学

广义相对论流体力学与狭义相对论流体力学的区别在于：守恒方程中的自变量指的是一个弯曲的空间-时间。这个空间-时间的度规张量的形成是由于出现了引力场，引力源由像电磁场之类的各种物理场来确定，或者在某种情况下，由正在激发其运动的自引力流体来确定。如果略去正在确定其运动的流体所产生的引力场，则为一种试验流体的运动。因此广义相对论流体力学中有两类问题：一是确定在给定的外引力场中的一种试验流体的运动；二是确定由于自引力流体的存在所产生的引力场（和其他的场）并且同时确定流体的运动。在第二类问题中，需要通过求解爱因斯坦场方程，来确定流体的状态和引力场。

如前所述，在广义相对论中存在两类流体动力学问题：①流体的引力场可以忽略不计，但是由其他物质或能量所产生的引力场必须考虑。②流体的引力场起主要作用，即物质和引力场只是流体及其自身的引力场。下面分别研究。

1. 第一类问题

第一类问题的基本方程如下。

（1）质量守恒方程

$$\left(\rho u^\mu\right)_{;\mu}=0 \tag{6.26}$$

（2）能量和动量守恒方程

$$T^{\mu\nu}{}_{;\nu}=0 \tag{6.27}$$

应力-能量张量分量为

$$T_{\mu\nu}=wu_\mu u_\nu+u_\mu w_\nu+u_\nu w_\mu+w_{\mu\nu} \tag{6.28}$$

式中，

$$w = T_{\mu\nu} u^\mu u^\nu \tag{6.29}$$

$$w_\nu = T_{\mu\sigma} u^\mu h_\nu^\sigma \tag{6.30}$$

$$w_{\mu\nu} = T_{\sigma\tau} h_\mu^\sigma h_\nu^\tau = w_{\nu\mu} \tag{6.31}$$

同时

$$h_\nu^\mu = \delta_\nu^\mu + u^\mu u_\nu, \qquad u^\mu u_\nu = -1 \tag{6.32}$$

$$h_{\mu\nu} = g_{\mu\rho} h_\nu^\rho = g_{\mu\nu} + u^\mu u_\nu \tag{6.33}$$

在相对论中光速取为1的单位，则进一步可以写为

$$w = \rho(1+\varepsilon) \tag{6.34}$$

$$w_\mu = -\kappa h_\mu^\sigma \left(T_{,\sigma} + T a_\mu\right) \tag{6.35}$$

$$w_{\mu\nu} = (p - \xi\theta) h_{\mu\nu} - 2\eta\sigma_{\mu\nu} \tag{6.36}$$

式中，$\xi = \frac{2}{3}\eta$，η是黏性系数；κ是热导率；ρ是静质量密度；ε是流体的静比内能；p是流体静压力；T是绝对温度。并且

$$a_\mu = u_{\mu,\tau} u^\tau \tag{6.37}$$

$$\theta = u^\sigma_{\ \sigma} \tag{6.38}$$

$$\sigma_{\sigma\mu} = \frac{1}{2}\left(u_{\mu,\nu} + u_{\nu,\mu}\right) h_\sigma^\mu h_\tau^\nu - \frac{1}{3}\theta h_{\sigma\tau} \tag{6.39}$$

黏性、导热流体的应力-能量张量分量可以写成

$$T^{\mu\nu} = T_{\mathrm{p}}^{\mu\nu} + T_{\mathrm{v}}^{\mu\nu} + T_{\mathrm{h}}^{\mu\nu} \tag{6.40}$$

其中，理想流体的应力-能量张量分量是

$$T_{\mathrm{p}}^{\mu\nu} = (w + p) u^\mu u^\nu + p g^{\mu\nu} \tag{6.41}$$

黏性部分的应力-能量张量分量是

$$T_{\mathrm{v}}^{\mu\nu} = \xi\theta h^{\mu\nu} + 2\eta\sigma^{\mu\nu} \tag{6.42}$$

与热流有关的应力-能量张量分量是

$$T_{\mathrm{h}}^{\mu\nu} = w^\mu u^\nu + w^\nu u^\mu \tag{6.43}$$

协变导数涉及的度规张量分量$g_{\mu\nu}$，则由爱因斯坦场方程确定，即

$$R_{\mu\nu} - \frac{1}{2} g_{\mu\nu} R = -\kappa\theta_{\mu\nu} \tag{6.44}$$

度规张量确定由源所产生的引力场，它由引力-能量张量分量$\theta_{\mu\nu}$来确定。在这个方程中，在牛顿引力常数$G = 1$以及狭义相对论光速$c = 1$的单位中，爱因斯坦引力常数$\kappa = 8\pi$；$R_{\mu\nu}$为里奇张量分量。因此该方程是关于$g_{\mu\nu}$的10个二阶非线性偏微分方程组。

广义相对论中第一类问题与狭义相对论中的这类问题的区别在于：其基本的空间-时间从一个闵氏空间变换到另一个闵氏空间时，其度规张量满足上述爱因斯坦

坦方程（6.44）。于是流体变量所满足的偏微分方程中的系数在通常情况下远比狭义相对论中的复杂。

2. 第二类问题

对于第二类问题，即自引力流体，引力源就是流体本身，于是由方程（6.44）有

$$R_{\mu\nu}-\frac{1}{2}g_{\mu\nu}R=-\kappa\theta_{\mu\nu}=\kappa T_{\mu\nu} \tag{6.45}$$

因为曲率张量必须满足比安基恒等式，所以能量-动量守恒方程必定是上述方程的结果，后者也可以认为是前者的第一积分。

联立求解质量守恒方程（6.26）和式（6.45），且当流体为理想流体时，则需要确定度规张量的 10 个分量 $g_{\mu\nu}$、四维速度矢量中的 3 个分量 u^μ 以及 2 个热力学的标量函数，即 p 和 ρ。当给出流体介质的物理性质时，即假定标量函数 ε 作为 p 和 ρ 的已知函数，可以选取合适的 $g_{\mu\nu}$，然后计算 $T_{\mu\nu}$。

求解方程（6.45）更一般的形式，即

$$R_{\mu\nu}-\frac{1}{2}g_{\mu\nu}R+\Lambda g_{\mu\nu}=\kappa T_{\mu\nu} \tag{6.46}$$

式中，Λ 为宇宙常数。

假定在我们讨论的整个宇宙的空间-时间中，空间-时间线元有如下形式：

$$\mathrm{d}s^2=\mathrm{d}t^2+\frac{R^2(t)}{\left(1+\frac{1}{4}kr^2\right)}\left(\mathrm{d}x^2+\mathrm{d}y^2+\mathrm{d}z^2\right) \tag{6.47}$$

式中，$r^2=x^2+y^2+z^2$；$k=-1,0$ 或 $k=-1,+1$。该方程与方程（6.46）一起可以确定出 $g_{\mu\nu}$。应力-能量张量分量可求为

$$T^{\mu\nu}=(w+p)u^\mu u^\nu+pg^{\mu\nu} \tag{6.48}$$

式中，

$$u^\mu=\delta_0^\mu \tag{6.49}$$

$$\kappa w=-\Lambda+\frac{3\left(k+\dot{R}^2\right)}{R^2} \tag{6.50}$$

$$\kappa p=\Lambda-\frac{2\ddot{R}}{R}-\frac{\left(k+\dot{R}^2\right)}{R^2} \tag{6.51}$$

于是由式（6.47）给出的 $g_{\mu\nu}$ 确定了一个空间-时间，即一个包含理想流体的宇宙。该理想流体具有式（6.50）给出的能量密度、式（6.51）给出的压力和式（6.49）给出的四维速度矢量。

第 7 章　弹性介质相对论力学

相对论领域里的弹性现象已经越来越引起天文学家的关注。其中最著名的例子是韦伯的试验观察，特别是他发现了引力波辐射引发的铝壳体的弹性振动现象。同样的思路，相对论弹性力学在研究引力波诱导的太阳、地球和月球振动模式中也具有十分重要的意义。虽然这些引力辐射试验不直接涉及弹性物体的相对论性质，但是考虑了它与相对论场的相互作用。天文学家认为，中子星的内核和外壳都大概率处于弹性状态，而中子星的自引力提供了一个巨大的初始应力，其量级甚至可以达到其弹性模量的量级。如果是这样，它们将显现完全的相对论弹性性质，其中声波的速度甚至可比于光的速度。

弹性相对论理论根据胡克定律的形式可以分成两类：一类认为，相对论物体的应力率正比于应变率（Synge，1959）；另一类认为，相对论物体的应力正比于应变（Rayner，1963；Glass 等，1972，1973）。在第一类情况中，应变率是根据沿着四维世界线的时空度量的导数来定义的，可以看成是次弹性理论。在第二类情况中，一个辅助的空间度量被引进，这个度量描述了世界线的平衡分离过程。于是，与经典弹性理论相似，这个应变的概念是通过由时空度量确定的实际分离与平衡分离之间的差异来定义的。

7.1　次弹性相对论理论

在经典弹性理论中，一个弹性体的应变（或变形）是相对于未变形的自然状态度量的，同时连接应力和应变的本构关系是一个线性方程，即弹性胡克定律。但是这些三维几何概念是不容易推广到四维的黎曼时空坐标中的，因为质点的历史是作为世界线而出现的。因此，应变的概念必须根据这些世界线的几何性质重新定义。Synge（1959）认为由于引力一直在发挥作用，很难说有一个“自然”的状态存在。一旦必须用世界线表示几何状态，我们就会发现应变的概念不适用了，但是应变率的概念则容易表达成数学公式。于是弹性胡克定律必须要修正，即应力与应变呈线性的关系，修改为应力率与应变率成正比的次弹性关系。

1. Synge 相对论弹性力学

Synge（1959）考虑两条相邻的时间类世界线 C 和 C'，它们分别代表了弹性体两个质点的历史。用 $\boldsymbol{V}$ 表示曲线 C 的单位切线矢量（即四速度矢量），用 $\boldsymbol{\eta}$ 表示

垂直于C，且从C到C'的无限小位移矢量。则曲线C上某一时刻，有

$$ds^2 = -g_{ij}dx^i dx^j \tag{7.1}$$

其中，度量张量$\boldsymbol{g}$的对角元素为$(1,1,1-1)$，并且

$$V^i V_j = -1 \tag{7.2}$$

于是，矢量$\boldsymbol{\eta}$的大小η的变化率可以写为

$$\frac{1}{\eta}\frac{d\eta}{ds} = \sigma_{ij}\mu^i\mu^j \tag{7.3}$$

式中，$\boldsymbol{\mu}$是$\boldsymbol{\eta}$方向上的单位矢量。σ_{ij}定义为

$$2\sigma_{ij} = V_{i;j} + V_{j;i} + V_{i;k}V^k V_j + V_{j;k}V^k V_i \tag{7.4}$$

式中，分号表示协变微分。于是，可以将σ_{ij}看成应变率张量分量。它实际上只有6个独立的分量，并满足

$$\sigma_{ij}V^j = 0 \tag{7.5}$$

物体的能量张量分量，则采取下列常用的形式：

$$T_{ij} = \rho V_i V_j - S_{ij} \tag{7.6}$$

式中，ρ是密度；S_{ij}是对称应力张量分量。在相对论中，应力张量常常服从四速度矢量的正交性条件，即

$$S_{ij}V^j = 0 \tag{7.7}$$

于是，相对论弹性理论基本方程由爱因斯坦引力场方程和修正的弹性胡克定律组成。

（1）爱因斯坦引力场方程

$$G_{ij} = -\chi T_{ij} \tag{7.8}$$

式中，G_{ij}是爱因斯坦张量分量；$\chi = 8\pi\gamma$（γ是引力常数）。

（2）修正的弹性胡克定律

$$S_{ij;k}V^k = c_{ijkm}\sigma^{km} \tag{7.9}$$

式中，c_{ijkm}是四阶弹性系数张量。为简单起见，仅考虑各向同性情况，此时有

$$c_{ijkm} = \lambda g_{ij}g_{km} + \mu\left(g_{ik}g_{jm} + g_{im}g_{jk}\right) \tag{7.10}$$

式中，λ和μ是两个不变量弹性系数，通常是密度的函数，简化为常数。

利用式（7.6）消去S_{ij}，我们得到相对论弹性力学的21个方程：

$$\begin{cases} G_{ij} = -\chi T_{ij} \\ T_{ij;k}V^k = \left(\rho V_i V_j\right)_{;k} V^k - c_{ijkm}\sigma^{km} \\ V^i V_j = -1 \end{cases} \tag{7.11}$$

再利用 4 个坐标条件，共 25 个方程可以求解下列 25 个未知量，即

$$g_{ij}(10), T_{ij}(10), V_i(4), \rho(1) \tag{7.12}$$

这样，仅凭计算，就能得到一个定解的弹性理论。

2. Papapetrou 相对论弹性力学

Papapetrou（1972）采用了李导数形式的次弹性相对论方程为

$$\mathrm{L}_{\boldsymbol{u}} S_{\mu\nu} = -C_{\mu\nu}{}^{\alpha\beta} E_{\alpha\beta} \tag{7.13}$$

$\boldsymbol{C}$ 为弹性系数张量。

$$E_{\alpha\beta} = \frac{1}{2}\mathrm{L}_{\boldsymbol{u}} \overset{*}{g}_{\alpha\beta} \tag{7.14}$$

式中，

$$\overset{*}{g}_{\alpha\beta} = g_{\alpha\beta} - u_\alpha u_\beta \tag{7.15}$$

将式（7.15）代入式（7.14）有

$$E_{\alpha\beta} = u_{(\alpha;\beta)} - u_\alpha \dot{u}_\beta \tag{7.16}$$

它满足正交性条件，即

$$E_{\alpha\beta} u^\beta = 0 \tag{7.17}$$

四维应力也满足正交性条件：

$$S^{\alpha\beta} u_\alpha = 0 \tag{7.18}$$

于是由式（7.13），有

$$S_{\mu\nu;\lambda} u^\lambda = -C_{\mu\nu}{}^{\alpha\beta} E_{\alpha\beta} \tag{7.19}$$

相对论动力方程为

$$T^{\mu\nu}{}_{;\nu} = 0 \tag{7.20}$$

这里，能量-动量张量分量为

$$T^{\mu\nu} = \rho u^\mu u^\nu - S^{\mu\nu} \tag{7.21}$$

其中 $S^{\mu\nu}$ 也满足正交条件式（7.18）。

将式（7.21）代入式（7.20），得到下列一组方程：

$$\dot{\rho} + \rho u^\nu{}_{;\nu} = S^{\mu\nu}{}_{;\nu} u_\mu \tag{7.22}$$

$$\rho \dot{u}^\mu = S^{\mu\nu}{}_{;\nu} - u^\mu S^{\nu\rho}{}_{;\rho} u_\nu \tag{7.23}$$

对各向同性情况，则有

$$C_{\mu\nu\rho\sigma} = \lambda \overset{*}{g}_{\mu\nu} \overset{*}{g}_{\rho\sigma} + \mu\left(\overset{*}{g}_{\mu\rho} \overset{*}{g}_{\nu\sigma} + \overset{*}{g}_{\mu\sigma} \overset{*}{g}_{\nu\rho}\right) \tag{7.24}$$

于是，式（7.13）成为

$$\mathrm{L}_u S_{\mu\nu} = -\left(2\mu E_{\mu\nu} + \lambda \overset{*}{g}_{\mu\nu} g^{\rho\sigma} E_{\rho\sigma}\right) \tag{7.25}$$

7.2　线弹性相对论理论

1. Rayner 相对论弹性力学

Rayner（1963）引进了一个辅助的空间度量来描述世界线的平衡分离过程。于是，与经典弹性理论相似，这个应变的概念是通过由时空度量确定的实际分离与平衡分离之间的差异来定义的。

考虑一个共动坐标系$\left(x^1,\cdots,x^4\right)$。在这个坐标系中，一个张量相对于运动物体的时空世界线的单位切向矢量$\boldsymbol{\lambda}$的李导数为零，于是这个张量的所有分量仅仅是坐标$\left(x^1,x^2,x^3\right)$的函数。

Rayner 给出的应力张量分量S_{ij}为

$$S_{ij} = G_{ij} + \rho\lambda_i\lambda_j \tag{7.26}$$

式中，G_{ij}是爱因斯坦张量分量；ρ是物体密度。

λ^i是四速度矢量分量，$\lambda_i = g_{ij}\lambda^j$。

于是应力场方程可以写成

$$S_{ij} = \frac{1}{2}c_{ij}{}^{kl}\left(\tilde{g}_{kl} - \tilde{g}_{kl}^0\right) \tag{7.27}$$

式中，

$$\tilde{g}_{kl} = g_{kl} + \lambda_k\lambda_l \tag{7.28}$$

$$\tilde{g}_{kl}^0 = g_{kl}^0 + \lambda_k\lambda_l \tag{7.29}$$

度量矩阵的差异可以理解为物体的应变，即

$$E_{ij} = \frac{1}{2}\left(\tilde{g}_{ij} - \tilde{g}_{ij}^0\right) \tag{7.30}$$

这样，式（7.27）可以看成是类胡克定律线弹性，即

$$S_{ij} = c_{ij}{}^{kl}E_{kl} \tag{7.31}$$

然而与经典胡克定律不同的是，虽然使用了相同的度量矩阵，但却是弹性体与刚体之间的世界线差异度量。

对式（7.26）两边采取李导数，有

$$\mathrm{L}_{\lambda}\left(G_{ij} + \rho\lambda_i\lambda_j\right) = \frac{1}{2}c_{ij}{}^{kl}\mathrm{L}_{\lambda}\tilde{g}_{kl} \tag{7.32}$$

这里用到了刚体李导数为零的条件。如果这个方程的左边李微分用协变微分代替，

式（7.32）就可以等效为 Synge（1959）的相对论弹性理论。

已知一个二阶协变张量的李导数为

$$\mathrm{L}_{\xi} t_{ij} = t_{ij;k}\xi^{k} + t_{ik}\xi^{k}{}_{;j} + t_{kj}\xi^{k}{}_{;i} \tag{7.33}$$

则式（7.32）可以写为

$$G_{ij;k}\lambda^{k} = A_{ij} \tag{7.34}$$

式中，

$$A_{ij} = \rho_{,k}\lambda^{k}\lambda_{i}\lambda_{j} - \rho\left(\lambda_{i}\lambda_{j;k}\lambda^{k} + \lambda_{j}\lambda_{i;k}\lambda^{k}\right) + \frac{1}{2}c_{ij}{}^{kl}L_{\lambda}\tilde{g}_{kl} - G_{ik}\lambda^{k}{}_{;j} - G_{kj}\lambda^{k}{}_{;i} \tag{7.35}$$

其中

$$\mathrm{L}_{\lambda}\tilde{g}_{kl} = \lambda_{k;l} + \lambda_{l;k} + \lambda^{m}\left(\lambda_{k;m}\lambda_{l} + \lambda_{l;m}\lambda_{k}\right) \tag{7.36}$$

方程（7.34）构成相对论弹性场方程。

2. Glass 相对论弹性力学

Glass 理论采用胡克定律作为分析的基础。在这个理论中，辅助度量张量描述了弹性体的刚体运动状态，同时它也被认为是物体平衡状态的热动力学性质的一部分。另外，物体平衡状态的初始应力在研究天体尺度物体的弹性性质时非常重要。

Glass 理论可以概括为应力减去平衡应力正比于应变。该理论适用于小弹性变形，在非相对论极限条件下与预应力物体的经典弹性理论一致。为了简化讨论，仅处理绝热运动过程，且阻尼的影响可以用相对论黏性理论的技术来处理。

物体粒子的轨迹沿世界线的轨迹由单位四速度矢量 $\bar{\boldsymbol{u}}$ 描述，且

$$\bar{u}^{\alpha}\bar{u}_{\alpha} = 1 \tag{7.37}$$

因此，度量张量有下列的自然分解

$$\bar{g}_{\alpha\beta} = \bar{u}_{\alpha}\bar{u}_{\beta} + \bar{\gamma}_{\alpha\beta} \tag{7.38}$$

其中的空间部分 $\bar{\gamma}_{\alpha\beta}$ 满足正交条件

$$\bar{\gamma}_{\alpha\beta}\bar{u}^{\beta} = 0 \tag{7.39}$$

并且

$$\bar{\gamma}_{\alpha}{}^{\beta} = \bar{g}^{\beta\sigma}\bar{\gamma}_{\alpha\sigma} = \delta_{\alpha}{}^{\beta} - \bar{u}_{\alpha}\bar{u}^{\beta} \tag{7.40}$$

它满足

$$\bar{\gamma}_{\alpha}{}^{\beta}\bar{\gamma}_{\beta}{}^{\sigma} = \bar{\gamma}_{\alpha}{}^{\sigma} \tag{7.41}$$

能量-动量张量 $\bar{T}_{\alpha\beta}$ 采用通常的形式，即

$$\bar{T}_{\alpha\beta} = \rho\bar{u}_{\alpha}\bar{u}_{\beta} + \bar{P}_{\alpha\beta} \tag{7.42}$$

式中，应力张量分量 $\bar{P}_{\alpha\beta}$ 满足

$$\bar{P}_{\alpha\beta}\bar{u}^{\beta} = 0 \tag{7.43}$$

现引进一个辅助空间度量张量 $\bar{\gamma}^0_{\alpha\beta}$，它施加了一个刚性结构在三维的轨迹流形上，并满足正交条件。

$$\bar{\gamma}^0_{\alpha\beta}\bar{u}^\beta = 0 \tag{7.44}$$

当对它沿着轨迹求李导数时，为零。

$$\mathrm{L}_{\bar{u}}\bar{\gamma}^0_{\alpha\beta} = 0 \tag{7.45}$$

这个辅助度量张量描述了邻近流线间的平衡距离。假定，在无限的过去，物体处于一个平衡状态，其满足具有初始条件的先天刚性条件，即

$$\bar{\gamma}_{\alpha\beta} \to \bar{\gamma}^0_{\alpha\beta} \tag{7.46}$$

注意非退化度量为

$$\bar{g}^*_{\alpha\beta} = \bar{u}_\alpha\bar{u}_\beta + \bar{\gamma}^0_{\alpha\beta} \tag{7.47}$$

在任意时刻满足刚体运动条件。

应变张量 $\bar{S}_{\alpha\beta}$ 被定义为

$$\bar{S}_{\alpha\beta} = \frac{1}{2}\left(\bar{\gamma}_{\alpha\beta} - \bar{\gamma}^0_{\alpha\beta}\right) \tag{7.48}$$

假定有下面广义的胡克定律

$$\bar{P}_{\alpha\beta} = \bar{P}^0_{\alpha\beta} + 4\bar{S}^\sigma{}_\alpha\bar{P}^0_{\beta\alpha} + \bar{\Lambda}_{\alpha\beta}{}^{\mu\nu}\bar{S}_{\mu\nu} \tag{7.49}$$

式中，$\bar{P}^0_{\alpha\beta}$ 表示未变形平衡状态时的应力；四阶绝热弹性系数 $\bar{\Lambda}^{\alpha\beta\mu\nu}$ 具有沃伊特（Voigt）对称性，即

$$\bar{\Lambda}^{\alpha\beta\mu\nu} = \bar{\Lambda}^{\mu\nu\alpha\beta} = \bar{\Lambda}^{\mu\nu\beta\alpha} \tag{7.50}$$

在局部静止标架下，这些量均有

$$\bar{P}^0_{\alpha\beta}\bar{u}^\beta = 0 \tag{7.51}$$

$$\bar{\Lambda}_{\alpha\beta}{}^{\mu\nu}\bar{u}^\beta = 0 \tag{7.52}$$

在式（7.49）这个胡克定律的公式中，不管是背景应力还是弹性张量引起的应力都与应变呈线性关系。

一个完整的弹性体动力学描述包括由于弹性变形能量密度的变化，即下列的运动方程：

$$\bar{\nabla}_\beta\bar{T}^{\alpha\beta} = 0 \tag{7.53}$$

式中，$\bar{\nabla}_\beta$ 表示对度量张量 $\bar{g}_{\alpha\beta}$ 的协变微分。

此外，完备的描述还需要有爱因斯坦场方程。在物体外，爱因斯坦张量消失；在物体内，则有

$$\bar{G}_{\alpha\beta} = -\left(\frac{8\pi G}{c^4}\right)\bar{T}_{\alpha\beta} \tag{7.54}$$

式中，$\bar{G}_{\alpha\beta}$ 是爱因斯坦张量。

$$\bar{G}_{\alpha\beta} = R_{\alpha\beta} - \frac{1}{2} g_{\alpha\beta} R \tag{7.55}$$

在物体表面，边界条件是应力的法向分量为零，即

$$\bar{P}_{\mu\nu} \bar{n}^{\nu} = 0 \tag{7.56}$$

以上方程可以用扰动法进行求解。

7.3　相对论弹性波

考虑一个初始的三维空间 Σ，选择一个倾斜的高斯坐标系 x^i，以便空间 Σ 中有 $x^4 = 0$，同时在整个时空中有

$$g_{\alpha 4,4} = 0 \text{，} \quad g_{44} = -1 \tag{7.57}$$

假定 $g^{44} \neq 0$，则方程（7.11）等效为下列方程组：

$$R_{\alpha\beta} = -\chi \left(T_{\alpha\beta} - \frac{1}{2} g_{\alpha\beta} T_k^k \right) \tag{7.58}$$

$$T_{j;i}^i = 0 \tag{7.59}$$

$$T_{j;k}^i V^k = \left(\rho V^i V_j \right)_{;k} V^k - c^i{}_{jkm} \sigma^{km} \tag{7.60}$$

$$V_i V^i = -1 \tag{7.61}$$

它的初始条件为

$$G_i^4 + \chi T_i^4 = 0 \text{，} \qquad \text{on} \quad \Sigma \tag{7.62}$$

方程（7.60）可以按空间和时间分解成下列两套方程组：

$$T_{j;k}^{\alpha} V^k = \left(\rho V^{\alpha} V_j \right)_{;k} V^k - c^{\alpha}{}_{jkm} \sigma^{km} \tag{7.63}$$

$$T_{j;k}^4 V^k = \left(\rho V^4 V_j \right)_{;k} V^k - c^4{}_{jkm} \sigma^{km} \tag{7.64}$$

假定 $V^4 \neq 0$，并在方程（7.64）消去变量 $\rho_{,4}$，就可以得到关于 $V_{\alpha,4}$ 的一组方程：

$$K_{\alpha}^{\nu} V_{\nu,4} = \text{const} \tag{7.65}$$

式中，

$$K_{\alpha}^{\nu} = \rho \delta_{\alpha}^{\nu} - c^4{}_4{}^{\beta\nu} g_{\alpha 4} g_{\beta 4} - c^4{}_{\alpha}{}^{\beta\nu} g_{\beta 4} \tag{7.66}$$

因此，此特征方程决定了三维空间的特征性质，即

$$\det K_{\alpha}^{\nu} = 0 \tag{7.67}$$

考虑各向同性情况，则有

$$K_{\alpha}^{\nu} = \left(\rho - \mu g^{4\beta} g_{4\beta} \right) \delta_{\alpha}^{\nu} - (\lambda + \mu) g^{4\nu} g_{4\alpha} \tag{7.68}$$

将它代入式（7.67），有

$$\det K_{\alpha}^{\nu}=\left[\rho-(\lambda+2\mu)g^{4\beta}g_{4\beta}\right]\left(\rho-\mu g^{4\gamma}g_{4\gamma}\right)^{2}=0 \tag{7.69}$$

由此可得

$$1+g^{44}=\rho(\lambda+2\mu)^{-1} \tag{7.70}$$

$$1+g^{44}=\rho\mu^{-1} \tag{7.71}$$

于是，时空中的三维空间可以被认为是运动的波的历史轨迹，它相对于观察者的世界线的速度可以被计算出来。例如，对我们使用的坐标系，$x^4=0$，相对于x^4的世界线的速度u就是

$$u^{-2}=1+g^{44}=g^{\alpha 4}g_{\alpha 4} \tag{7.72}$$

将这个结果运用到方程（7.70），得到弹性波传播速度为

$$u_1=\sqrt{\frac{\lambda+2\mu}{\rho}} \tag{7.73}$$

$$u_2=\sqrt{\frac{\mu}{\rho}} \tag{7.74}$$

式中，λ和μ是通常的弹性系数。值得注意的是，在不考虑高压与初始应力的情况下，这些值与经典弹性理论的弹性波速完全一致。其中u_1对应于纵波 (P-waves)，u_2对应于横波 (S-waves)。

7.4　相对论热力学弹性理论

Hernandez（1970）将经典的、非线性的、三维的弹性理论扩展到一般的相对论框架下，重新构建经典弹性力学理论在 3+1 维框架下的实现。该理论通过设想物体的一小部分被移动到遥远的应力自由区域（它的自然状态可以被检验）而引进一个辅助度量。这个辅助度量可以按照自然状态的平衡分离来定义。这个方法的尴尬之处在于自然状态可以不是固相，也可以是没有明确平衡构形的液态甚至是暴涨气态，就像中子星中弹性材料的情况。

在这一理论体系的表达中，所有拉丁字母的取值范围均在（1,2,3），而希腊字母的取值范围均在（0,1,2,3），并且大写字母表示笛卡儿坐标。理论中也使用光速$c=1$的单位。

1. 经典弹性理论简单回顾

假定在一个三维欧氏空间$x^K\left(K=1,2,3\right)$有一个静止状态的未变形的弹性体，在某一时刻t发生变形，物体的各点在相同欧氏空间处在新的位置y^K，于是

$$y^K = x^K + u^K \tag{7.75}$$

式中，u^K 是位移矢量分量。

假设另有一个随物体一起运动的固有坐标系 $\xi^i\left(i=1,2,3\right)$，有

$$x^K = x^K\left(\xi^i\right) \tag{7.76}$$

$$y^K = y^K\left(\xi^i, t\right) \tag{7.77}$$

在两个状态邻近质点的位移增量平方分别为

$$\left(\mathrm{d}l_1\right)^2 = \mathrm{d}x^K \mathrm{d}x^K = \beta_{ij}\mathrm{d}\xi^i \mathrm{d}\xi^j \tag{7.78}$$

$$\left(\mathrm{d}l_2\right)^2 = \mathrm{d}y^K \mathrm{d}y^K = \gamma_{ij}\mathrm{d}\xi^i \mathrm{d}\xi^j \tag{7.79}$$

因此，两个坐标系度量张量分量分别为

$$\beta_{ij} = x^K_{,i} x^K_{,j} \tag{7.80}$$

$$\gamma_{ij} = y^K_{,i} y^K_{,j} \tag{7.81}$$

任一时刻 t 物体的应变定义为

$$u_{ij} = \frac{1}{2}\left(\gamma_{ij} - \beta_{ij}\right) \tag{7.82}$$

一个对称的应力张量 P^{ij} 满足下列定义式：

$$f_i = -P^{ij}_{;j} \tag{7.83}$$

式中，f_i 是由于应力引起的单位体积中的力；符号“$;j$”表示三维空间中的协变导数。于是，牛顿引力势场中物体的运动方程是

$$\rho a^i = -P^{ij}_{;j} - \rho\phi^{;i} \tag{7.84}$$

式中，a^i 是加速度矢量分量；ρ 是质量密度；ϕ 是牛顿重力势函数，它满足下列泊松方程：

$$\phi^{;i}_{;i} = 4\pi G\rho \tag{7.85}$$

式中，G 是重力系数。此时 $\phi^{;i}_{;i}$ 正好是曲线坐标下的拉普拉斯算子。

2. 弹性材料热力学第一定律

弹性材料的热力学第一定律可以写成

$$\mathrm{d}u = T\mathrm{d}s + \mathrm{d}e \tag{7.86}$$

式中，u 是单位质量内能；s 是单位质量熵；e 是单位质量弹性能。实际上，这个弹性势函数的存在是物体保持弹性的前提。一个完全弹性体每单位质量弹性能的增量为

$$\mathrm{d}e = -\left(\frac{P^{ij}}{\rho}\right)\mathrm{d}u_{ij} \tag{7.87}$$

质量守恒方程为

$$\rho\sqrt{\gamma}=\rho_0\sqrt{\beta} \tag{7.88}$$

式中，ρ_0 是未变形的静质量密度；γ 和 β 分别是张量分量 γ_{ij} 和 β_{ij} 构成的矩阵行列式。

单位体积内能是

$$\in=\rho u \tag{7.89}$$

由以上这些方程，最终可以得到弹性材料热动力学基本定律为

$$\mathrm{d}\in=\left(\frac{\beta}{\gamma}\right)^{\frac{1}{2}}T\mathrm{d}s-\frac{1}{2}\left(P^{ij}+\in\gamma^{ij}\right)\mathrm{d}\gamma_{ij} \tag{7.90}$$

3. 经典弹性概念的相对论扩展

下面将把前面的经典弹性理论概念并入到相对论理论中。为此考虑组成物体的许多材料质点的世界线的相似性。我们用一个运动坐标系 ξ^i 来记录这些质点，以便世界线可以用方程 $\xi^i=\text{const}$ 表示，在任何一条世界线上的点可以由时间参数 t 确定。运动坐标的选择有很大的自由性，我们可以这样选取 ξ^i，以便物体能够被移动到无应力的点。相邻质点间空间距离增量的平方是

$$\left(\mathrm{d}l_0\right)^2=\beta_{ij}\mathrm{d}\xi^i\mathrm{d}\xi^j \tag{7.91}$$

式中，β_{ij} 是一个取决于坐标 ξ^i 而不是时间 t 的给定张量分量，它描述了一个平坦三维空间。

四维时空连续介质的度量可以写成

$$\mathrm{d}s^2=g_{ij}\mathrm{d}\xi^i\mathrm{d}\xi^j+2g_{0i}\mathrm{d}\xi^i\mathrm{d}\tau-\mathrm{d}\tau^2 \tag{7.92}$$

它是度量变量 $\left(\xi^k,\tau\right)$ 的函数。

如果我们选择 $g_{00}=-1$，则为固有时间，即 $t=\tau$。假如可以通过下列变换，则可以将固有时间变换到一个新的固有时间，即

$$\tau'=\tau-g_{0i}\left(\xi_0,\tau_0\right)\xi^i \tag{7.93}$$

式中，$\left(\xi_0,\tau_0\right)$ 是某些固定点的坐标。于是得到那些点上的度量：

$$\mathrm{d}s^2=\gamma_{ij}\mathrm{d}\xi^i\mathrm{d}\xi^j+\mathrm{d}\tau'^2 \tag{7.94}$$

式中，

$$\gamma_{ij}=g_{ij}+g_{0i}g_{0j} \tag{7.95}$$

这样，一个局部的、共动观察者看到的物体的空间度量是

$$\left(\mathrm{d}l\right)^2=\gamma_{ij}\mathrm{d}\xi^i\mathrm{d}\xi^j \tag{7.96}$$

根据应变的自然定义和经典理论相同，我们有

$$u_{ij}=\frac{1}{2}\left(\gamma_{ij}-\beta_{ij}\right) \tag{7.97}$$

由此可见，经典弹性理论的所有结果在这里的局部尺度下都是成立的。尤其是，应力张量分量 P^{ij} 也可以按同样的方法定义。我们参考坐标 $\left(\xi^{i},\tau'\right)$，在一个作为局部扭转的静止框架上的给定点上，形成方程（7.94）的度量形式。静止框架中有 $g_{0i}=0$，局部扭转有可能导致非零应变的出现，$\gamma_{ij}\neq\beta_{ij}$。

4. 相对论弹性的应力-能量张量

我们考虑一个没有能量流（即热流）通过材料的系统。在局部扭转的静止框架上的观察者看到的应力-能量张量为

$$\boldsymbol{T}=\begin{bmatrix}\epsilon & \\ & P^{ij}\end{bmatrix} \tag{7.98}$$

然而，考虑下列方程给出的四矢量速度分量：

$$V_{(i)}^{\ \mu}=\frac{\partial x^{\mu}}{\partial \xi^{i}} \tag{7.99}$$

$$u^{\mu}=\frac{\partial x^{\mu}}{\partial \tau} \tag{7.100}$$

式中，任意一般的坐标系为 $x^{\mu}=x^{\mu}\left(\xi^{i},\tau\right)$。

下面定义 3 个新的类空矢量，它们垂直于四速度矢量 $\boldsymbol{u}$，即

$$u_{(i)}^{\ \mu}=V_{(i)}^{\ \mu}+V_{(i)}^{\ \nu}x_{\nu}x^{\mu} \tag{7.101}$$

它们同时满足以下关系：

$$u_{(i)}^{\ \mu}u_{(j)\mu}=\gamma_{ij} \tag{7.102}$$

$$u_{(i)}^{\ \mu}u_{\mu}=0 \tag{7.103}$$

于是，可以定义全局意义下的应力-能量张量分量为

$$T^{\mu\nu}=\epsilon u^{\mu}u^{\nu}+P^{(ij)}u_{(i)}^{\ \mu}u_{(j)}^{\ \nu} \tag{7.104}$$

在局部扭转的静止框架下，有

$$u^{\mu}=\delta_{0}^{\mu},\qquad u_{(i)}^{\ \mu}=\delta_{i}^{\mu} \tag{7.105}$$

于是方程（7.104）退化到方程（7.98）的表示形式。

5. 相对论弹性的基本定律

（1）能量守恒方程

相对论热动力学能量守恒方程为

$$u_{\mu}T^{\mu\nu}{}_{;\nu}=0 \tag{7.106}$$

式中，符号“;”表示对空间-时间张量$T^{\mu\nu}$的协变导数。利用它和方程（7.104），则有

$$-\in u^{\nu}_{;\nu}-\in_{,\nu} u^{\nu}+u_{\mu}u^{\mu}_{(i);\nu}u^{\nu}_{(j)}P^{(ij)}=0 \tag{7.107}$$

于是，热动力学方程（7.90）可以写成

$$\in_{,\nu} u^{\nu}=\left(\frac{\beta}{\gamma}\right)^{\frac{1}{2}}Ts_{,\nu}u^{\nu}-\frac{1}{2}\left(P^{ij}+\in\gamma^{ij}\right)\gamma_{ij;\nu}u^{\nu} \tag{7.108}$$

（2）质点数守恒定律

质点数守恒是质量守恒的相对论推广，它是

$$\left(nu^{\mu}\right)_{;\mu}=0 \tag{7.109}$$

式中，n为质点数密度。选择单位使$n=\left(\frac{\beta}{\gamma}\right)^{\frac{1}{2}}$，再使用$\mathrm{d}\gamma=\gamma\gamma^{ij}\mathrm{d}\gamma_{ij}$，式（7.109）成为

$$u^{\mu}_{;\mu}=\frac{1}{2}\gamma^{ij}\gamma_{ij,u}u^{\mu} \tag{7.110}$$

将式（7.107）和式（7.110）代入式（7.108），有

$$\left(\frac{\beta}{\gamma}\right)^{\frac{1}{2}}Ts_{,\nu}u^{\nu}-P^{ij}\Sigma_{ij}=0 \tag{7.111}$$

式中，Σ_{ij}为对称张量分量。

$$\Sigma_{ij}=\frac{1}{2}\left(u^{\nu}_{(i)}u_{(j)\mu;\nu}+u^{\nu}_{(j)}u_{(i)\mu;\nu}\right)u^{\mu}+\frac{1}{2}\gamma_{ij,\mu}u^{\mu} \tag{7.112}$$

在坐标系$\left(\xi^{i},\tau\right)$中计算$\Sigma_{ij}$，可得

$$\Sigma_{ij}\equiv 0 \tag{7.113}$$

因此，通过交换偏导数顺序，方程（7.112）可以重写为

$$\frac{\partial u_{ij}}{\partial\tau}=\frac{1}{2}u^{\mu}_{(i)}u^{\nu}_{(j)}\left(u_{\mu;\nu}+u_{\nu;\mu}\right) \tag{7.114}$$

这里$\frac{\partial}{\partial\tau}=u^{\mu}\frac{\partial}{\partial x^{\mu}}$是相对于特征时间的偏导数。该方程显示，如果四速度矢量$\boldsymbol{u}$成为一个基灵（Killing）矢量，则系统是静止的，即局部应变是常数。

使用方程（7.113），则方程（7.111）成为

$$\frac{\partial s}{\partial\tau}=0 \tag{7.115}$$

它说明单位质点的熵是常数，这意味着一个局部共动观察者看不到热流。于是，方程（7.108）成为

$$\frac{\partial \in}{\partial \tau} = -\frac{1}{2}\left(\tau^{ij} + \in \gamma^{ij}\right)\frac{\partial \gamma_{ij}}{\partial \tau} \tag{7.116}$$

因此，局部能量密度仅仅是应变的函数。

引进如下变换规则

$$F^{\mu\nu\alpha\cdots} = u_{(i)}^{\ \mu} u_{(j)}^{\ \nu} u_{(k)}^{\ \alpha} \cdots F^{(ijk\cdots)} \tag{7.117}$$

当 $F^{\mu\nu\alpha\cdots}$ 是一个奇异张量时，应力-能量张量分量能被写成

$$T^{\mu\nu} = \in u^{\mu} u^{\nu} + P^{\mu\nu} \tag{7.118}$$

式中，$P^{\mu\nu}$ 是按上述规则定义的三维应力张量的四维扩展形式。

同样，我们也可以写出 $u_{\mu\nu}$、$\gamma_{\mu\nu}$ 和 $\beta_{\mu\nu}$ 的表达式，例如：

$$\gamma_{\mu\nu} = g_{\mu\nu} + u_{\mu} u_{\nu} \tag{7.119}$$

尤其感兴趣的是这些张量对四速度矢量 $\boldsymbol{u}$ 的李导数。例如，对一个二阶协变张量，李导数有如下形式

$$\mathrm{L}_{\boldsymbol{u}} \gamma_{\mu\nu} = \gamma_{\mu\nu;\alpha} u^{\alpha} + \gamma_{\mu\alpha} u^{\alpha}_{\ ;\nu} + \gamma_{\alpha\nu} u^{\alpha}_{\ ;\mu} \tag{7.120}$$

利用式（7.119），式（7.120）成为

$$\mathrm{L}_{\boldsymbol{u}} \gamma_{\mu\nu} = 2\sigma_{\mu\nu} \tag{7.121}$$

式中，

$$\sigma_{\mu\nu} = \frac{1}{2}\left(u_{\mu;\nu} + u_{\nu;\mu} + u_{\mu;\alpha} u^{\alpha} u_{\nu} + u_{\mu} u_{\nu;\alpha} u^{\alpha}\right) \tag{7.122}$$

称它为应变率张量。此外有

$$\mathrm{L}_{\boldsymbol{u}} \beta_{\mu\nu} = 0 \tag{7.123}$$

于是有

$$\mathrm{L}_{\boldsymbol{u}} u_{\mu\nu} = \sigma_{\mu\nu} \tag{7.124}$$

利用式（7.117）和式（7.114），可以得到

$$\mathrm{L}_{\boldsymbol{u}} u_{\mu\nu} = \gamma_{\mu}^{\ \alpha} \gamma_{\nu}^{\ \beta}\left(u_{\alpha;\beta} + u_{\beta;\alpha}\right) \tag{7.125}$$

式（7.125）右边是应变率张量的另一种形式。

第 8 章　连续介质相对论力学

连续介质相对论力学旨在构建能够进行耦合场分析的广义理论，主要是构建在相对论框架下的电磁场和物体变形场之间的相互作用理论。但是众所周知，电磁基本方程的不变量群是洛伦兹群，而现代连续介质力学则是将伽利略群用于基本运动定律以及在本构理论中刚体运动群的不变性。当研究相对论范畴内的物理现象时，基于伽利略群的力学定律的不变性就应该被抛弃。原因很明显，只有力学与电磁学采用相同的变换规则时，才有可能得到电磁与变形物体的相互作用的协调一致的满意理论。因此在相对论的范畴内，最自然和最简单的变换规则显然就是洛伦兹变换群。

本章主要以 Grot 和 Eringen（1966a，1966b）的相关工作为基础，给出连续介质相对论力学的一般理论。该理论的基本定律包括运动学、动力学和热动力学。具体包括质点数守恒、能量-动量平衡、能量-动量中的动量平衡以及热力学第二定律。这里的质点数守恒是经典连续介质力学中质量守恒在相对论范畴下的广义化推广。热力学第二定律仍然是作为本构方程的限制条件在起作用。

在经典连续介质力学中，在没有扭矩作用在物体上以及物体本身不具有内部自旋的情况下，应力张量是对称的。在相对论情况，可以引进四维自旋张量和体积扭矩张量将经典连续介质的上述概念广义化。如果自旋张量和扭矩张量消失，由能量-动量的动量平衡，则能量-动量张量是对称的。

在本构理论方面，相对论连续介质力学中的本构方程明显推广了经典连续介质力学中的本构方程的构建原则，其中最主要差异是要求相对论连续介质力学中的本构方程要具有洛伦兹变换下的形式不变性。

8.1　连续介质相对论运动学

考虑一相对论运动物体，坐标是 $X^k\left(k=1,2,3\right)$ 的未变形物体质点的运动可以用坐标 $x^\mu=x^\mu\left(X^k,\overline{t}\right)\left(\mu=1,2,3,4\right)$ 表示，其中 $\overline{t}$ 是特定的时间参数。由于这样的时间参数有高度随机性，因此物体变形的描述必须是独立于时间参数 $\overline{t}$ 而选择的。应变度量应该是洛伦兹变换群下的不变量。此外，连续体的世界速度也被选择作为一个运动量，它被定义为既是能量-动量张量的类时本征矢量，也是平行于动量密度的单位矢量。这个能量传播的速度只有在一些例如热传导和电磁现象被忽略的特殊情况下才与经典的运动速度一致。

这里使用标准的张量表示以及重复指标的求和约定。洛伦兹矩阵 $\boldsymbol{\gamma}$ 的标志是 $(+++-)$，即 $\gamma^{11}=\gamma^{22}=\gamma^{33}=1$，$\gamma^{44}=-1$，其余 $\gamma^{\alpha\beta}=0$。

为简单起见，假定光速 $c=1$，于是自由真空的介电系数 $\varepsilon_0=1$，磁导率系数 $\mu_0=1$。

在经典连续介质力学里，物体的变形是通过指定物体的一个构形 B 映射到另一个构形 B_t 来定义的。构形 B 被称为参考状态（通常采取未变形的物体），由一系列物质点 $\{B\}$ 的三维直角坐标系 $X^K\ (K=1,2,3)$ 表示。一旦变形或者运动开始，物质点 $\{B\}$ 移动到新的空间位置 $\{B_t\}$，它可以由一套新的直角坐标 $x^k\ (k=1,2,3)$（称为空间坐标系）来描述。物体的运动方程为

$$x^k=x^k\left(X^K,t\right) \tag{8.1}$$

对连续介质来说，通常这个映射是连续可微的，于是存在从 B_t 到 B 的反映射，即

$$X^K=X^K\left(x^k,t\right) \tag{8.2}$$

除了一些奇异面、线、点之外，它在全域内均满足如下条件：

$$\det\left(x_{k,K}\right)\neq 0 \tag{8.3}$$

在经典力学中参数 t 被定义为时间，而在相对论力学中它被认为是时空 $x^\mu=\left(x^k,ct\right)$ 的第四个坐标。令 $c=1$，就有下列四维度量张量：

$$\boldsymbol{\gamma}=\begin{bmatrix}1&0&0&0\\0&1&0&0\\0&0&1&0\\0&0&0&-1\end{bmatrix} \tag{8.4}$$

指标表示规则规定如下：小写英文斜体上下标取值 1、2、3，它们代表了时空事件的瞬时空间坐标。小写的希腊字符斜体上下标取值为 1、2、3、4，它们被指定为时空坐标系，并且可以通过度量张量分量 $\gamma^{\mu\nu}$ 升降指标。大写英文斜体上下标也取值 1、2、3，它们代表参考状态的空间坐标，可以通过克罗内克符号 δ_{KL} 升降指标。

类似式（8.2）的连续介质反运动变换可以由下列三个函数描述：

$$X^K=X^K\left(x^\mu\right),\qquad (K=1,2,3;\quad \mu=1,2,3,4) \tag{8.5}$$

式中，域 $X^K\left(x^\mu\right)$ 是时空中被物体运动时扫过的区域（也称时空物质管，简称物质管），即 $D=\left(x^\mu : x^k\in B_t, 0<t<\infty\right)$。

下面的讨论中，简单地假定：$\boldsymbol{x}\in D$ 和 $\boldsymbol{X}\in B$，不再假定其他参考状态。

假定 3 个函数 $X^K\left(x^\mu\right)$ 在洛伦兹变换群 Λ 下是 x^μ 不变量函数，即

$$\hat{x}^\mu = \Lambda^\mu_{\ \nu} x^\nu \tag{8.6}$$

$$\Lambda^\alpha_{\ \nu}\Lambda^\nu_\beta = \Lambda_\nu^{\ \alpha}\Lambda^\nu_{\ \beta} = \delta^\alpha_{\ \beta} \tag{8.7}$$

$$X^K\left(x^\mu\right) = X^K\left(\hat{x}^\mu\right) \tag{8.8}$$

考虑一个未变形的物体 B，在某一坐标下是静止的，并且可以用三维空间坐标 X^K 来描述。3 个函数 $X^K\left(x^\mu\right)$ 描述的是从 D 到 B 的映射，于是可以假定存在一个参考状态，X^K 可以在这个标架下用来描述长度和角度。

式（8.5）对前 3 个变量 x^k 是可逆的，则有

$$x^k = x^k\left(X^K, x^4\right) \tag{8.9}$$

$$\det\left(x^k_{\ ,K}\right) \neq 0 \tag{8.10}$$

$$x^k_{\ ,K} = \frac{\partial x^k\left(X^K, x^4\right)}{\partial X^K} \tag{8.11}$$

在相对论力学中，物体质点的世界线 A^K 可以由时空曲线来定义：

$$A^K = X^K\left(x^\mu\right) \tag{8.12}$$

质点速度定义为

$$v^k = \frac{\partial x^k\left(X^K, x^4\right)}{\partial x^4} \tag{8.13}$$

$$v^2 = \delta_{kl} v^k v^l \tag{8.14}$$

则世界速度矢量分量为

$$u^\alpha\left(X^K, x^4\right) = \left\{\frac{v^k}{\sqrt{1-v^2}}, \frac{1}{\sqrt{1-v^2}}\right\} \tag{8.15}$$

$$u^\alpha\left(x^\beta\right) = u^\alpha\left[X^K\left(x^\beta\right), x^4\right] \tag{8.16}$$

$$u^\alpha u_\alpha = -1 \tag{8.17}$$

由于 $u^\alpha\left(x^\beta\right)$ 是通过 x^β 的世界线的单位切向矢量的分量，它原则上可以作为四矢量满足洛伦兹变换。

几个重要的几何关系。由式（8.8）、式（8.11）和式（8.13）可得

$$0 = x^k_{\ ,4} = x^k_{\ ,K} X^K_{\ ,4} + v^k \tag{8.18}$$

$$\delta^k_{\ l} = x^k_{\ ,l} = x^k_{\ ,K} X^K_{\ ,l} \tag{8.19}$$

$$\delta^K_{\ L} = X^K_{\ ,L} = X^K_{\ ,l} x^l_{\ ,L} \tag{8.20}$$

再由式（8.18），有

$$X^K_{\ ,4} = -v^k X^K_{\ ,k} \tag{8.21}$$

由此得

$$u^{\alpha}X^{K}_{,\alpha}=0 \tag{8.22}$$

一个四维矢量分量 f^{α}，如果 $f^{\alpha}f_{\alpha}>0$，则称它为类空间矢量；如果 $f^{\alpha}f_{\alpha}=0$，则称它为零矢量；如果 $f^{\alpha}f_{\alpha}<0$，则称它为类时间矢量。由式（8.17）可知，四矢量分量 $\boldsymbol{u}^{\alpha}$ 构成一个单位类时间矢量。

所有的矢量和张量都可以方便地分解为类空间部分和类时间部分。例如，一个任意的四矢量 $\boldsymbol{F}$ 能够被分解为平行于 $\boldsymbol{u}$ 的类时间分量以及垂直于 $\boldsymbol{u}$ 的类空间分量。为此目的，我们引进投影 $S^{\alpha}_{\ \beta}$，即

$$S^{\alpha}_{\ \beta}=\delta^{\alpha}_{\ \beta}+u^{\alpha}u_{\beta} \tag{8.23}$$

$$S_{\beta}^{\ \alpha}=\gamma_{\beta\sigma}\gamma^{\alpha\tau}S^{\sigma}_{\ \tau}=\delta^{\alpha}_{\ \beta}+u^{\alpha}u_{\beta}=S^{\alpha}_{\ \beta} \tag{8.24}$$

这个投影满足下列等式：

$$S^{\alpha}_{\ \beta}S^{\beta}_{\ \gamma}=S^{\alpha}_{\ \gamma} \tag{8.25}$$

$$u_{\beta}S^{\beta}_{\ \alpha}=u^{\beta}S^{\alpha}_{\ \beta}=0 \tag{8.26}$$

在一般情况下，一个四矢量 $\boldsymbol{F}$ 总可以唯一地写成下列形式：

$$F^{\alpha}=f^{\alpha}+u^{\alpha}f \tag{8.27}$$

$$f^{\alpha}u_{\alpha}=0 \tag{8.28}$$

式中，

$$f=-F^{\alpha}u_{\alpha} \tag{8.29}$$

$$f^{\alpha}=S^{\alpha}_{\ \beta}F^{\beta} \tag{8.30}$$

容易看到，它满足

$$f^{\alpha}f_{\alpha}\geqslant 0 \tag{8.31}$$

因此，$\boldsymbol{f}$ 是一个类空间矢量或者零矢量。

由式（8.22）和式（8.24）我们得到

$$S^{\mu}_{\ \alpha}X^{K}_{,\mu}=X^{K}_{,\alpha} \tag{8.32}$$

因此，矢量 $X^{K}_{,\mu}$ 是类空间的。

8.2　连续介质相对论变形张量

由连续介质力学可知，物体的变形可以由变形梯度 $X^{K}_{,\mu}$ 描述，而不变量应变则可以定义为

$$\overset{-1}{C}{}^{KL}=\gamma^{\alpha\beta}X^{K}_{,\alpha}X^{L}_{,\beta} \tag{8.33}$$

$$\overset{-1}{C}{}^{KL} = \overset{-1}{C}{}^{LK} \tag{8.34}$$

它是反格林变形张量的相对论推广，有 6 个洛伦兹不变标量。由式（8.21）有

$$\overset{-1}{C}{}^{KL} = \delta^{ij} X^K_{,i} X^L_{,j} - X^K_{,4} X^L_{,4} = \left(\delta^{ij} - v^i v^j\right) X^K_{,j} X^L_{,i} \tag{8.35}$$

从式（8.35）可知，$\overset{-1}{C}{}^{KL}$ 是局部瞬时静止标架下的反格林变形张量。

从式（8.35），可以计算得

$$\det\left(\overset{-1}{C}{}^{KL}\right) = \det\left(\delta^{ij} - v^i v^j\right)\left[\det\left(X^K_{,i}\right)\right]^2 = \left(1 - v^2\right)\left[\det\left(X^K_{,i}\right)\right]^2 > 0 \tag{8.36}$$

根据相对论假定，没有物体运动可以比光速快，即 $v^2 < 1$，因此 $\overset{-1}{C}{}^{KL}$ 是可逆的，它的逆矩阵元素是

$$C_{KL} = \left(\delta_{ij} + u_i u_j\right) x^i_{\ ,K} x^j_{\ ,L} \tag{8.37}$$

$$C_{KM} \overset{-1}{C}{}^{ML} = \overset{-1}{C}{}^{LM} C_{MK} = \delta^L_K \tag{8.38}$$

6 个量 C_{KL} 在洛伦兹变换群下是标量不变量，因为它们是不变量 $\overset{-1}{C}{}^{KL}$ 的不变函数。C_{KL} 有非常明确的物理意义，它给出了位于局部瞬时静止坐标系上的观察者所看到的物体由于变形其长度和角度的变化。对这一特殊坐标系的观察者来说，$v^k = 0$，$u^k = 0$，且式（8.35）和式（8.37）还原为非相对论连续介质力学的形式。

不变量应变张量可以由下式定义：

$$2E_{KL} = C_{KL} - G_{KL} \tag{8.39}$$

式中，G_{KL} 是参考状态物体构形（后面章节将介绍具体计算方法）。这个应变度量是经典连续介质力学中拉格朗日应变度量的相对论推广。

为了引入欧拉应变度量，有

$$C_{KL} = S_{kl} x^k_{\ ,K} x^l_{\ ,L} = S_k^{\ \alpha} S_{\alpha l} x^k_{\ ,K} x^l_{\ ,L} \tag{8.40}$$

它又可以表示为

$$C_{KL} = \gamma_{\alpha\beta} x^\alpha_{\ K} x^\beta_{\ L} \tag{8.41}$$

式中，

$$x^\alpha_{\ K} = S^\alpha_{\ k} x^k_{\ K} \tag{8.42}$$

利用式（8.21）和式（8.26），可得

$$S^\alpha_{\ \beta} x^\beta_{\ K} = x^\alpha_{\ K} \tag{8.43}$$

$$X^K_{\ ,\beta} x^\beta_{\ L} = \delta^K_L \tag{8.44}$$

$$x^\alpha_{\ K} X^K_{\ ,\beta} = S^\alpha_{\ \beta} \tag{8.45}$$

$$u_\alpha x^\alpha_{\ K} = 0 \tag{8.46}$$

容易证明：$x^\alpha_{\ K}$ 是一个四矢量分量，并且有

$$\hat{x}^{\alpha}{}_{K} = \Lambda^{\alpha}{}_{\beta} x^{\beta}{}_{K} \tag{8.47}$$

于是，$x^{\alpha}{}_{K}$ 也是一个两点张量。

这样，柯西变形张量的相对论推广是

$$c_{\alpha\beta}=\delta_{KL} X^{K}{}_{,\alpha} X^{L}{}_{,\beta} \tag{8.48}$$

$$\overset{-1}{c}{}^{\alpha\beta} = \delta^{KL} x^{\alpha}{}_{K} x^{\beta}{}_{L} = S^{\alpha}{}_{k} S^{\beta}{}_{l} \overset{-1}{c}{}^{kl} \tag{8.49}$$

式中，

$$\overset{-1}{c}{}^{kl} = \delta^{KL} x^{k}{}_{,K} x^{l}{}_{,L} \tag{8.50}$$

8.3　相对论连续介质相容性条件

由上述内容可知，柯西变形张量分量 $c_{\alpha\beta}$ 为

$$c_{\alpha\beta} = \delta_{KL} X^{K}{}_{,\alpha} X^{L}{}_{,\beta} \tag{8.51}$$

式中，$X^{K} = X^{K}\left(x^{\mu}\right)$。式（8.51）对 x^{γ} 微分，有

$$c_{\alpha\beta,\gamma} = \delta_{KL} X^{K}{}_{,\alpha\gamma} X^{L}{}_{,\beta} + \delta_{KL} X^{K}{}_{,\alpha} X^{L}{}_{,\beta\gamma} \tag{8.52}$$

定义一个类似第二类克里斯托弗符号的符号：

$$\left[\alpha\beta,\gamma\right]_{c} = \frac{1}{2}\left[c_{\alpha\gamma,\beta} + c_{\beta\gamma,\alpha} - c_{\alpha\beta,\gamma}\right] \tag{8.53}$$

于是，使用式（8.52）和式（8.53），得到

$$\left[\alpha\beta,\gamma\right]_{c} = \delta_{KL} X^{K}{}_{,\alpha\beta} X^{L}{}_{,\gamma} \tag{8.54}$$

式（8.54）等效于

$$X^{K}{}_{,\alpha\beta} = X^{K}{}_{,\gamma} \begin{Bmatrix} \gamma \\ \alpha\beta \end{Bmatrix} \tag{8.55}$$

其中

$$\begin{Bmatrix} \gamma \\ \alpha\beta \end{Bmatrix} = \overset{-1}{c}{}^{\gamma\delta} \left[\alpha\beta,\delta\right]_{c} \tag{8.56}$$

称为第二类克里斯托弗符号。

在下面的条件下，式（8.55）是完全可积的：

$$X^{K}{}_{,\gamma} \begin{Bmatrix} \gamma \\ \alpha\beta \end{Bmatrix}_{,\delta} + X^{K}{}_{,\gamma} \begin{Bmatrix} \gamma \\ \varepsilon\delta \end{Bmatrix} \begin{Bmatrix} \varepsilon \\ \alpha\beta \end{Bmatrix} = X^{K}{}_{,\gamma} \begin{Bmatrix} \gamma \\ \varepsilon\delta \end{Bmatrix}_{,\beta} + X^{K}{}_{,\gamma} \begin{Bmatrix} \gamma \\ \varepsilon\beta \end{Bmatrix} \begin{Bmatrix} \varepsilon \\ \alpha\delta \end{Bmatrix} \tag{8.57}$$

这样，式（8.55）完全可积的充分必要条件就是曲率张量为零，即

$$\overset{*}{R}{}^{\alpha}{}_{\beta\gamma\delta} = 0 \tag{8.58}$$

式中，

$$\overset{*}{R}{}^{\alpha}_{\beta\gamma\delta} = S^{\alpha}_{\tau}\left[\begin{Bmatrix}\tau\\ \beta\delta\end{Bmatrix}_{,\gamma} - \begin{Bmatrix}\tau\\ \beta\gamma\end{Bmatrix}_{,\delta} + \begin{Bmatrix}\tau\\ \sigma\gamma\end{Bmatrix}\begin{Bmatrix}\sigma\\ \beta\delta\end{Bmatrix} - \begin{Bmatrix}\tau\\ \sigma\delta\end{Bmatrix}\begin{Bmatrix}\sigma\\ \beta\gamma\end{Bmatrix}\right] \tag{8.59}$$

这就是柯西变形张量分量$c_{\alpha\beta}$相容性条件的相对论推广。

8.4　连续介质相对论应变率与形变率

经典连续介质力学中物质导数$\frac{\mathrm{D}}{\mathrm{D}t}$的相对论推广是

$$\mathrm{D} = \frac{1}{\sqrt{\left(1-v^2\right)}}\frac{\mathrm{D}}{\mathrm{D}t} \tag{8.60}$$

并且有

$$\mathrm{D}\phi = u^{\alpha}\phi_{,\alpha} \tag{8.61}$$

如果ϕ是洛伦兹变换下的一个张量，则$\mathrm{D}\phi$也是洛伦兹变换下的一个张量。在连续介质运动学里常常会用到下列引理：

$$\mathrm{D}X^{K}_{,\beta} = -u^{\alpha}_{,\beta}X^{K}_{,\alpha} \tag{8.62}$$

该式很容易证明。由式（8.61）有

$$\mathrm{D}X^{K}_{,\beta} = u^{\alpha}X^{K}_{,\beta\alpha} = \left(u^{\alpha}X^{K}_{,\alpha}\right)_{,\beta} - u^{\alpha}_{,\beta}X^{K}_{,\alpha} \tag{8.63}$$

根据式（8.22），式（8.63）右边第一项为零，于是得到式（8.62）。

由式（8.44），可知

$$X^{K}_{,\beta}x^{\beta}_{L} = \delta^{K}_{L} \tag{8.64}$$

对它作用物质导数的相对论形式，则有

$$\mathrm{D}\left(X^{K}_{,\beta}x^{\beta}_{L}\right) = \mathrm{D}X^{K}_{,\beta}x^{\beta}_{L} + X^{K}_{,\beta}\mathrm{D}x^{\beta}_{L} = 0 \tag{8.65}$$

式（8.65）乘以x^{α}_{K}，并利用式（8.43）和式（8.62），得到

$$S^{\alpha}_{\beta}\mathrm{D}x^{\beta}_{K} = x^{\beta}_{K}u^{\alpha}_{,\beta} \tag{8.66}$$

拉格朗日变形张量的不变量微分可以通过对式（8.41）不变量微分求得，即

$$\mathrm{D}C_{KL} = 2\overset{*}{d}_{\alpha\beta}\,x^{\alpha}_{K}x^{\beta}_{L} \tag{8.67}$$

式中，

$$\overset{*}{d}_{\alpha\beta} = \frac{1}{2}\left(\overset{*}{u}_{\alpha\beta} + \overset{*}{u}_{\beta\alpha}\right) = \overset{*}{u}_{(\alpha\beta)} \tag{8.68}$$

其中

$$\overset{*}{u}^{\alpha}_{\beta} = S^{u}_{\beta} u^{\alpha}_{,\mu} \tag{8.69}$$

张量 $\overset{*}{\boldsymbol{d}}$ 是变形率张量的相对论推广。很明显，对局部刚体运动 $\mathrm{D}C_{KL}=0$ 。

旋转张量的相对论推广定义为

$$\overset{*}{\omega}_{\alpha\beta} = \frac{1}{2}\left(\overset{*}{u}_{\alpha\beta} - \overset{*}{u}_{\beta\alpha}\right) = \overset{*}{u}_{[\alpha\beta]} \tag{8.70}$$

因此有

$$\overset{*}{u}_{\alpha\beta} = \overset{*}{d}_{\alpha\beta} + \overset{*}{\omega}_{\alpha\beta} \tag{8.71}$$

为了使和差式表示更为简洁，在变量的上角标或下角标中引进了两组特殊的运算符号：“(” 和 “)” 表示求和对称化操作，“[” 和 “]” 表示求差反对称化操作，如式（8.68）和式（8.70）所示。后同。

8.5　连续介质相对论动力学

连续介质相对论动力学包括质量守恒定律、能量-动量平衡定律、角动量平衡定律、热力学第二定律的相对论不变量形式，它们均需满足洛伦兹变换。

1. 粒子数守恒

在非相对论力学中，质量守恒定律与粒子数守恒定律是等效的，然而在相对论力学中则不然。在相对论中，质量是与质点的能量紧密相关的。通常，质点的质量（甚至是静止质量）是变化的，而在非反应性物质的经典相对论理论质点粒子不能创造也不能消失的概念则是有意义的，这与量子力学中粒子可以创生与消失的概念不同。因此，假定包含在物质体积 $V(t)$ 内的质点数量在运动中保持不变，即

$$\oint n^{\alpha} \mathrm{d}s_{3\alpha} = 0 \tag{8.72}$$

式中，$n^{\alpha}=n_0 u^{\alpha}$ 。这个积分是在任意的物质管上进行的，标量 n_0 被称为静止标架质点数。

对上述积分采用格林-高斯定理，就可以得到下列的质点数守恒的微分形式：

$$n^{\alpha}_{,\alpha} = 0 \tag{8.73}$$

为方便起见，它也可以写为

$$\mathrm{D}n_0 + n_0 \overset{*}{u}^{\beta}_{\beta} = 0 \tag{8.74}$$

式中，$\overset{*}{u}^{\beta}_{\beta} = u^{\beta}_{,\beta}$ 。

2. 能量-动量平衡

在相对论理论中，动量平衡定律和能量平衡定律是紧密联系的，它们分别是四矢量的分量。在物理意义上，动量的时间变化率等于作用在物体上的力；能量的时间变化率等于作用在物体上的功。

能量-动量平衡定律认为，对每一个物质管，有

$$\oint T^{\mu\nu} \mathrm{d}s_{3\nu} = \int f^{\mu} \mathrm{d}v_4 \tag{8.75}$$

式中，能量-动量张量分量 $T^{\mu\nu}$ 构成一个二阶张量；四维力 f^{μ} 代表了体积力和单位体积的能量提供。

在非相对论连续介质力学中，有

$$T^{i4} = p^i \tag{8.76}$$

$$T^{ij} = -t^{ij} + p^i v^j \tag{8.77}$$

$$T^{44} = e \tag{8.78}$$

$$T^{4i} = q^i - t^{ji} v_j + e v^i \tag{8.79}$$

以及

$$f^i = f^i \tag{8.80}$$

$$f^4 = h + \boldsymbol{f} \cdot \boldsymbol{v} \tag{8.81}$$

式中，p^i 是动量密度；t^{ij} 是应力张量分量；e 是能量密度（内能加动能）；q^i 是热流；f^i 是体积力；h 是体积热源。

同样对积分方程（8.75）采用格林-高斯定理，得到下列微分型方程：

$$T^{\mu\nu}{}_{,\nu} = f^{\mu} \tag{8.82}$$

理论上，能量-动量张量分量 $T^{\mu\nu}$ 可以利用投影算子 $S^{\alpha}{}_{\beta}$ 分解为一个标量、两个空间矢量和一个空间张量，即

$$T^{\alpha\beta} = \omega u^{\alpha} u^{\beta} + u^{\alpha} q^{\beta} + p^{\alpha} u^{\beta} - t^{\alpha\beta} \tag{8.83}$$

式中，

$$\omega = T^{\alpha\beta} u_{\alpha} u_{\beta} \tag{8.84}$$

$$q^{\alpha} = -S^{\alpha}{}_{\beta} T^{\gamma\beta} u_{\gamma} \tag{8.85}$$

$$p^{\alpha} = -S^{\alpha}{}_{\beta} T^{\beta\gamma} u_{\gamma} \tag{8.86}$$

$$t^{\alpha\beta} = -S^{\alpha}{}_{\gamma} S^{\beta}{}_{\delta} T^{\gamma\delta} \tag{8.87}$$

在式（8.83）中，右边第一项张量 $\omega u^{\alpha} u^{\beta}$ 表示具有给定质量的运动能的能量-动量张量，而根据著名的爱因斯坦质能公式 $E = mc^2$，这个给定质量是由物体内能对质量密度的贡献而获得的；右边第二项四矢量分量 q^{β} 在局部瞬时静止标架下减少到 $\left(q^i, 0\right)$，而 q^i 是热流矢量分量，于是 q^{β} 又被称为热流四矢量分量；右边第

三项四矢量分量 p^α 在局部瞬时静止标架下减少到 $\left(p^i,0\right)$，而 p^i 是非机械动量，于是 p^α 又被称为非机械动量四矢量分量；右边第四项四张量 $t^{\alpha\beta}$ 构成相对论应力张量，在局部瞬时静止标架下成为

$$\boldsymbol{t}=\begin{bmatrix} t^{ij} & 0 \\ 0 & 0 \end{bmatrix} \tag{8.88}$$

利用式（8.26），有如下正交关系式：

$$q^\alpha u_\alpha=0 \tag{8.89}$$

$$p^\alpha u_\alpha=0 \tag{8.90}$$

$$t^{\alpha\beta}u_\beta=t^{\beta\alpha}u_\beta=0 \tag{8.91}$$

方程（8.82）中的第四个分量方程是能量平衡，然而它却不是热力学第一定律。当它为零时能够得到热力学第一定律，因此必须将方程（8.82）投影到 u_α 上。这个在相对论一般化推广的操作是对应于柯西方程与速度的标量积并且将其结果从能量方程减去的结果。即

$$u_\alpha T^{\alpha\beta}{}_{,\beta}=f^\alpha u_\alpha \tag{8.92}$$

或

$$\left(u_\alpha T^{\alpha\beta}\right)_{,\beta}-T^{\alpha\beta}u_{\alpha,\beta}=f^\alpha u_\alpha \tag{8.93}$$

从式（8.83）和式（8.91），有

$$u_\alpha T^{\alpha\beta}=-\omega u^\beta-q^\beta \tag{8.94}$$

$$T^{\alpha\beta}u_{\alpha,\beta}=p^\alpha \mathrm{D}u_\alpha-t^{\alpha\beta}u_{\alpha,\beta} \tag{8.95}$$

这样，方程（8.93）可以简化为

$$-\left(\omega u^\beta\right)_{,\beta}-q^\beta{}_{,\beta}-p^\alpha \mathrm{D}u_\alpha+t^{\alpha\beta}u_{\alpha,\beta}=f^\alpha u_\alpha \tag{8.96}$$

定义 ε 为

$$\omega=n_0\varepsilon \tag{8.97}$$

再利用式（8.74），式（8.96）成为

$$n_0\mathrm{D}\varepsilon+q^\beta{}_{,\beta}+p^\beta \mathrm{D}u_\beta-t^{\alpha\beta}u_{\alpha,\beta}=-f^\alpha u_\alpha \tag{8.98}$$

这就是连续介质热力学第一定律的相对论推广。

3. 热力学第二定律

在经典连续介质力学理论中，热力学第二定律常常作为本构方程形式的限制条件。它采用一个被称为克劳修斯-杜哈姆（Clausius-Duhem）不等式的不等式方程表示形式。它在任意时空的物质管中可以表示为

$$\oint\eta^\alpha \mathrm{d}s_{3\alpha}+\int r\mathrm{d}v_4\geqslant 0 \tag{8.99}$$

式中，标量不变量r是外来源的熵供应。式（8.99）的局部形式为

$$\eta^{\alpha}{}_{,\alpha} + r \geqslant 0 \tag{8.100}$$

它可方便地将η^{α}分解为类空分量和类时分量，即

$$\eta^{\mu} = \eta_0 u^{\mu} + s^{\mu} \tag{8.101}$$

式中，

$$s^{\alpha} = S^{\alpha}_{\beta}\eta^{\beta} \tag{8.102}$$

$$\eta_0 = -\eta^{\alpha}u_{\alpha} \tag{8.103}$$

对简单的热力学过程，有

$$s^{\mu} = \frac{q^{\mu}}{\theta} \tag{8.104}$$

$$r = \frac{h_0}{\theta} \tag{8.105}$$

式中，θ为温度的标量不变量；$h_0 = f^{\mu}u_{\mu}$是热供给。

定义

$$\eta_0 = n_0\eta_{00} \tag{8.106}$$

则热力学第二定律式（8.100）为

$$n_0\mathrm{D}\eta_{00} + s^{\beta}{}_{,\beta} + r \geqslant 0 \tag{8.107}$$

对简单热力学过程，式（8.107）成为

$$n_0\mathrm{D}\eta_{00} + \left(\frac{q^{\beta}}{\theta}\right)_{,\beta} + \frac{h_0}{\theta} \geqslant 0 \tag{8.108}$$

从式（8.98）和式（8.108）中消去h_0，最后得

$$n_0\left(\mathrm{D}\eta_{00} - \frac{1}{\theta}\mathrm{D}\varepsilon\right) - \frac{q^{\beta}}{\theta^2}\theta_{,\beta} - \frac{p^{\alpha}\mathrm{D}u_{\alpha}}{\theta} + \frac{t^{\alpha\beta}u_{\alpha,\beta}}{\theta} \geqslant 0 \tag{8.109}$$

这个不等式方程对构建相对论连续介质本构方程有用处。

8.6　连续介质相对论本构理论

与经典连续介质力学一样，仅有几何运动学和物体动力学还不足以求解相对论连续介质力学问题，必须考虑物体介质的本构性质。相对论连续介质本构方程的建立也需要满足一定的原则，Grot 和 Eringen（1966a）把它们总结如下。

（1）因果关系原理

材料在时空事件点$\boldsymbol{X}$的行为仅仅由在点$\boldsymbol{X}$的过去光锥中的事件决定，即这些事件$\hat{\boldsymbol{X}}$满足下面的不等式：

$$\left(\boldsymbol{X}-\hat{\boldsymbol{X}}\right)\cdot\left(\boldsymbol{X}-\hat{\boldsymbol{X}}\right)\leqslant 0 \tag{8.110}$$

$$\left(\hat{\boldsymbol{X}}-\boldsymbol{X}\right)\cdot\boldsymbol{u}\leqslant 0 \tag{8.111}$$

式中，$\boldsymbol{u}$ 是在点 $\boldsymbol{X}$ 处的世界速度。

（2）局部作用原理

材料在一个事件点处的行为强烈地依赖于材料在这个事件点邻域内的材料性质。

（3）洛伦兹不变性原理

本构方程在正则本征非齐次洛伦兹变换群（即 $\det\boldsymbol{\Lambda}=+1$，$\Lambda^4_{\ 4}>0$）下是协变的。

（4）材料不变性原理

本构方程在拉格朗日标架 X^K 下表征材料的对称群的作用下是不变的。

（5）一致性原理

本构方程必须与各动力学方程，如质点数守恒方程、能量-动量平衡方程、热力学第二定律等，是一致的。

（6）平等性原理

出现在一个本构方程中的独立变量也将会出现在所有的本构方程中，除非被某个原理排除掉。

总之一句话概括之就是，本构方程必须满足洛伦兹变换下的客观性，即不变性。

下面给出两个相对论不变性本构方程，即热弹性固体和热黏性流体。

1. 热弹性固体

为了构建热弹性固体的本构方程，可以采用如下一组合适的独立变量：

$$\theta;\qquad X^K_{\ ,\beta};\qquad \overset{*}{\theta}_\beta;\qquad x_\beta \tag{8.112}$$

式中，$\overset{*}{\theta}_\beta=S_\beta^{\ \alpha}\left(\theta_{,\alpha}+\theta\mathrm{D}u_\alpha\right)$。选择 $\overset{*}{\theta}_\beta$ 作为一个独立变量是因为考虑了非极性材料性质（即 $p^\alpha=q^\alpha$）。

此时，热力学第二定律式（8.109）可以写成

$$n_0\left(\mathrm{D}\eta_{00}-\frac{1}{\theta}\mathrm{D}\varepsilon\right)-\frac{q^\beta}{\theta^2}\overset{*}{\theta}_\beta+\frac{t^{\alpha\beta}}{\theta}\overset{*}{d}_{\alpha\beta}\geqslant 0 \tag{8.113}$$

于是，本构方程的相关变量可以写成

$$\varepsilon=\varepsilon\left(\theta,X^K_{\ ,\beta},\overset{*}{\theta}_\beta,x_\beta\right) \tag{8.114}$$

$$\eta_{00}=\eta_{00}\left(\theta,X^K_{\ ,\beta},\overset{*}{\theta}_\beta,x_\beta\right) \tag{8.115}$$

$$q^{\alpha} = q^{\alpha}\left(\theta, X^{K}_{,\beta}, \overset{*}{\theta}_{\beta}, x_{\beta}\right) \tag{8.116}$$

$$t^{\alpha\beta} = t^{\alpha\beta}\left(\theta, X^{K}_{,\beta}, \overset{*}{\theta}_{\beta}, x_{\beta}\right) \tag{8.117}$$

利用上面式子在时空位移下的不变性可以消去x_{β}的相关项，于是有

$$\varepsilon = \varepsilon\left(\theta, X^{K}_{,\beta}, \theta^{K}\right) \tag{8.118}$$

$$\eta_{00} = \eta_{00}\left(\theta, X^{K}_{,\beta}, \theta^{K}\right) \tag{8.119}$$

$$q^{\alpha} = q^{\alpha}\left(\theta, X^{K}_{,\beta}, \theta^{K}\right) \tag{8.120}$$

$$t^{\alpha\beta} = t^{\alpha\beta}\left(\theta, X^{K}_{,\beta}, \theta^{K}\right) \tag{8.121}$$

式中，

$$\theta^{K} = X^{K}_{,\alpha}\overset{*}{\theta}^{\alpha} \tag{8.122}$$

对式（8.110）链式求导，并利用式（8.62），则热力学第二定律成为

$$-\frac{n_0}{\theta}\left(\frac{\partial\psi_0}{\partial\theta} + \eta_{00}\right)\mathrm{D}\theta - n_0\frac{\partial\psi_0}{\partial\theta^{K}}\mathrm{D}\theta^{K} - \frac{Q_K\theta^{K}}{\theta^2} - \frac{1}{\theta}\left(t^{\beta}_{\ \alpha} + n_0\frac{\partial\psi_0}{\partial X^{K}_{,\beta}}X^{K}_{,\alpha}\right)x^{\alpha}_{\ L}\mathrm{D}X^{L}_{,\beta} \geqslant 0 \tag{8.123}$$

式中，

$$\psi_0 = \varepsilon - \theta\eta_{00} \tag{8.124}$$

$$Q_K = x^{\alpha}_{\ K}q_{\alpha} \tag{8.125}$$

式中，ψ_0是自由能函数。

由热力学条件可知，式（8.123）成立的充分必要条件是

$$\eta_{00} = -\frac{\partial\psi_0}{\partial\theta} \tag{8.126}$$

$$\frac{\partial\psi_0}{\partial\theta^{K}} = 0 \tag{8.127}$$

$$t^{\beta}_{\ \alpha} = -n_0\frac{\partial\psi_0}{\partial X^{K}_{,\beta}}X^{K}_{,\alpha} \tag{8.128}$$

$$q_K\theta^{K} \leqslant 0 \tag{8.129}$$

式（8.127）意味着自由能ψ_0与θ^{K}无关。利用式（8.91），有

$$\frac{\partial\psi_0}{\partial X^{K}_{,\beta}}u^{\beta} = 0 \tag{8.130}$$

由于$t_{\alpha\beta} = t_{\beta\alpha}$，于是得到

$$t_{\alpha\beta} = -n_0\frac{\partial\psi_0}{\partial X^{K}_{,\gamma}}S_{\gamma(\alpha}X^{K}_{,\beta)} \tag{8.131}$$

一个各向异性热弹性固体的最一般的本构方程的形式必须满足洛伦兹不变性和非负熵产的要求。于是自由能函数ψ_0取如下形式：

$$\psi_0=\psi_0\left(\theta,\overset{-1}{C}{}^{KL}\right) \tag{8.132}$$

式中，

$$\overset{-1}{C}{}^{KL}=\gamma^{\alpha\beta}X^K{}_{,\alpha}X^L{}_{,\beta} \tag{8.133}$$

于是得到熵η_{00}和应力张量$t^{\alpha\beta}$用自由能函数ψ_0表示的本构方程：

$$\eta_{00}=-\frac{\partial\psi_0}{\partial\theta} \tag{8.134}$$

$$t_{\alpha\beta}=-2n_0X^K{}_{,\alpha}X^L{}_{,\beta}\frac{\partial\psi_0}{\partial\overset{-1}{C}{}^{KL}} \tag{8.135}$$

类似地，因为$\overset{-1}{C}{}^{KL}$是可逆的，所以本构方程也可以表示成C_{KL}的形式，于是有

$$\psi_0=\psi_0\left(\theta,C_{KL}\right) \tag{8.136}$$

式中，

$$C_{KL}=\gamma_{\alpha\beta}x^\alpha{}_Kx^\beta{}_L \tag{8.137}$$

于是得

$$t^{\alpha\beta}=2n_0x^\alpha{}_Kx^\beta{}_L\frac{\partial\psi_0}{\partial C_{KL}} \tag{8.138}$$

对各向同性材料，自由能函数ψ_0在所有正交变换群$\{Q\}$下是一个标量不变量函数。此时自由能是如下 3 个标量不变量的函数：

$$I_1=\mathrm{tr}\overset{-1}{\boldsymbol{C}}=\mathrm{tr}\boldsymbol{c} \tag{8.139}$$

$$I_2=\mathrm{tr}\left(\overset{-1}{\boldsymbol{C}}\right)^2=\mathrm{tr}\boldsymbol{c}^2 \tag{8.140}$$

$$I_3=\mathrm{tr}\left(\overset{-1}{\boldsymbol{C}}\right)^3=\mathrm{tr}\boldsymbol{c}^3 \tag{8.141}$$

此时，式（8.131）等效于

$$t^\alpha{}_\beta=-2n_0\frac{\partial\psi_0}{\partial c_{\alpha\gamma}}c_{\gamma\beta} \tag{8.142}$$

根据凯莱-哈密顿（Cayley-Hamilton）定理，有

$$\boldsymbol{c}^3=I_1\boldsymbol{c}^2-\frac{I_1^2-I_2}{2}\boldsymbol{c}+\frac{I_1^3+2I_3-3I_2I_1}{6}\boldsymbol{S} \tag{8.143}$$

最后得应力张量分量$t_{\alpha\beta}$为

$$t_{\alpha\beta}=-n_0\left(I_1^3+2I_3-3I_2I_1\right)\frac{\partial\psi_0}{\partial I_3}S_{\alpha\beta}-n_0\left[2\frac{\partial\psi_0}{\partial I_1}-3\left(I_1^2-I_2\right)\frac{\partial\psi_0}{\partial I_3}\right]c_{\alpha\beta}$$
$$-n_0\left(4\frac{\partial\psi_0}{\partial I_2}+6I_1\frac{\partial\psi_0}{\partial I_3}\right)c_{\alpha\gamma}c^{\gamma}{}_{\beta} \tag{8.144}$$

2. 热黏性流体

对具有热传导性质的黏性流体，可以采取如下一组合适的独立变量：

$$n_0;\quad \theta;\quad \overset{*}{\theta}_\beta;\quad \overset{*}{d}_{\alpha\beta};\quad u_\beta \tag{8.145}$$

和热弹性固体本构方程同样的推导过程，非极性流体热力学第二定律成为

$$-\frac{n_0}{\theta}\left(\frac{\partial\psi_0}{\partial\theta}+\eta_{00}\right)\mathrm{D}\theta-\frac{n_0}{\theta}\frac{\partial\psi_0}{\partial u_\beta}\mathrm{D}u_\beta-\frac{n_0}{\theta}\frac{\partial\psi_0}{\partial\overset{*}{\theta}_\beta}\mathrm{D}\overset{*}{\theta}_\beta-\frac{n_0}{\theta}\frac{\partial\psi_0}{\partial\overset{*}{d}_{\alpha\beta}}\mathrm{D}\overset{*}{d}_{\alpha\beta}$$
$$-\frac{q^\beta\overset{*}{\theta}_\beta}{\theta^2}+\frac{1}{\theta}\left(t^{\alpha\beta}+n_0^2\frac{\partial\psi_0}{\partial n_0}S^{\alpha\beta}\right)\overset{*}{d}_{\alpha\beta}\geqslant 0 \tag{8.146}$$

因此，式（8.146）成立的充分必要条件为

$$\eta_{00}=-\frac{\partial\psi_0}{\partial\theta} \tag{8.147}$$

$$\frac{\partial\psi_0}{\partial u_\beta}=0 \tag{8.148}$$

$$\frac{\partial\psi_0}{\partial\overset{*}{\theta}_\beta}=0 \tag{8.149}$$

$$\frac{\partial\psi_0}{\partial\overset{*}{d}_{\alpha\beta}}=0 \tag{8.150}$$

$$\frac{q^\beta\overset{*}{\theta}_\beta}{\theta^2}-{}_{\mathrm{D}}t^{\alpha\beta}\overset{*}{d}_{\alpha\beta}\leqslant 0 \tag{8.151}$$

式中，${}_{\mathrm{D}}\boldsymbol{t}$ 是耗散应力张量。

$${}_{\mathrm{D}}t^{\alpha\beta}=t^{\alpha\beta}+n_0^2\frac{\partial\psi_0}{\partial n_0}S^{\alpha\beta} \tag{8.152}$$

由上述内容可知，满足热力学第二定律以及洛伦兹不变性要求的热黏性流体的本构方程是自由能函数取如下形式：

$$\psi_0=\psi_0\left(\theta,n_0\right) \tag{8.153}$$

即它仅仅取决于温度和质点数两个变量。

于是熵和应力张量由以下本构方程给出

$$\eta_{00} = -\frac{\partial \psi_0}{\partial \theta} \tag{8.154}$$

$$\boldsymbol{t} = -n_0^2 \frac{\partial \psi_0}{\partial n_0} \boldsymbol{S} + {}_{\mathrm{D}}\boldsymbol{t} \tag{8.155}$$

式中，${}_{\mathrm{D}}\boldsymbol{t}$ 必须满足不等式（8.151）。

第 9 章　电磁固体相对论力学

与宇宙学中电磁流体的普遍存在和广泛研究不同，电磁固体的相对论研究则颇为困难且少有报道，但它却是更接近于我们的实际生活，同时也是有希望成为人类利用地球环境知识掌握宇宙重大事件（如引力波）的技术手段。本章内容以 Maugin（1972a，1972b，1978d，1978e）理论为基础，系统研究这方面的内容。

9.1　几 何 准 备

相对论事件的活动场所是时空。一个时空 $M=\left(V^4,g_{\alpha\beta}\right)$ 就是一个四维的微分流形，配备了一个标准的双曲黎曼度量 $g_{\alpha\beta}=g_{\beta\alpha}$。这样，在一般情况下时空 V^4 中距离平方单元给出的是

$$\mathrm{d}s^2=g_{\alpha\beta}\left(x^\lambda\right)\mathrm{d}x^\alpha\mathrm{d}x^\beta \tag{9.1}$$

式中，x^α 是 V^4 的一个局部坐标。

在狭义相对论中，有全局归约为

$$\mathrm{d}s^2=\eta_{\alpha\beta}\left(x^\lambda\right)\mathrm{d}x^\alpha\mathrm{d}x^\beta \tag{9.2}$$

式中，$\eta_{\alpha\beta}=\mathrm{diag}\left(+1,+1,+1,-1\right)$，它被称为平坦的闵可夫斯基时空 M^4。

在广义相对论中，时空是曲线流形 V^4，相同的归约虽也满足得很好，但仅仅是在每一个事件点局部。V^4 中所有可整流的曲线都可以与它们的弧长成比例地参数化。于是，固有时间 τ 被定义为

$$\left(\mathrm{d}\tau\right)^2=-c^{-2}g_{\alpha\beta}\left(x^\lambda\right)\mathrm{d}x^\alpha\mathrm{d}x^\beta \tag{9.3}$$

式中，τ 是参数化的质点的类时世界线的相关类时参数；c 是真空中的光速。类时四矢量 $\boldsymbol{V}$ 有性质 $g_{\alpha\beta}V^\alpha V^\beta<0$。在 V^4 中的类时质点 $\boldsymbol{X}$ 的世界线是

$$l\left(\boldsymbol{X},\tau\right):x^\alpha=X^\alpha\left(\boldsymbol{X},\tau\right) \tag{9.4}$$

它的切线，即点 $\boldsymbol{X}$ 的世界速度，定义为 $u^\alpha=\dfrac{\partial X^\alpha}{\partial\tau}$，是处处类时的，因为 $g_{\alpha\beta}u^\alpha u^\beta=-c^2$。

记 ∂_α（或,）是偏导数，∇_α（或;）是协变导数，$\mathrm{D}=u^\alpha\nabla_\alpha$ 是在方向 $u^\alpha \cdot a^\alpha=\mathrm{D}u^\alpha$ 上的不变量导数，$a^\alpha u_\alpha=0$ 是点 $\boldsymbol{X}$ 的四加速度。对在所有固有时间都有 $a^\alpha=0$ 的相对论运动被认为是惯性运动。像四加速度这样的四矢量（它允许世界速度为零矢量）被认为是空间四矢量。如果 V^4 中点 $\boldsymbol{X}$ 的运动始终是惯性的，则在 V^4 中的世界线 $l(\boldsymbol{X},\tau)$ 是一条直线。固定在运动质点 $\boldsymbol{X}$ 上的坐标被称为固有坐标或共动坐标 $R_c(\boldsymbol{X})$。一个质点的静止坐标则是质点（三维）速度为零的坐标。

令 M^3 是一个三维流形，它用来描述一个连续介质，$X^K(K=1,2,3)$ 是 M^3 的一个局部坐标。一个连续介质物体 B 是 M^3 的一个开放区域；它的组分，即材料质点，是 $B\subset M^3$ 的点 $\boldsymbol{X}$。在牛顿力学中，M^3 是由一个参数（绝对牛顿时间 t）微分嵌入族和伽利略时空的。然而，由于通常情况下在广义相对论中 V^4 不具有一个像经典时间那样的概念，则在相对论连续介质力学中利用一个规范的微分投影 p（即 p：$T\to M^3$，V^4 的一个开域 T 到 M^3）描述在相对论连续介质力学 M^3 和 V^4 间存在的关系。$T[B;\ \boldsymbol{X}\in\boldsymbol{B}]$ 可以被认为是 V^4 的一个区域（一个管），它是被物体 B 在时空中随时间扫出的一个管状区域。我们有 $\boldsymbol{X}=p(\boldsymbol{x})$，这里 $\boldsymbol{x}$ 是 V^4 中由质点 $\boldsymbol{X}\in M^3$ 描述的一个可变化的事件。于是，我们可以写出

$$X^K=X^K\left(x^\alpha\right),\qquad \boldsymbol{x}\in l(\boldsymbol{X},\tau) \tag{9.5}$$

$$\tau=\tau\left(x^\alpha\right) \tag{9.6}$$

式中，τ 是 $\boldsymbol{X}$ 的固有时间。

p 的性质：任意点 $\boldsymbol{X}\in B\subset M^3$ 的逆像 $p^{-1}(\boldsymbol{X})\subset V^4$ 是 $\boldsymbol{X}$ 的类时世界线，即时空曲率。

$$x^\alpha=X^\alpha\left(X^K,\tau\right) \tag{9.7}$$

式中，X^K 和 τ 是独立的变量。因此

$$\mathrm{D}X^K=0 \tag{9.8}$$

式中，X^K 被认为或是拉格朗日坐标（流体情况），或是物质坐标（变形固体情况）。

正如第 2 章 2.8 节阐述的那样，投影 p 决定了矢量 $\boldsymbol{u}$ 的基本流，继而后者定义了投影算子 $P_{\alpha\beta}$ 的基本场。它作用一个正定度量张量在垂直于 u^α 的切向子空间上。在点 $\boldsymbol{x}\in l(\boldsymbol{X},\tau)$ 的投影算子 $P_{\alpha\beta}(\boldsymbol{x})$ 是

$$P_{\alpha\beta}(\boldsymbol{x})=g_{\alpha\beta}(\boldsymbol{x})+c^{-2}u_\alpha(\boldsymbol{x})u_\beta(\boldsymbol{x})=P_{\beta\alpha}(\boldsymbol{x}) \tag{9.9}$$

$$P_{\alpha\beta}P^{\beta\gamma}=P_\alpha{}^\gamma,\qquad P_{\alpha\beta}u^\beta=0,\qquad P^\alpha_\alpha=3 \tag{9.10}$$

这个算子的引进导致了空间与时间分解的观念。

9.2 基本动力学方程

在一个惯性坐标系下一个无旋运动时的相对论守恒律的基本的局部方程可以写成下列形式。

（1）质量守恒

$$\partial_\alpha \rho^\alpha = 0 \tag{9.11}$$

（2）能量-动量平衡

$$\partial_\beta {}_{\mathrm{m}}T^{\alpha\beta} = F^\alpha \tag{9.12}$$

（3）能量-动量矩平衡

$$\partial_\mu S^{\alpha\beta\mu} = x^{[\alpha}F^{\beta]} + L^{\alpha\beta} \tag{9.13}$$

式中，$x^{[\alpha}F^{\beta]} = x^\alpha F^\beta - x^\beta F^\alpha$。

（4）热力学第二定律

$$\partial_\alpha \eta^\alpha \geqslant 0 \tag{9.14}$$

式中，F^α 是一个四维力；$L^{\alpha\beta} = -L^{\beta\alpha}$ 是力偶。它们都包括了物质场和电磁场相互作用所产生的贡献。质量流 ρ^α、物体能量-动量张量分量 ${}_{\mathrm{m}}T^{\alpha\beta}$、总的（轨道加内禀）自旋张量分量 $S^{\alpha\beta\mu}$ 和四矢量分量熵流 η^α 有下面的分解式：

$$\rho^\alpha = \rho u^\alpha \tag{9.15}$$

$${}_{\mathrm{m}}T^{\alpha\beta} = \rho\left(1 + \frac{\epsilon}{c^2}\right)u^\alpha u^\beta + \frac{1}{c^2}u^\alpha Q^\beta + p^\alpha u^\beta - t^{\beta\alpha} \tag{9.16}$$

$$S^{\alpha\beta\mu} = x^{[\alpha}{}_{\mathrm{m}}T^{\beta]\mu} + s^{\alpha\beta\mu} = -S^{\beta\alpha\mu} \tag{9.17}$$

$$\eta^\alpha = \rho\eta u^\alpha + N^\alpha \tag{9.18}$$

式中，ρ 是固有质量密度，它和质点的数量密度 n 的关系为 $\rho = nm_0$，m_0 是每个粒子的平均静质量；ϵ 是内能密度，代表静止能量的贡献因子；$t^{\beta\alpha}$ 是空间相对论应力张量分量；p^α 是非机械动量空间四矢量分量。总的四动量是

$$P^\alpha = \rho\left(1 + \frac{\epsilon}{c^2}\right)u^\alpha + p^\alpha \tag{9.19}$$

很明显，它不是与世界速度共线的，除非 $p^\alpha = 0$。空间四矢量 $\boldsymbol{Q}$ 是能量四流，它包含空间热流四矢量 $\boldsymbol{q}$，以便在一个惯性坐标下混合分量 ${}_{\mathrm{m}}T^{4j}$ 至少包含经典表达式 $q^j - t^{ji}v_i + \rho\epsilon v^j$。这样，它可以写为

$$Q^\beta = q^\beta + \hat{Q}^\beta \tag{9.20}$$

这里，空间四矢量 $\hat{\boldsymbol{Q}}$ 待选定。

旋转张量分量 $s^{\alpha\beta\mu}=-s^{\beta\alpha\mu}$ 可以分解为

$$s^{\alpha\beta\mu}=\frac{1}{2}\rho S^{\alpha\beta}u^{\mu}-M^{\alpha\beta\mu} \tag{9.21}$$

式中，

$$S^{\alpha\beta}=-S^{\beta\alpha}=-\frac{2}{\rho c^{2}}\left(s^{\alpha\beta\mu}u_{\mu}\right)_{\perp} \tag{9.22}$$

$$M^{\alpha\beta\mu}=-M^{\beta\alpha\mu}=\left(s^{\alpha\beta\mu}\right)_{\perp} \tag{9.23}$$

它们分别是空间内禀旋转张量和空间相对论耦合应力张量。忽略这些影响，则有

$$S^{\alpha\beta}=0\,,\qquad M^{\alpha\beta\mu}=0 \tag{9.24}$$

最后，η 是每单位固有质量熵，$\boldsymbol{N}$ 是空间熵流四矢量。根据经典热力学，有

$$N^{\alpha}=\frac{q^{\alpha}}{\theta} \tag{9.25}$$

式中，θ 是固有热力学温度。

$$\theta=\theta_{\text{lab}}\left(1-\frac{v^{2}}{c^{2}}\right)^{\frac{1}{2}} \tag{9.26}$$

式中，θ_{lab} 是实验室坐标下的温度；v 是物体三维空间的速度。

将方程（9.12）代入方程（9.13），并将空间导数用协变导数取代，就可以扩展到任意坐标，于是有下列一组局部守恒律：

$$\nabla_{\beta}\left(\rho u^{\beta}\right)=0 \tag{9.27}$$

$$\nabla_{\beta}\,{}_{\text{m}}T^{\alpha\beta}=F^{\alpha} \tag{9.28}$$

$$\nabla_{\mu}s^{\alpha\beta\mu}-{}_{\text{m}}T^{[\alpha\beta]}=L^{\alpha\beta} \tag{9.29}$$

$$\nabla_{\alpha}\eta^{\alpha}\geqslant 0 \tag{9.30}$$

如果方程（9.24）被满足，则方程（9.29）可以简化为

$${}_{\text{m}}T^{[\alpha\beta]}+L^{\alpha\beta}=0 \tag{9.31}$$

首先，假定式（9.24）在无旋运动分析中是有用的。这样式（9.27）～式（9.31）就形成了一组基本的局部协变守恒律。其次，假定 F^{α} 和 $L^{\alpha\beta}$ 仅仅来自电磁场的存在，并且表示为 ${}_{\text{M}}F^{\alpha}$ 和 ${}_{\text{M}}L^{\alpha\beta}$。这些几何目标允许像式（2.228）和式（2.232）那样的一般规范分解，即

$${}_{\text{M}}F^{\alpha}={}_{\text{M}}f^{\alpha}+\frac{1}{c^{2}}\,{}_{\text{M}}\overline{w}u^{\alpha} \tag{9.32}$$

$${}_{\text{M}}L^{\alpha\beta}={}_{\text{M}}L^{[\alpha}u^{\beta]}+{}_{\text{M}}C^{\alpha\beta} \tag{9.33}$$

式中，

$${}_{\text{M}}f^{\alpha}=\left({}_{\text{M}}F^{\alpha}\right)_{\perp}\,,\qquad {}_{\text{M}}\overline{w}=-{}_{\text{M}}F^{\alpha}u_{\alpha} \tag{9.34}$$

$$ {}_{\mathrm{M}}C^{\alpha\beta} = \left({}_{\mathrm{M}}L^{\alpha\beta}\right)_{\perp} = -{}_{\mathrm{M}}C^{\beta\alpha}, \qquad {}_{\mathrm{M}}L^{\alpha} = -\frac{2}{c^2}\,{}_{\mathrm{M}}L^{\alpha\beta}u_{\beta} \tag{9.35} $$

式中，${}_{\mathrm{M}}f^{\alpha}$ 和 ${}_{\mathrm{M}}C^{\alpha\beta}$ 是纯空间场；${}_{\mathrm{M}}\overline{w}$ 是物质中的电磁场产生的电磁功率。空间矢量分量 ${}_{\mathrm{M}}L^{\alpha}$ 有四动量的维度，它或是零或是非零取决于所考虑的情况。

沿着 u_{α} 投影式（9.28）和式（9.31）到 $M_{\perp}$，使用式（9.17）和不同的规范分解，我们得到四矢量形式的守恒律：

$$ \mathrm{D}\rho + \rho e^{\alpha}{}_{\alpha} = 0 \tag{9.36} $$

四动量局部平衡（欧拉-柯西运动方程）：

$$ \rho\left(1+\frac{\epsilon}{c^2}\right)\left(\mathrm{D}u^{\alpha}\right)_{\perp} + \rho\left[\mathrm{D}\left(\frac{p^{\alpha}}{\rho}\right)\right]_{\perp} = \left(\nabla_{\beta}t^{\beta\alpha}\right)_{\perp} + {}_{\mathrm{M}}f^{\alpha} - \frac{1}{c^2}Q^{\beta}e^{\alpha}{}_{\beta} \tag{9.37} $$

能量局部平衡：

$$ \rho\mathrm{D}\epsilon + \nabla_{\beta}Q^{\beta} + p^{\alpha}\mathrm{D}u_{\alpha} = t^{\beta\alpha}e_{\alpha\beta} + {}_{\mathrm{M}}\overline{w} \tag{9.38} $$

式中，$e_{\alpha\beta}$ 为由式（2.239）定义的相对论速度梯度。

动量矩局部平衡：

$$ t^{[\beta\alpha]} = {}_{\mathrm{M}}C^{\alpha\beta} \tag{9.39} $$

$$ p^{\alpha} = \frac{1}{c^2}Q^{\alpha} - {}_{\mathrm{M}}L^{\alpha} \tag{9.40} $$

熵局部平衡：

$$ \rho\mathrm{D}\eta + \nabla_{\beta}N^{\beta} \geqslant 0 \tag{9.41} $$

引进单位固有质量自由能 ψ，即

$$ \psi = \epsilon - \eta\theta \tag{9.42} $$

在式（9.38）和式（9.41）中消去 $\mathrm{D}\eta$，得到克劳修斯-杜哈姆不等式为

$$ -\rho\left(\mathrm{D}\psi + \eta\mathrm{D}\theta\right) + \theta\nabla_{\beta}\left(N^{\beta} - \frac{Q^{\beta}}{\theta}\right) + \theta Q^{\beta}\overset{\perp}{\nabla}_{\beta}\left(\frac{1}{\theta}\right) - p^{\alpha}\mathrm{D}u_{\alpha} + t^{\beta\alpha}e_{\alpha\beta} + {}_{\mathrm{M}}\overline{w} \geqslant 0 \tag{9.43} $$

考虑式（9.39）和式（9.40），以及分解式 $e_{\alpha\beta} = d_{\alpha\beta} + \omega_{\alpha\beta}$。假定 $\hat{Q}^{\beta} = 0$ 或 $Q^{\beta} = q^{\beta}$，并满足式（9.25），则式（9.43）成为

$$ -\rho\left(\mathrm{D}\psi + \eta\mathrm{D}\theta\right) - \frac{1}{\theta}q^{\alpha}\overset{*}{\theta}_{\alpha} + t^{(\beta\alpha)}d_{\alpha\beta} + \left({}_{\mathrm{M}}C^{\alpha\beta}\omega_{\alpha\beta} + {}_{\mathrm{M}}L^{\alpha}\mathrm{D}u_{\alpha} + {}_{\mathrm{M}}\overline{w}\right) \geqslant 0 \tag{9.44} $$

这里，我们引进了如下场：

$$ \overset{*}{\theta} = \overset{\perp}{\nabla}_{\alpha}\theta + \frac{1}{c^2}\theta a_{\alpha} \tag{9.45} $$

使用这个而不是 $\overset{\perp}{\nabla}_{\alpha}\theta$ 意味着考虑了在稳定的引力场中相应于恒定红移温度的热平衡，而不是恒定温度。

相同的考虑，我们可以重写式（9.37）和式（9.38）分别为

$$\rho\left(1+\frac{\epsilon}{c^2}\right)\left(\mathrm{D}u^\alpha\right)_\perp+\frac{1}{c^2}\left(\mathrm{D}_c q^\alpha+2q^\beta e^\alpha{}_\beta\right)=\left(\nabla_\beta t^{\beta\alpha}\right)_\perp+\left\{{}_\mathrm{M}f^\alpha+\left[\mathrm{D}\left(\frac{{}_\mathrm{M}L^\alpha}{\rho}\right)\right]_\perp\right\} \tag{9.46}$$

$$\rho\mathrm{D}\epsilon+\left(\overset{\perp}{\nabla}_\beta q^\beta+2\frac{1}{c^2}q^\beta a_\beta\right)_\perp=t^{\beta\alpha}d_{\alpha\beta}+\left\{{}_\mathrm{M}C^{\alpha\beta}\omega_{\alpha\beta}+{}_\mathrm{M}L^\alpha a_\alpha+{}_\mathrm{M}\bar{w}_\perp\right\} \tag{9.47}$$

后一个方程将提供控制热传播的方程。考虑式（9.36），有

$$\rho\mathrm{D}\left(\frac{q^\alpha}{\rho}\right)=\mathrm{D}q^\alpha+q^\alpha\left(\nabla_\beta u^\beta\right) \tag{9.48}$$

引进了对流时间导数，并标记为 D_c，则

$$\mathrm{D}_c q^\alpha=\left(\mathrm{L}_u q^\alpha\right)_\perp+q^\alpha\left(\nabla_\beta u^\beta\right) \tag{9.49}$$

其中对 $\boldsymbol{u}$ 的李导数为

$$\left(\mathrm{L}_{\boldsymbol{u}} q^\alpha\right)_\perp=\left(\mathrm{D}q^\alpha\right)_\perp-q^\beta\overset{\perp}{\nabla}_\beta u^\alpha \tag{9.50}$$

$${}_\mathrm{M}\hat{f}^\alpha={}_\mathrm{M}f^\alpha+\rho\left[\mathrm{D}\left(\frac{{}_\mathrm{M}L^\alpha}{\rho}\right)\right]_\perp \tag{9.51}$$

9.3　物体中麦克斯韦方程的协变形式

对电磁固体而言，前面的那些方程还要由麦克斯韦方程作为补充。

真空中的电磁能量-动量张量分量 ${}_\mathrm{M}T^{\alpha\beta}$ 满足下列方程：

$${}_\mathrm{M}F^\alpha=-\nabla_\beta\,{}_\mathrm{M}T^{\alpha\beta} \tag{9.52}$$

$${}_\mathrm{M}L^{\alpha\beta}={}_\mathrm{M}T^{[\alpha\beta]} \tag{9.53}$$

引进电位移-磁场强度张量，且 $G^{\alpha\beta}=-G^{\beta\alpha}$，即

$$G^{\alpha\beta}=F^{\alpha\beta}-\pi^{\alpha\beta} \tag{9.54}$$

式中，$F^{\alpha\beta}$ 为客观磁流张量分量；$\pi^{\alpha\beta}$ 为极化-磁化张量分量。

${}_\mathrm{M}T^{\alpha\beta}$ 可以写成

$${}_\mathrm{M}T^{\alpha\beta}=F^{\alpha\gamma}G^\beta_\gamma+\frac{1}{4}F_{\mu\nu}F^{\nu\mu}g^{\alpha\beta}+\frac{1}{c^2}u^\beta\left(F^{\alpha\gamma}\pi_{\gamma\varepsilon}-\pi^{\alpha\gamma}F_{\gamma\varepsilon}\right)u^\varepsilon-\frac{1}{c^4}u^\alpha u^\beta u^\gamma F_{\gamma\varepsilon}\pi^{\varepsilon\varsigma}u_\varsigma \tag{9.55}$$

式（9.52）、式（9.28）和式（9.31）显示，这些公式与标准广义相对论理论是相容的，因此我们能定义一个总的能量-动量张量分量 $T^{\alpha\beta}$，即

$$T^{\alpha\beta}={}_\mathrm{m}T^{\alpha\beta}+{}_\mathrm{M}T^{\alpha\beta} \tag{9.56}$$

$$\nabla_\beta T^{\alpha\beta}=0,\qquad T^{[\alpha\beta]}=0 \tag{9.57}$$

$G^{\alpha\beta}$ 可以分解为

$$G^{\alpha\beta}=\frac{1}{c}\left(u^{\alpha}D^{\beta}-u^{\beta}D^{\alpha}+\eta^{\alpha\beta\lambda\mu}H_{\lambda}u_{\mu}\right) \tag{9.58}$$

式中，$D^{\beta}=\varepsilon^{\beta}+p^{\beta}$，　$H_{\lambda}=B_{\lambda}-M_{\lambda}$ 分别是空间电位移和磁场强度四矢量分量。从式（9.55）我们可以得到 ${}_{\mathrm{M}}T^{\alpha\beta}$ 的规范化空间分量和时间分量为

$${}_{\mathrm{M}}T^{\alpha\beta}=\frac{1}{2}\left(\varepsilon^{2}+B^{2}\right)\frac{u^{\alpha}u^{\beta}}{c^{2}}+\frac{1}{c^{2}}\left(u^{\alpha}S^{\beta}+u^{\beta}S^{\alpha}\right)-{}_{\mathrm{M}}t^{\beta\alpha} \tag{9.59}$$

式中，S^{β} 和 ${}_{\mathrm{M}}T^{\alpha\beta}$ 分别是空间坡印廷（Poynting）四矢量分量和空间电磁应力张量分量。

$$S^{\beta}=c\left(\boldsymbol{\varepsilon}\cdot\boldsymbol{H}\right)^{\beta} \tag{9.60}$$

$${}_{\mathrm{M}}t^{\alpha\beta}=D^{\beta}\varepsilon^{\alpha}+B^{\beta}H^{\alpha}-\frac{1}{2}\left(\varepsilon^{2}+B^{2}-2\boldsymbol{M}\cdot\boldsymbol{B}\right)P^{\alpha\beta} \tag{9.61}$$

在时空物质管 T 任意事件点 $\boldsymbol{x}$ 处的麦克斯韦方程的协变形式通常是按照场 $F_{\alpha\beta}$、$G^{\alpha\beta}$ 和 J^{α} 给出的。磁流守恒和安培（Ampere）与高斯定律一起可以被写成如下时空方程的形式：

$$\nabla_{\beta}\hat{F}^{\alpha\beta}=0 \tag{9.62}$$

$$\nabla_{\beta}G^{\alpha\beta}=\frac{1}{c}J^{\alpha} \tag{9.63}$$

式中，$\hat{F}^{\alpha\beta}$ 是 $F_{\alpha\beta}$ 的对偶形式，即

$$\hat{F}^{\alpha\beta}=-\frac{1}{2}\eta^{\alpha\beta\mu\nu}F_{\mu\nu} \tag{9.64}$$

由式（9.64），方程（9.62）可以写成下面更一般的形式：

$$\nabla_{\gamma}F_{\alpha\beta}+\nabla_{\alpha}F_{\beta\gamma}+\nabla_{\beta}F_{\gamma\alpha}=0 \tag{9.65}$$

根据式（2.235）和四维排列符号代数，有

$$\hat{F}^{\alpha\beta}=\frac{1}{c}\left(B^{\alpha}u^{\beta}-B^{\beta}u^{\alpha}-\eta^{\alpha\beta\mu\nu}\varepsilon_{\gamma}u_{\delta}\right) \tag{9.66}$$

使用式(9.66)、式(9.58)和电流四矢量的规范分解式(9.78)，投影方程(9.62)和式（9.63）到 $M_{\perp}$，并沿着 u_{α} 方向。再使用式（2.243）、式（2.237）、式（2.241）和式（9.49）定义，可以得到麦克斯韦方程的协变形式，而且它的表达式非常接近经典三维形式。在代数运算后，得到如下结果。

（1）磁流守恒

$$\overset{\perp}{\nabla}_{\beta}B^{\beta}-\frac{2}{c}\omega^{\alpha}\varepsilon_{\alpha}=0 \tag{9.67}$$

（2）法拉第方程

$$\left[\left(\overset{\perp}{\nabla}+\frac{1}{c^{2}}\boldsymbol{a}\right)\cdot\boldsymbol{\varepsilon}\right]^{\alpha}+\frac{1}{c}\mathrm{D}_{c}B^{\alpha}=0 \tag{9.68}$$

（3）高斯方程

$$\overset{\perp}{\nabla}_{\alpha} D^{\alpha} + \frac{2}{c}\omega^{\alpha} H_{\alpha} = 0 \tag{9.69}$$

（4）安培方程

$$\left[\left(\overset{\perp}{\nabla} + \frac{1}{c^2}\boldsymbol{a}\right)\cdot \boldsymbol{H}\right]^{\alpha} - \frac{1}{c}\mathrm{D}_c D^{\alpha} = \frac{1}{c} g^{\alpha} \tag{9.70}$$

对式（9.63）采取协变导数，我们得到电荷守恒方程为

$$\nabla_{\alpha} J^{\alpha} = 0 \tag{9.71}$$

使用电流四矢量的规范分解式（9.78），它可以重写为

$$\left(\mathrm{D}_c q + \frac{1}{c^2} g^{\alpha} \mathrm{D} u_{\alpha}\right) + \overset{\perp}{\nabla}_{\alpha} g^{\alpha} = 0 \tag{9.72}$$

对一个无旋 $\omega^{\alpha} = 0$ 和惯性 $a^{\alpha} = 0$ 的相对论运动，式（9.67）～式（9.72）采取与物体中伽利略不变量形式的麦克斯韦方程三维方程相同的形式。

微分方程式（9.67）～式（9.72）当且仅当本构方程给定时，可以封闭求解。下节将给出克劳修斯-杜哈姆不等式，为这些本构方程的建立提供了必要的热动力学可容性条件。

9.4　电磁固体热力学基础

为了避免四维力 ${}_{\mathrm{M}}F^{\alpha}$ 和力偶 ${}_{\mathrm{M}}L^{\alpha\beta}$ 的完全随意的选择，de Groot 等（1972）考虑了一个微观相互作用模型。相对论运动的电磁物体可以被认为是一质点的稳定集群，记为 $k = 1,2,3,\cdots$。在它自己的静止坐标中，其电荷为 $\delta q^{(k)}$、世界速度为 $u^{(k)\alpha}$，并处在平直时空的位置点 $R^{(k)\beta}$，且受到了相对论不变量洛伦兹力 $\delta f^{(k)\alpha}$ 的作用。这个力是

$$\delta f^{(k)\alpha} = \frac{1}{c}\delta q^{(k)} f^{\alpha\beta}\left(\boldsymbol{R}^{(k)}\right)\mathrm{D}^{(k)} R_{\beta}^{(k)} \tag{9.73}$$

式中，$\mathrm{D}^{(k)} = u^{(k)\alpha}\partial_{\alpha}$；$f_{\alpha\beta} = -f_{\beta\alpha}$ 是在点 $\boldsymbol{R}^{(k)}$ 处计算的微观磁流张量。de Groot（1972）等通过对控制单独质点 $k = 1,2,3,\cdots$ 的相对论运动方程执行一个洛伦兹不变量变换，且通过空间平均处理解决了式（9.73）的连续性问题，最终能够得到作用在连续介质电磁物体上每单位体积 ${}_{\mathrm{M}}F^{\alpha}$ 和 ${}_{\mathrm{M}}L^{\alpha\beta}$ 的合理表达式，即

$$
{}_{\mathrm{M}}F^{\alpha}=\frac{1}{c}F^{\alpha\beta}J_{\beta}+\frac{1}{2}\pi_{\beta\gamma}g^{\alpha\mu}\nabla_{\mu}F^{\beta\gamma}-\frac{1}{c^{2}}\rho\mathrm{D}\left[\frac{1}{\rho}\left(F^{\alpha\beta}\pi_{\beta\gamma}-\pi^{\alpha\beta}F_{\beta\gamma}\right)u^{\gamma}\right]
$$

$$
+\frac{1}{c^{4}}\rho\mathrm{D}\left[\frac{1}{\rho}u^{\alpha}u^{\beta}F_{\beta\gamma}\pi^{\gamma\varepsilon}u_{\varepsilon}\right] \tag{9.74}
$$

$$
{}_{\mathrm{M}}L^{\alpha\beta}=\pi^{[\alpha}{}_{\mu}F^{\beta]\mu}+\frac{1}{c^{2}}u^{[\beta}\left(F^{\alpha]\gamma}\pi_{\gamma\varepsilon}-\pi^{\alpha]\gamma}F_{\gamma\varepsilon}\right)u^{\varepsilon} \tag{9.75}
$$

式中，J_{β}是电流四矢量分量；$F_{\alpha\beta}=-F_{\beta\alpha}$是宏观磁流张量分量；$\pi_{\alpha\beta}=-\pi_{\beta\alpha}$是极化-磁化张量分量。它们都有类似于式（2.232）的分解，即

$$
F_{\alpha\beta}=\frac{1}{c}\left(u_{\alpha}\varepsilon_{\beta}-u_{\beta}\varepsilon_{\alpha}+\eta_{\alpha\beta\mu\nu}B^{\mu}u^{\nu}\right) \tag{9.76}
$$

$$
\pi^{\alpha\beta}=\frac{1}{c}\left(p^{\alpha}u^{\beta}-p^{\beta}u^{\alpha}+\eta^{\alpha\beta\mu\nu}M_{\mu}u_{\nu}\right) \tag{9.77}
$$

式中，ε_{β}、B^{μ}、p^{α}、M_{μ}分别是空间电场、磁导率、极化率和磁化率四矢量分量。这些场都是在运动坐标中计算的。进一步，J_{β}允许一个类似于式（2.228）的分解，即

$$
J_{\beta}=g_{\beta}+qu_{\beta} \tag{9.78}
$$

式中，g_{β}是空间电流，或是导电四矢量；q是每单位固有体积自由电荷密度。

将式（9.76）～式（9.78）代入式（9.74）和式（9.75），经过繁长的推导，得到

$$
{}_{\mathrm{M}}f^{\alpha}=q\varepsilon^{\alpha}+\frac{1}{c}(\boldsymbol{g}\cdot\boldsymbol{B})^{\alpha}
$$

$$
+P^{\alpha\beta}\left[p^{\mu}\overset{\perp}{\nabla}_{\beta}\varepsilon_{\mu}+M^{\mu}\overset{\perp}{\nabla}_{\beta}B_{\mu}+{}_{\mathrm{M}}p^{\mu}\overset{\perp}{\nabla}_{\beta}u_{\mu}+\rho\mathrm{D}\left(\frac{{}_{\mathrm{M}}p_{\beta}}{\rho}\right)\right]
$$

$$
+\frac{1}{c^{2}}(\boldsymbol{\varepsilon}\cdot\boldsymbol{p})^{\alpha}\left(\mathrm{D}u^{\alpha}\right)_{\perp} \tag{9.79}
$$

$$
{}_{\mathrm{M}}\overline{w}=\rho\varepsilon_{\alpha}\mathrm{D}\pi^{\alpha}-M^{\alpha}\mathrm{D}B_{\alpha}+\boldsymbol{g}\cdot\boldsymbol{\varepsilon} \tag{9.80}
$$

$$
{}_{\mathrm{M}}C^{\alpha\beta}=p^{[\alpha}\varepsilon^{\beta]}+M^{[\alpha}B^{\beta]} \tag{9.81}
$$

式中，$\pi^{\alpha}=\dfrac{p^{\alpha}}{\rho}$。

$$
{}_{\mathrm{M}}p^{\alpha}=\frac{1}{c}(\boldsymbol{p}\cdot\boldsymbol{B}+\boldsymbol{\varepsilon}\cdot\boldsymbol{M})^{\alpha}, \qquad {}_{\mathrm{M}}p^{\alpha}u_{\alpha}=0 \tag{9.82}
$$

式（9.79）～式（9.81）计算过程中，用到了式（2.235）～式（2.237）、式（2.243）和式（2.244）。

定义协变对流时间导数D_{c}为

$$
\mathrm{D}_{c}A_{\alpha}=\left(\mathrm{L}_{\boldsymbol{u}}A_{\alpha}\right)_{\perp}+A_{\alpha}\nabla_{\beta}u^{\beta}=\left(\mathrm{D}A_{\alpha}\right)_{\perp}+A_{\beta}\overset{\perp}{\nabla}_{\alpha}u^{\beta}+A_{\alpha}\nabla_{\beta}u^{\beta} \tag{9.83}
$$

定义一个新的电磁功率 ${}_{\mathrm{M}}\tilde{w}$ 为

$$ {}_{\mathrm{M}}\tilde{w}=\boldsymbol{g}\cdot\boldsymbol{\varepsilon}-M^{\alpha}\mathrm{D}B_{\alpha}+p^{\alpha}\mathrm{D}\varepsilon_{\alpha}={}_{\mathrm{M}}\bar{w}-\rho\mathrm{D}\left(\varepsilon_{\alpha}\pi^{\alpha}\right) \tag{9.84}$$

一个新的内能 $\tilde{\epsilon}$ 为

$$\tilde{\epsilon}=\epsilon-\varepsilon_{\alpha}\pi^{\alpha} \tag{9.85}$$

一个新的自由能 $\tilde{\psi}$ 为

$$\tilde{\psi}=\tilde{\epsilon}-\eta\theta \tag{9.86}$$

有质动力 ${}_{\mathrm{M}}\tilde{f}^{\alpha}$ 为

$$\begin{aligned} {}_{\mathrm{M}}\tilde{f}^{\alpha}&=q\varepsilon^{\alpha}+\frac{1}{c}(\boldsymbol{g}\cdot\boldsymbol{B})^{\alpha}\\ &\quad+P^{\alpha\beta}\left[p^{\mu}\overset{\perp}{\nabla}_{\beta}\varepsilon_{\mu}+M^{\mu}\overset{\perp}{\nabla}_{\beta}B_{\mu}+\mathrm{D}_{c}\left({}_{\mathrm{M}}p_{\beta}\right)\right] \end{aligned}\tag{9.87}$$

根据式（9.83）和式（9.48），代入式（9.79）～式（9.81）进入式（9.46）、式（9.47）和式（9.44），并考虑式（9.84）～式（9.87），我们得到动量与能量局部平衡律为

$$\rho\left(1+\frac{\tilde{\epsilon}}{c^{2}}\right)\left(\mathrm{D}u^{\alpha}\right)_{\perp}+\frac{1}{c^{2}}\left(\mathrm{D}_{c}q^{\alpha}+2q^{\beta}e^{\alpha}_{\ \beta}\right)=\left(\nabla_{\beta}t^{\beta\alpha}\right)_{\perp}+{}_{\mathrm{M}}\tilde{f}^{\alpha} \tag{9.88}$$

$$\rho\mathrm{D}\,\tilde{\epsilon}+\left(\overset{\perp}{\nabla}_{\beta}q^{\beta}+2\frac{1}{c^{2}}q^{\beta}a_{\beta}\right)=t^{\beta\alpha}d_{\alpha\beta}+\left(p^{[\alpha}\varepsilon^{\beta]}+M^{[\alpha}B^{\beta]}\right)\omega_{\alpha\beta}+{}_{\mathrm{M}}\tilde{w} \tag{9.89}$$

克劳修斯-杜哈姆不等式成为

$$-\rho\left(\mathrm{D}\tilde{\psi}+\eta\mathrm{D}\theta\right)-\frac{1}{\theta}q^{\alpha}\overset{*}{\theta}_{\alpha}+t^{(\beta\alpha)}d_{\alpha\beta}+\left(p^{[\alpha}\varepsilon^{\beta]}+M^{[\alpha}B^{\beta]}\right)\omega_{\alpha\beta}+{}_{\mathrm{M}}\tilde{w}\geqslant 0 \tag{9.90}$$

方程（9.86）表示了内能和自由能之间的勒让德（Legendre）变换。

另一个可能的存在是

$$\hat{\psi}=\psi+\mu^{\alpha}B_{\alpha}=\tilde{\psi}+\varepsilon_{\alpha}\pi^{\alpha}+\mu^{\alpha}B_{\alpha} \tag{9.91}$$

式中，$\mu^{\alpha}=\dfrac{M^{\alpha}}{\rho}$。引进一个新的（对称的）空间应力张量 ${}_{\mathrm{E}}\boldsymbol{t}$。

$$ {}_{\mathrm{E}}t^{\beta\alpha}=t^{(\beta\alpha)}+\varepsilon^{(\alpha}p^{\beta)}+B^{(\alpha}M^{\beta)}={}_{\mathrm{E}}t^{\alpha\beta} \tag{9.92}$$

这样，有

$$t^{\beta\alpha}={}_{\mathrm{E}}t^{\beta\alpha}-p^{\beta}\varepsilon^{\alpha}+M^{\beta}B^{\alpha} \tag{9.93}$$

根据式（9.39）和式（9.81），并使用式（9.49）定义，可以重写式（9.90）如下：

$$-\rho\left(\mathrm{D}\tilde{\psi}+\eta\mathrm{D}\theta\right)+{}_{\mathrm{E}}t^{\beta\alpha}d_{\alpha\beta}+\boldsymbol{g}\cdot\boldsymbol{\varepsilon}+\varepsilon_{\alpha}\left(\mathrm{D}_{c}p^{\alpha}\right)+B_{\alpha}\left(\mathrm{D}_{c}M^{\alpha}\right)-\frac{1}{\theta}q^{\alpha}\overset{*}{\theta}_{\alpha}\geqslant 0 \tag{9.94}$$

类似地，定义另一个对称的空间应力张量 $\tilde{\boldsymbol{t}}$，即

$$\tilde{t}^{\beta\alpha}=t^{(\beta\alpha)}-\varepsilon^{(\alpha}p^{\beta)}-B^{(\beta}M^{\alpha)}+(\boldsymbol{\varepsilon}\cdot\boldsymbol{p}+\boldsymbol{B}\cdot\boldsymbol{M})P^{\alpha\beta}=\tilde{t}^{\alpha\beta} \tag{9.95}$$

这样，有

$$t^{\beta\alpha}=\tilde{t}^{\beta\alpha}+\varepsilon^{\beta}p^{\alpha}-B^{\beta}M^{\alpha}-(\boldsymbol{\varepsilon}\cdot\boldsymbol{p}+\boldsymbol{B}\cdot\boldsymbol{M})P^{\alpha\beta} \tag{9.96}$$

于是，不等式（9.90）变为

$$-\rho\left(\mathrm{D}\tilde{\psi}+\eta\mathrm{D}\theta\right)+\tilde{t}^{\beta\alpha}d_{\alpha\beta}-p_{\alpha}\left(\mathrm{D}_{c}\varepsilon^{\alpha}\right)-M_{\alpha}\left(\mathrm{D}_{c}B^{\alpha}\right)+\boldsymbol{g}\cdot\boldsymbol{\varepsilon}-\frac{1}{\theta}q^{\alpha}\overset{*}{\theta}_{\alpha}\geqslant 0 \tag{9.97}$$

如果我们采用连续介质热力学的当代观点，则不等式（9.94）或不等式（9.97）构成了一个对任意热力学过程都必须满足的约束。这个约束可以用来构建电磁固体本构方程，它是整个物理系统需要的封闭场方程。由于本构方程必须是客观的，因此在克劳修斯-杜哈姆不等式中影响本构函数的辅助因子也必须是客观的。这就要求 $d_{\alpha\beta}$、$\in$、$\overset{*}{\theta}_{\alpha}$ 和目标矢量场能够求逆变对流时间导数的情况。因此不等式（9.94）和不等式（9.97）是为本构理论准备的可以使用的形式，至于选择哪一个不等式取决于研究的问题。不等式（9.94）在研究弹性固体时较为方便，而不等式（9.97）在研究电磁固体时较为方便。

9.5　电磁固体本构方程

本节对一般的相对论电磁可变形物体，给出一个热力学本构理论模型。它涉及引力场、电场或磁场对变形物体的影响。

1. 非线性变形

连续介质的相对论运动通常是用一个正则可微投影 $p:T[B]\to M^3$，或是用世界线的时空参数化同余 $l:\boldsymbol{x}=\chi(\boldsymbol{X},\tau)$，$\boldsymbol{X}\in B$ 来帮助描述的。这里，$T[B]$ 是时空 V^4 的开管，它被物体 B（它的组成是材料质点 $\boldsymbol{X}$）扫过；M^3 是三维流形，它用来描述材料连续介质；B 是 M^3 的一个开放区域；τ 是 $\boldsymbol{X}$ 的固有时间。在局部坐标 $x^{\alpha}(\alpha=1,2,3)$ 和 $X^{K}(K=1,2,3)$ 中，这两个流形分别由背景度量 $g_{\alpha\beta}$ 和 G_{KL} 描述。于是，我们有

$$p:X^{K}=X^{K}\left(x^{\alpha}\right),\qquad \tau=\tau\left(x^{\alpha}\right) \tag{9.98}$$

$$l:x^{\alpha}=\chi^{\alpha}\left(X^{K},\tau\right) \tag{9.99}$$

不管是式（9.98）还是式（9.99）都假定是足够可微的，以便正、反相对论变形梯度都可以定义，即

$$x_K^\alpha = \left(\frac{\partial \chi^\alpha}{\partial X^K}\right)_\perp, \qquad x_K^\alpha u_\alpha = 0 \tag{9.100}$$

$$\partial_\alpha X^K = \frac{\partial X^K}{\partial x^\alpha}, \qquad u^\alpha \partial_\alpha X^K = 0 \tag{9.101}$$

式中，u^α 是点 $\boldsymbol{X}$ 的世界速度。正如第 2 章所示，符号 $(\cdot)_\perp$ 表示借助下列投影算子的空间投影，即

$$P_\beta^\alpha = \delta_\beta^\alpha + c^{-2} u^\alpha u_\beta \tag{9.102}$$

假定 $g^{\alpha\beta}$ 是 $g_{\alpha\beta}$ 的商，且是一个时空不变量，它由空间四矢量 $\partial_\alpha X^K$ 确定为

$$\overset{-1}{C}{}^{KL} = g^{\alpha\beta}\partial_\alpha X^K \partial_\beta X^L = P^{\alpha\beta}\partial_\alpha X^K \partial_\beta X^L = \overset{-1}{C}{}^{LK} \tag{9.103}$$

它给出了经典连续介质力学皮奥拉应变张量的相对论模拟。它的几何意义也是清楚的，即相对论皮奥拉应变张量是通过时空投影到同余式（9.99）的商的时空度量 $g^{\alpha\beta}$ 的反映。

从式（9.100）和式（9.101），有

$$\left(\partial_\beta X^K\right) x_K^\alpha = P_\beta^\alpha \tag{9.104}$$

$$x_L^\alpha \left(\partial_\alpha X^K\right) = \delta_L^K \tag{9.105}$$

于是，可能的构建柯西、拉格朗日、格林和欧拉应变张量的相对论逆形式有如下几种形式：

$$C_{KL} = g_{\alpha\beta} x_K^\alpha x_L^\beta = P_{\alpha\beta}\left(\partial_K x^\alpha\right)\left(\partial_L x^\beta\right) = C_{LK} \tag{9.106}$$

$$E_{KL} = \frac{1}{2}\left(C_{KL} - G_{KL}\right) = E_{LK} \tag{9.107}$$

$$c_{\alpha\beta} = G_{KL}\partial_\alpha X^K \partial_\beta X^L = c_{\beta\alpha} \tag{9.108}$$

$$\varepsilon_{\alpha\beta} = \frac{1}{2}\left(P_{\alpha\beta} - c_{\alpha\beta}\right) = \varepsilon_{\beta\alpha} \tag{9.109}$$

式中，$c_{\alpha\beta}$ 和 $\varepsilon_{\alpha\beta}$ 是空间对称张量。容易得出

$$\varepsilon_{\alpha\beta} = E_{KL}\partial_\alpha X^K \partial_\beta X^L \tag{9.110}$$

$$E_{KL} = \varepsilon_{\alpha\beta} x_K^\alpha x_L^\beta \tag{9.111}$$

令 $\rho_0\left(\boldsymbol{X}\right)$ 是点 $\boldsymbol{X} \in B \subset M^3$ 在某固有时刻 $\tau = \tau_0$ 的物质密度，有 $\mathrm{D}\rho_0\left(\boldsymbol{X}\right) = 0$，这里 $\mathrm{D} = u^\alpha \nabla_\alpha$。于是，固有质量的不变量相对论密度 ρ 可以定义为投影 p 后 ρ_0 的像，即

$$\rho\left(\boldsymbol{X},\tau\right) = \rho_0\left(\boldsymbol{X}\right) J^{-1}\left(\boldsymbol{X},\tau\right) \tag{9.112}$$

式中，J 是映射式（9.99）的雅可比行列式，有

$$J = \frac{1}{6c}\eta_{\alpha\beta\gamma\delta}\eta^{KLM} x_K^\alpha x_L^\beta x_M^\gamma u^\delta \tag{9.113}$$

2. 相对论变形率

定义

$$e_{\alpha\beta}=\left(\nabla_{\beta}u_{\alpha}\right)_{\perp} \tag{9.114}$$

$$d_{\alpha\beta}=e_{(\alpha\beta)} \tag{9.115}$$

它们分别为空间的相对论速度梯度和应变率张量。从式（9.101）、式（9.102）和式（9.113），容易得到

$$\left[\mathrm{D}\left(\partial_{\alpha}X^{K}\right)\right]_{\perp}=-e^{\beta}{}_{\alpha}\partial_{\beta}X^{K} \tag{9.116}$$

$$\left(\mathrm{D}x_{K}^{\alpha}\right)_{\perp}=-e^{\alpha}{}_{\lambda}x_{K}^{\lambda} \tag{9.117}$$

$$\mathrm{D}J=Jd^{\alpha}_{\ \alpha} \tag{9.118}$$

注意到$\mathrm{D}G_{KL}=0$，$\mathrm{D}\rho_0=0$。由式（9.106）、式（9.107）、式（9.104）和式（9.112），有

$$\mathrm{D}E_{KL}=x_{K}^{\alpha}d_{\alpha\beta}x_{L}^{\beta} \tag{9.119}$$

$$\mathrm{D}\overset{-1}{C}{}^{KL}=-2P^{\mu\alpha}d_{\alpha\beta}P^{\beta\nu}\left(\partial_{\mu}X^{K}\right)\left(\partial_{\nu}X^{L}\right) \tag{9.120}$$

$$\mathrm{D}\rho=-\rho d^{\alpha}_{\ \alpha}=-\rho P^{\alpha\beta}d_{\alpha\beta} \tag{9.121}$$

因此，考虑到的$P_{\alpha\beta}$、$c_{\alpha\beta}$和$\varepsilon_{\alpha\beta}$的定义以及相对于世界速度$\boldsymbol{u}$的李导数，有

$$d_{\alpha\beta}=\frac{1}{2}\left(\mathrm{L}_{\boldsymbol{u}}P_{\alpha\beta}\right)_{\perp} \tag{9.122}$$

$$\left(\mathrm{L}_{\boldsymbol{u}}c_{\alpha\beta}\right)_{\perp}=0 \tag{9.123}$$

$$\left(\mathrm{L}_{\boldsymbol{u}}\varepsilon_{\alpha\beta}\right)_{\perp}=d_{\alpha\beta} \tag{9.124}$$

式（9.123）和式（9.108）说明：$c_{\alpha\beta}$可以作为局部背景度量以测量时空中的应变（同样地，G_{KL}可以作为局部背景度量以测量M^3中的应变）。

3. 时空中的无限小变形

在时空中测量无限小变形的空间张量场可以考虑$\varepsilon_{\alpha\beta}$的无限小变分$\left(\delta\varepsilon_{\alpha\beta}\right)_{\perp}$而得到。这一变分既对时空度量变分，也考虑时空事件的变分。定义为

$$\left(\delta P_{\alpha\beta}\right)_{\perp}=\left(\delta g_{\alpha\beta}\right)_{\perp}=h_{\alpha\beta}=h_{\beta\alpha} \tag{9.125}$$

式中，$h_{\alpha\beta}$是时空度量的空间扰动。注意到

$$\left[\delta\left(\partial_{\alpha}X^{K}\right)\right]_{\perp}=-P^{\mu\lambda}\left(\partial_{\mu}X^{K}\right)\left(\nabla_{\alpha}\xi_{\lambda}\right)_{\perp} \tag{9.126}$$

式中，$\xi^{\lambda}=\delta x^{\lambda}$。由式（9.108），并考虑$G_{KL}$在变分过程中保持不变，则有

$$\left(\delta c_{\alpha\beta}\right)_{\perp}=-P^{\lambda\mu}\left[c_{\mu\beta}\left(\nabla_{\alpha}\xi_{\lambda}\right)_{\perp}+c_{\alpha\mu}\left(\nabla_{\beta}\xi_{\lambda}\right)_{\perp}\right] \tag{9.127}$$

再使用式（9.109）和式（9.125），变分$\left(\delta\varepsilon_{\alpha\beta}\right)_{\perp}$计算为

$$\left(\delta\varepsilon_{\alpha\beta}\right)_{\perp}=\frac{1}{2}\left\{h_{\alpha\beta}+P^{\lambda\mu}\left[\left(P_{\mu\beta}-2\varepsilon_{\mu\beta}\right)\left(\nabla_{\alpha}\xi_{\lambda}\right)_{\perp}+\left(P_{\alpha\mu}-2\varepsilon_{\alpha\mu}\right)\left(\nabla_{\beta}\xi_{\lambda}\right)_{\perp}\right]\right\} \tag{9.128}$$

通过丢弃$\varepsilon_{\mu\beta}$的贡献，可将式（9.128）右边线性化处理，于是得到空间无限小应变张量为

$$E_{\alpha\beta}=\frac{1}{2}\left[h_{\alpha\beta}+\left(\nabla_{\alpha}\xi_{\beta}+\nabla_{\beta}\xi_{\alpha}\right)_{\perp}\right]=E_{\beta\alpha} \tag{9.129}$$

很明显，$h_{\alpha\beta}$的贡献是纯粹的广义相对论效应。在狭义相对论中，则有

$$E_{\alpha\beta}=\left(\nabla_{(\alpha}\xi_{\beta)}\right)_{\perp}=\tilde{E}_{\beta\alpha} \tag{9.130}$$

这个表达式完全类似于经典连续介质力学的概念，其中ξ_{α}代表着无限小位移的角色。

同样，定义空间旋转张量为

$$\tilde{\Omega}_{\lambda\gamma}=-\left(\nabla_{[\gamma}\xi_{\lambda]}\right)_{\perp}=-\tilde{\Omega}_{\gamma\lambda} \tag{9.131}$$

使用$\left(\nabla_{\gamma}\xi_{\lambda}\right)_{\perp}$的对称与反对称分解，从式（9.129）可得

$$\left(\nabla_{\gamma}\xi_{\lambda}\right)_{\perp}=E_{\gamma\lambda}-\left(\frac{1}{2}h_{\lambda\gamma}+\tilde{\Omega}_{\lambda\gamma}\right) \tag{9.132}$$

4. 热弹性电磁绝缘体

相对论运动的电磁可变形固体的一般热动力学是由热力学第二定律的局部形式控制的，即克劳修斯-杜哈姆不等式：

$$-\rho\left(\mathrm{D}\hat{\psi}+\eta\mathrm{D}\theta\right)+{}_{\mathrm{E}}t^{\beta\alpha}d_{\alpha\beta}+g^{\alpha}\varepsilon_{\alpha}+\varepsilon_{\alpha}\left(\mathrm{D}_{c}p^{\alpha}\right)+B_{\alpha}\left(\mathrm{D}_{c}M^{\alpha}\right)-\frac{1}{\theta}q^{\alpha}\overset{*}{\theta}_{\alpha}\geqslant 0 \tag{9.133}$$

式中，$\hat{\psi}$是每单位固有（静）质量的自由能；η是每单位固有质量的熵密度；θ是固有热力学温度；g^{α}、ε_{α}、B_{α}、p^{α}、M^{α}分别是传导电流、电场、磁感应、极化和磁强度空间四矢量分量；q^{α}是空间热流四矢量分量；$\overset{*}{\theta}_{\alpha}$是相对论温度梯度；${}_{\mathrm{E}}t^{\beta\alpha}$是一个空间的且对称的应力张量部分，它与相对论柯西应力张量的关系为

$$t^{\beta\alpha}={}_{\mathrm{E}}t^{\beta\alpha}-p^{\beta}\varepsilon^{\alpha}-M^{\beta}B^{\alpha}\neq t^{\alpha\beta} \tag{9.134}$$

利用式（9.98）的投影，按照出现在方程（9.133）中空间张量场的顺序，在M^3上定义不同的场变量，即

$${}_{\mathrm{E}}T^{KL}=J\,{}_{\mathrm{E}}t^{\beta\alpha}\partial_{\beta}X^{K}\partial_{\alpha}X^{L}={}_{\mathrm{E}}T^{LK} \tag{9.135}$$

$$p^{K}=Jp^{\alpha}\partial_{\alpha}X^{K} \tag{9.136}$$

$$M^{K}=JM^{\alpha}\partial_{\alpha}X^{K} \tag{9.137}$$

$$g^K = Jg^\alpha \partial_\alpha X^K \tag{9.138}$$

$$Q^K = Jq^\alpha \partial_\alpha X^K \tag{9.139}$$

$$\varepsilon_K = \varepsilon_\alpha x_K^\alpha, \qquad B_K = B_\alpha x_K^\alpha, \qquad \Theta_K = \overset{*}{\theta}_\alpha x_K^\alpha \tag{9.140}$$

假定 A^α 是一个逆变的空间四矢量场，则有

$$A^K = JA^\alpha \left(\partial_\alpha X^K\right) = J\mathrm{D}_A X^K \tag{9.141}$$

式中，D_A 表示沿 $\boldsymbol{A}$ 方向的不变量导数。于是由式(9.116)～式(9.118)及式(9.49)定义的逆变对流时间导数 D_c，可以有

$$\mathrm{D}A^K = J\left(\mathrm{D}_c A^\alpha\right)\left(\partial_\alpha X^K\right) \tag{9.142}$$

利用式（9.135）～式（9.140）、式（9.112）、式（9.119）及式（9.142）等，可以将不等式（9.133）写为

$$-\rho_0\left(\mathrm{D}\hat{\psi} + \eta \mathrm{D}\theta\right) + {}_{\mathrm{E}}T^{KL}\mathrm{D}E_{KL} + g^K\varepsilon_K + \varepsilon_K\left(\mathrm{D}p^K\right) + B_K\left(\mathrm{D}M^K\right) - \frac{1}{\theta}Q^K\Theta_K \geqslant 0 \tag{9.143}$$

一个均质的热弹性电磁绝缘体要求 $g^K = 0$，并且它的本构方程有如下的先验函数依赖性：

$$\psi = \hat{\psi}\left(\partial_\alpha X^K, p^\alpha, M^\alpha, \theta, \overset{*}{\theta}_\alpha\right) \tag{9.144}$$

如果该式减少了函数依赖性，见下式，则自由能函数的洛伦兹不变性会同样满足。

$$\psi = \hat{\psi}\left(\overset{-1}{C}{}^{KL}, p^K, M^K, \theta, \Theta_K\right) \tag{9.145}$$

由式（9.107）、式（9.119）以及式（9.120）和 $\overset{-1}{C}{}^{KL} C_{LM} = \delta_M^K$，有

$$\mathrm{D}\overset{-1}{C}{}^{MN} = -2\overset{-1}{C}{}^{MK}\overset{-1}{C}{}^{NL}\mathrm{D}E_{KL} \tag{9.146}$$

可以根据式(9.146)从方程(9.145)中计算 $\mathrm{D}\hat{\psi}$，其结果正是不等式(9.143)。

假定方程（9.143）对任何独立的时间率 $\mathrm{D}\theta$、$\mathrm{D}E_{KL}$、$\mathrm{D}p^K$ 和 $\mathrm{D}M^K$ 都满足，注意到这些率变量不依赖于它们本身。正是由于式（9.145）的这个简化，并鉴于 Q^K 取决于 Θ_K，得到下列不变量本构方程：

$${}_{\mathrm{E}}T^{KL} = -2\rho_0 \frac{\partial \hat{\psi}}{\partial \overset{-1}{C}{}^{MN}} \overset{-1}{C}{}^{MK}\overset{-1}{C}{}^{NL} \tag{9.147}$$

$$\varepsilon_K = \rho_0 \frac{\partial \hat{\psi}}{\partial p^K}, \qquad B_K = \rho_0 \frac{\partial \hat{\psi}}{\partial M^K}, \qquad \eta = -\frac{\partial \hat{\psi}}{\partial \theta} \tag{9.148}$$

这时，ψ 的相关性已经降低为

$$\psi = \hat{\psi}\left(\overset{-1}{C}{}^{KL}, p^K, M^K, \theta\right) \tag{9.149}$$

Q^M 依然还是下列形式：

$$Q^M = \bar{Q}^M\left(\overset{-1}{C}{}^{KL}, p^K, M^K, \theta, \Theta_K\right) \tag{9.150}$$

它满足耗散不等式

$$\Phi = -\frac{1}{\theta} Q^M \Theta_M \geqslant 0 \tag{9.151}$$

这样，相应于这些结果的空间本构方程（9.147）和方程（9.148），可以通过方程（9.135）～方程（9.139），并使用式（9.134），具体得到

$$t^{\beta\alpha} = -\left(2\frac{\partial \bar{F}}{\partial \overset{-1}{C}{}^{KL}} P^{\beta\mu}\partial_\mu X^L + \frac{\partial \bar{F}}{\partial p^K} p^\beta + M^\beta \frac{\partial \bar{F}}{\partial M^K}\right) P^{\alpha\nu}\left(\partial_\nu X^K\right) \tag{9.152}$$

$$\varepsilon^\alpha = P^{\alpha\mu}\left(\partial_\mu X^K\right)\frac{\partial \bar{F}}{\partial p^K} \tag{9.153}$$

$$B^\alpha = P^{\alpha\mu}\left(\partial_\mu X^K\right)\frac{\partial \bar{F}}{\partial M^K} \tag{9.154}$$

$$\eta = -\frac{1}{\rho_0}\frac{\partial \bar{F}}{\partial \theta} \tag{9.155}$$

$$q^\alpha = \frac{1}{J} x_M^\alpha \bar{Q}^M\left(\overset{-1}{C}{}^{KL}, p^K, M^K, \theta, \Theta_K\right) \tag{9.156}$$

其中

$$\bar{F} = \rho_0 \bar{\psi} = \bar{F}\left(\overset{-1}{C}{}^{KL}, p^K, M^K, \theta, \rho_0\right) \tag{9.157}$$

一个在领域 $\Theta_M = 0$ 内 q^α 的线性近似可以产生一个如下的热流本构方程：

$$q^\alpha = -K^{\alpha\beta}\overset{*}{\theta}_\beta \tag{9.158}$$

式中，$K^{\alpha\beta}$ 为空间热导率张量。

$$K^{\alpha\beta} = -\frac{1}{J} x_M^\alpha x_L^\beta \bar{K}^{ML}\left(\overset{-1}{C}{}^{PQ}, p^Q, M^Q, \theta\right) \tag{9.159}$$

式（9.152）和式（9.153）～式（9.155）以及式（9.158）就是相对论形式的电磁固体非线性变形场本构方程。它们适用于有常规压力和温度作用的大变形、强电磁情况。这些方程考虑了非常广泛的非线性影响，如弹性、压电、压磁、热电、热磁、电致伸缩、磁致伸缩等。但是这组方程由于太一般化而难以实际应用，它的意义在于能够将这些影响包含在广义相对论的框架下。

9.6 压电固体相对论理论

压电固体是人类开发比较成熟的智能材料之一，广泛应用在各类工程物理领域。如果能够将压电理论相对论化，必将对宇宙学探测领域产生深远的影响。

本节是将 9.5 节一般化电磁固体理论在特殊情况下的简化，如非极化 $p^{\alpha}=0$、非磁化 $M^{\alpha}=0$、非耗散 $g^{\alpha}=q^{\alpha}=0$。同时，考虑非磁化、非耗散、无磁滞电介质，由方程（9.133）导出下列吉布斯（Gibbs）方程：

$$\rho \mathrm{D}\hat{\psi}=-\rho\eta \mathrm{D}\theta+{}_{\mathrm{E}}t^{\beta\alpha}d_{\alpha\beta}+\varepsilon_{\alpha}\left(\mathrm{D}_{c}p^{\alpha}\right) \tag{9.160}$$

为了靠近传统的压电形式，宜将式（9.160）的右边以 ε_{α} 作为独立的本构变量，而保持 ${}_{\mathrm{E}}t^{\beta\alpha}$ 作为 $d_{\alpha\beta}$ 的热力学对偶量。为此，记

$$\varepsilon_{\alpha}\left(\mathrm{D}_{c}p^{\alpha}\right)=\rho \mathrm{D}\left(\varepsilon_{\alpha}\pi^{\alpha}\right)-p^{\beta}\left(\mathrm{L}_{\boldsymbol{u}}\varepsilon_{\beta}\right)_{\perp} \tag{9.161}$$

式中，$\pi^{\alpha}=\dfrac{p^{\alpha}}{\rho}$；$\mathrm{L}_{\boldsymbol{u}}\varepsilon_{\beta}$ 是协变李导数。

$$\mathrm{L}_{\boldsymbol{u}}\varepsilon_{\beta}=\mathrm{D}\varepsilon_{\beta}+\varepsilon^{\lambda}\nabla_{\beta}u_{\lambda} \tag{9.162}$$

于是，由式（9.124）和下式的勒让德变换：

$$\bar{\psi}=\hat{\psi}-\varepsilon_{\alpha}\pi^{\alpha} \tag{9.163}$$

方程（9.160）成为

$$\rho \mathrm{D}\bar{\psi}=-\rho\eta \mathrm{D}\theta+{}_{\mathrm{E}}t^{\beta\alpha}\left(\mathrm{L}_{\boldsymbol{u}}\varepsilon_{\alpha\beta}\right)-p^{\beta}\left(\mathrm{L}_{\boldsymbol{u}}\varepsilon_{\beta}\right)_{\perp} \tag{9.164}$$

非磁化、非耗散压电固体的本构方程从下面势能导出：

$$\psi=\bar{\psi}\left(\varepsilon_{\alpha\beta},\varepsilon_{\alpha},\theta\right) \tag{9.165}$$

为了使用在狭义相对论，这个标量表达式必须是洛伦兹不变量。定义

$$\psi^{\alpha\beta}=\frac{\partial\bar{\psi}}{\partial\varepsilon_{\alpha\beta}} \tag{9.166}$$

$$\psi^{\alpha}=\frac{\partial\bar{\psi}}{\partial\varepsilon_{\alpha}} \tag{9.167}$$

势能函数 $\bar{\psi}$ 满足下列一阶线性偏微分方程：

$$2\psi^{\gamma[\alpha}\varepsilon_{\gamma}^{\beta]}+\psi^{[\alpha}\varepsilon^{\beta]}=0 \tag{9.168}$$

于是，由方程（9.165）可以求得

$$\mathrm{D}\bar{\psi}=\psi^{\alpha\beta}\left(\mathrm{D}\varepsilon_{\alpha\beta}\right)_{\perp}+\psi^{\alpha}\left(\mathrm{D}\varepsilon_{\alpha}\right)_{\perp}+\left(\frac{\partial\bar{\psi}}{\partial\theta}\right)\mathrm{D}\theta \tag{9.169}$$

考虑到式（9.165）的 $\varepsilon_{\alpha\beta}$ 具有对称性的事实，则

$$\left(\mathrm{D}\varepsilon_{\alpha\beta}\right)_{\perp}=\left(\mathrm{L}_{\boldsymbol{u}}\varepsilon_{\beta}\right)_{\perp}-2\varepsilon_{\lambda(\alpha}e^{\lambda}{}_{\beta)} \tag{9.170}$$

将$e_{\lambda\beta}$分解为对称与反对称部分，再使用方程（9.168），则方程（9.169）变换为

$$\mathrm{D}\bar{\psi}=\left[\psi^{\alpha(\beta}\left(P^{\alpha)}_{\lambda}-2\varepsilon^{\alpha)}_{\lambda}\right)-\psi^{(\beta}\varepsilon^{\alpha)}\right]\left(\mathrm{L}_{\boldsymbol{u}}\varepsilon_{\alpha\beta}\right)_{\perp}+\psi^{\alpha}\left(\mathrm{L}_{\boldsymbol{u}}\varepsilon_{\alpha}\right)_{\perp}+\left(\frac{\partial\bar{\psi}}{\partial\theta}\right)\mathrm{D}\theta \tag{9.171}$$

吉布斯方程（9.164）适用于任意的、独立的、不消失的、客观的时间率$\mathrm{D}\theta$、$\left(\mathrm{L}_{\boldsymbol{u}}\varepsilon_{\alpha\beta}\right)_{\perp}$和$\left(\mathrm{L}_{\boldsymbol{u}}\varepsilon_{\alpha}\right)_{\perp}$，于是导出如下本构方程：

$$_{\mathrm{E}}t^{\beta\alpha}={}_{\mathrm{E}}\hat{t}^{\beta\alpha}+p^{(\beta}\varepsilon^{\alpha)} \tag{9.172}$$

$$p^{\beta}=-\rho\psi^{\beta} \tag{9.173}$$

$$\eta=-\frac{\partial\bar{\psi}}{\partial\theta} \tag{9.174}$$

式中，

$$_{\mathrm{E}}\hat{t}^{\beta\alpha}=\rho\psi^{\lambda(\beta}\left(P^{\alpha)}_{\lambda}-2\varepsilon^{\alpha)}_{\lambda}\right)=\rho\left(\psi^{\lambda\beta}-2\psi^{\lambda(\alpha}\varepsilon^{\beta)}_{\lambda}\right)={}_{\mathrm{E}}\hat{t}^{\alpha\beta} \tag{9.175}$$

于是，方程（9.134）成为

$$t^{\beta\alpha}={}_{\mathrm{E}}\hat{t}^{\beta\alpha}-p^{[\beta}\varepsilon^{\alpha]} \tag{9.176}$$

采用这个方程两边的反对称部分，则有

$$t^{[\beta\alpha]}=p^{[\beta}\varepsilon^{\alpha]} \tag{9.177}$$

在$M^{\alpha}=0$的情况下，式（9.172）～式（9.176）是相对论连续介质压电固体理论的精确的非线性本构方程。然而，对人们感兴趣的大部分实际情况（比如引力波探测器），无限小应变、时空度量变化和电场必须要加以考虑。这样，则需要线性化的方程形式。为这种目的，我们必须考虑式（9.172）～式（9.176）关于初始定义的温度、应变、电场和引力场的无限小变化，即我们需要施加一个无限小变化在这些场中。

为此，我们考虑无限小变化$\left(\delta t^{\beta\alpha}\right)_{\perp}$、$\left(\delta p^{\beta}\right)_{\perp}$和$\delta\eta$产生的$\left(\delta\varepsilon_{\alpha\beta}\right)_{\perp}$、$\left(\delta\varepsilon_{\alpha}\right)_{\perp}$、$\left(\delta g_{\alpha\beta}\right)_{\perp}$和$\delta\theta$，注意到

$$\delta g^{\mu\nu}=-g^{\mu\alpha}g^{\nu\beta}\delta g_{\alpha\beta} \tag{9.178}$$

于是

$$\left(\delta g^{\mu\nu}\right)_{\perp}=-P^{\mu\alpha}P^{\nu\beta}h_{\alpha\beta} \tag{9.179}$$

考虑到方程（9.125），定义弹性系数张量分量$c_{\mathrm{E}}^{\beta\alpha\gamma\delta}$、压电系数张量分量$e^{\gamma\alpha\beta}$、热弹性系数张量分量$\Theta^{\beta\alpha}$、电极化率张量分量$\chi^{\alpha\beta}$、热电矢量分量$A^{\beta}$以及比热容$C$等的瞬时值分别为

$$c_{\mathrm{E}}^{\beta\alpha\gamma\delta}=\rho\left(\frac{\partial\psi^{\alpha\beta}}{\partial\varepsilon_{\gamma\delta}}\right)_{\perp}=\rho\left(\frac{\partial\psi^{\gamma\delta}}{\partial\varepsilon_{\alpha\beta}}\right)_{\perp} \tag{9.180}$$

$$e^{\gamma\alpha\beta}=-\rho\left(\frac{\partial\psi^{\alpha\beta}}{\partial\varepsilon_{\gamma}}\right)_{\perp}=-\rho\left(\frac{\partial\psi^{\gamma}}{\partial\varepsilon_{\alpha\beta}}\right)_{\perp} \tag{9.181}$$

$$\Theta^{\beta\alpha}=\rho\left(\frac{\partial\psi^{\alpha\beta}}{\partial\theta}\right)_{\perp}=-\rho\left(\frac{\partial\eta}{\partial\varepsilon_{\alpha\beta}}\right)_{\perp} \tag{9.182}$$

$$\chi^{\beta\alpha}=-\rho\left(\frac{\partial\psi^{\alpha}}{\partial\varepsilon_{\beta}}\right)_{\perp}=-\rho\left(\frac{\partial\psi_{\beta}}{\partial\varepsilon_{\alpha}}\right)_{\perp} \tag{9.183}$$

$$A^{\beta}=-\rho\left(\frac{\partial\psi^{\beta}}{\partial\theta}\right)_{\perp}=-\rho\left(\frac{\partial\eta}{\partial\varepsilon_{\beta}}\right)_{\perp} \tag{9.184}$$

$$C=-\theta\frac{\partial 2\overline{\psi}}{\partial\theta^{2}}=\theta\frac{\partial\eta}{\partial\theta} \tag{9.185}$$

注意到

$$\delta\rho=-\rho P^{\alpha\beta}\left(\delta\varepsilon_{\alpha\beta}\right)_{\perp} \tag{9.186}$$

在一些繁长但简单的计算后，可以得到下面的变化：

$$\begin{aligned}\left(\delta t^{\beta\alpha}\right)_{\perp}=&\left(c_{\mathrm{E}}^{\beta\alpha\gamma\delta}-e^{[\beta|\gamma\delta|}\varepsilon^{\alpha]}-2c_{E}^{\lambda(\alpha|\gamma\delta|}\varepsilon_{\lambda}^{\beta)}-2\psi^{\delta(\alpha}P^{\beta)\gamma}-t^{\beta\alpha}P^{\gamma\delta}\right)\left(\delta\varepsilon_{\gamma\delta}\right)_{\perp}\\&-\left(e^{\gamma\alpha\beta}+\chi^{\gamma[\beta}\varepsilon^{\alpha]}+p^{[\beta}P_{\gamma}^{\alpha]}+2e^{\gamma\lambda(\alpha}\varepsilon_{\lambda}^{\beta)}\right)\left(\delta\varepsilon_{\gamma}\right)_{\perp}\\&+\left(\Theta^{\beta\alpha}-2\Theta^{\lambda(\alpha}\varepsilon_{\lambda}^{\beta)}-A^{[\beta}\varepsilon^{\alpha]}\right)\delta\theta\\&+\left(2\varepsilon^{\mu}{}_{\lambda}\psi^{\lambda(\beta}P^{\alpha)\nu}+\varepsilon^{\mu}p^{[\beta}P^{\alpha]\nu}\right)h_{\mu\nu}\end{aligned} \tag{9.187}$$

$$\left(\delta p^{\beta}\right)_{\perp}=\left(e^{\beta\gamma\delta}-p^{\beta}P^{\gamma\delta}\right)\left(\delta\varepsilon_{\gamma\delta}\right)_{\perp}+\chi^{\beta\gamma}\left(\delta\varepsilon_{\gamma}\right)_{\perp}+A^{\beta}\delta\theta \tag{9.188}$$

$$\delta\eta=\frac{1}{\theta}C\delta\theta+\frac{1}{\rho}\left[A^{\gamma}\left(\delta\varepsilon_{\gamma}\right)_{\perp}-\Theta_{\gamma\delta}\left(\delta\varepsilon_{\gamma\delta}\right)_{\perp}\right] \tag{9.189}$$

根据式（9.180）～式（9.184）的对称的空间张量场定义，它们分别有 21、18、6、6 和 3 个独立的分量。

类似于方程（9.162），对无限小时空事件的变化 $\xi^{\lambda}=\delta x^{\lambda}$ 和电场 $E_{\gamma}=\left(E_{\gamma}\right)_{\perp}$ 自身的变化将会引起 $\left(\delta\varepsilon_{\gamma}\right)_{\perp}$，则有

$$\left(\delta\varepsilon_{\gamma}\right)_{\perp}=E_{\gamma}+\varepsilon^{\lambda}\left(\nabla_{\gamma}\xi_{\lambda}\right)_{\perp} \tag{9.190}$$

若用指标 (i) 表示应变、温度、电场和引力场的初始状态场，则下列方程描述了由式（9.187）～式（9.189）给出的无限小变化状态 $\left(\delta t^{\beta\alpha}\right)_{\perp}$、$\left(\delta p^{\beta}\right)_{\perp}$ 和 $\delta\eta$。

$$t^{\beta\alpha}=t_{(i)}^{\beta\alpha}+\left(\delta t^{\beta\alpha}\right)_{\perp} \tag{9.191}$$

$$p^{\beta}=p_{(i)}^{\beta}+\left(\delta p^{\beta}\right)_{\perp} \tag{9.192}$$

$$\eta=\eta_{(i)}+\delta\eta \tag{9.193}$$

其中，所有的从式（9.189）和式（9.190）得到的因子 $h_{\alpha\beta}$、$\left(\nabla_{\alpha}\xi_{\beta}\right)_{\perp}$、$E_{\gamma}$ 和 $\delta\theta$ 都必须在状态 (i) 计算。

因为有无限小应变和无限小电场施加在初始有限应变和电极化状态，所以对有初始应变和初始电场的情况，这些方程还可以被用来研究光弹性和光电效应。这样一个初始极化的存在也可以考虑铁电效应和热电效应。此外，式（9.187）～式（9.189）包含了时空度量的影响（即广义相对论效应）。于是，这些方程是适合用于研究无限小振幅入射引力波对压电试件的影响。这将产生与无限小电场 E_{γ} 耦合的无限小位移梯度 $\left(\nabla_{\alpha}\xi_{\beta}\right)_{\perp}$。

例如，考虑一个初始未变形的物体，$\left(\varepsilon_{\alpha\beta}\right)_{(i)}=0$，按照方程（9.109），也即 $P_{\alpha\beta(i)}=c_{\alpha\beta(i)}$，由式（9.192）和式（9.188），可得

$$p^{\beta}=p_{(i)}^{\beta}+\chi_{(i)}^{\beta\gamma}E_{\gamma}+\left(e_{(i)}^{\beta\gamma\delta}-p_{(i)}^{\beta}P_{(i)}^{\gamma\delta}+\chi_{(i)}^{\beta\gamma}\varepsilon_{(i)}^{\delta}\right)E_{\gamma\delta}-\chi_{(i)}^{\beta\gamma}\varepsilon_{(i)}^{\delta}\left(\frac{1}{2}h_{\delta\gamma}+\tilde{\Omega}_{\delta\gamma}\right)+A_{(i)}^{\beta}\delta\theta \tag{9.194}$$

考虑到式（9.129）、式（9.190）和式（9.132），对一个狭义相对论的等温变化，式（9.194）简化为

$$p^{\beta}=p_{(i)}^{\beta}+\chi_{(i)}^{\beta\gamma}E_{\gamma}+\left(e_{(i)}^{\beta\gamma\delta}-p_{(i)}^{\beta}P_{(i)}^{\gamma\delta}+\chi_{(i)}^{\beta\gamma}\varepsilon_{(i)}^{\delta}\right)\tilde{E}_{\gamma\delta}-\chi_{(i)}^{\beta[\gamma}\varepsilon_{(i)}^{\delta]}\tilde{\Omega}_{\delta\gamma} \tag{9.195}$$

这个方程显示：在有初始电场和极化场的情况下，不仅包含了无限小应变 $\tilde{E}_{\gamma\delta}$，而且也包含了无限小旋转 $\tilde{\Omega}_{\delta\gamma}$。同样，如果写出狭义相对论有初始应变、初始电场和初始极化场的式（9.191）完整表达式，将可以看到光弹性影响涉及旋转及剪切。

在研究使用压电仪器的引力波探测中，应充分考虑式（9.191）～式（9.193）式在无初始场以及等温过程下的近似。于是，考虑到式（9.187）和式（9.188），以及 ρ 是常数而没有一般性的损失的这一事实，可以得到了线性化的本构方程为

$$t^{\beta\alpha}=c_{\mathrm{E}}^{\beta\alpha\gamma\delta}E_{\gamma\delta}-e^{\gamma\alpha\beta}E_{\gamma}=t^{\alpha\beta} \tag{9.196}$$

$$D^{\beta}=e^{\beta\gamma\delta}\left(0\right)E_{\gamma\delta}+\varepsilon^{\beta\gamma}\left(0\right)E_{\gamma} \tag{9.197}$$

式中，$D^{\beta}=\varepsilon^{\beta}+p^{\beta}$。

$$c_{\mathrm{E}}^{\beta\alpha\gamma\delta}\left(0\right)=\left(\frac{\partial^{2}F}{\partial E_{\alpha\beta}\partial E_{\gamma\delta}}\right)_{\perp}^{(0)} \tag{9.198}$$

$$e^{\gamma\alpha\beta}\left(0\right)=-\left(\frac{\partial^{2}F}{\partial E_{\gamma}\partial E_{\alpha\beta}}\right)_{\perp}^{(0)} \tag{9.199}$$

$$\varepsilon^{\beta\gamma}\left(0\right)=P^{\beta\gamma}\left(0\right)-\left(\frac{\partial^{2}F}{\partial E_{\gamma}\partial E_{\beta}}\right)_{\perp}^{(0)} \tag{9.200}$$

式中，$F=\rho\psi$；(0)表示是在场$E_{\gamma\delta}$和E_{γ}为零值的情况下所计算出的相关张量系数。每单位固有体积的自由能F有二次型的表达式，即

$$F=\frac{1}{2}c_{\mathrm{E}}^{\beta\alpha\gamma\delta}(0)E_{\alpha\beta}E_{\gamma\delta}-\frac{1}{2}\chi^{\beta\alpha}(0)E_{\beta}E_{\alpha}-e^{\beta\gamma\delta}(0)E_{\beta}E_{\gamma\delta} \tag{9.201}$$

考虑到定义式（9.129）、式（9.196）和式（9.197）是以沃伊特形式表示的广义相对论的线性压电理论。在应用线性化方程式（9.196）和式（9.197）处理波传播问题时，相关材料系数张量要考虑成空间压电强化刚度张量，即$\overline{c}^{\beta\alpha\gamma\delta}$。如果$\boldsymbol{\lambda}(\lambda_{\alpha}u^{\alpha}=0)$是一个沿压电振动传播方向上的单位空间四矢量，则$\overline{c}^{\beta\alpha\gamma\delta}$可以被定义为

$$\overline{c}^{\beta\alpha\gamma\delta}=c_{\mathrm{E}}^{\beta\alpha\gamma\delta}(0)+\frac{\lambda_{\kappa}e^{\kappa\beta\alpha}(0)\lambda_{\sigma}e^{\sigma\gamma\delta}(0)}{\lambda_{\mu}\varepsilon^{\mu\nu}(0)\lambda_{\nu}} \tag{9.202}$$

很明显，这个张量与$c_{\mathrm{E}}^{\beta\alpha\gamma\delta}(0)$有相同的对称性。

9.7 高压磁弹性相对论理论

前面两节介绍的理论是基于时空背景度量$c_{\alpha\beta}$，或与M^3等效的G_{KL}有明确定义基础之上的。然而像中子星一类的星体中会出现一些特别的条件，如极端的高密度和压力。人们不可能用不破碎的方法放松这个晶状体结构达到零应力状态（前面几节内容采用的是一个放松的、理想的无应力状态）。这样，$c_{\alpha\beta}$或G_{KL}在这些条件下是不能定义的。当有强磁场需要考虑时，需要设计一个高压下的广义相对论磁弹性理论。然而，对任何不变体积的变形，都存在一个用$\overline{\psi}(\rho)$表示的最小自由能态。令$\hat{c}_{\alpha\beta}$是对应于这种状态的空间时空度量，于是类似方程（9.109），定义相对论欧拉应变张量为

$$\hat{\varepsilon}_{\alpha\beta}(\rho)=\frac{1}{2}\left[P_{\alpha\beta}-\hat{c}_{\alpha\beta}(\rho)\right] \tag{9.203}$$

这个变形产生的$\hat{c}_{\alpha\beta}(\rho)$是等容的（等体积），应变$\hat{\varepsilon}_{\alpha\beta}(\rho)$包含了剪切效应。

式（9.122）及式（9.36）也是满足的，即

$$\mathrm{D}\rho=-\rho P^{\alpha\beta}d_{\alpha\beta} \tag{9.204}$$

考虑在等温演化环境中的非极化、非耗散介质，即$p^{\alpha}=g^{\alpha}=q^{\alpha}=0$，$\mathrm{D}\theta=0$。于是，不等式（9.133）产生吉布斯方程为

$$\rho\mathrm{D}\psi={}_{\mathrm{E}}t^{\beta\alpha}d_{\alpha\beta}+B_{\alpha}\left(\mathrm{D}_{c}M^{\alpha}\right) \tag{9.205}$$

依据前文有关D_{c}的定义，则有

$$B_{\alpha}\left(\mathrm{D}_{c}M^{\alpha}\right)=B^{\alpha}\left(\mathrm{L}_{\boldsymbol{u}}M_{\alpha}\right)_{\perp}+B^{\gamma}M_{\gamma}\left(\nabla_{\beta}u^{\beta}\right)-2B^{(\alpha}M^{\beta)}d_{\alpha\beta} \tag{9.206}$$

于是，式（9.205）可以重写为

$$\rho \mathrm{D}\hat{\psi} = {}_{\mathrm{E}}\hat{t}^{\beta\alpha} d_{\alpha\beta} + B^{\alpha}\left(\mathrm{L}_{\boldsymbol{u}} M_{\alpha}\right)_{\perp} \tag{9.207}$$

式中，

$${}_{\mathrm{E}}\hat{t}^{\beta\alpha} = {}_{\mathrm{E}}t^{\beta\alpha} + B^{\gamma} M_{\gamma} P^{\alpha\beta} - 2B^{(\alpha} M^{\beta)} = {}_{\mathrm{E}}\hat{t}^{\alpha\beta} \tag{9.208}$$

从式（9.208）和式（9.134），可以得到相对论柯西应力张量为

$$t^{\beta\alpha} = {}_{\mathrm{E}}\hat{t}^{\beta\alpha} - B^{\gamma} M_{\gamma} P^{\alpha\beta} + B^{(\alpha} M^{\beta)} - M^{[\beta} B^{\alpha]} \tag{9.209}$$

于是能够很自然地假定，在一般情况下有

$$\hat{\psi} = \hat{\psi}\left(\rho, \hat{\varepsilon}_{\alpha\beta}, \hat{M}_{\alpha}\right) \tag{9.210}$$

分别定义场

$$\hat{\psi}_{\rho} = \frac{\partial \hat{\psi}}{\partial \rho} \tag{9.211}$$

$$\hat{\psi}^{\alpha\beta} = \frac{\partial \hat{\psi}}{\partial \hat{\varepsilon}_{\alpha\beta}} \tag{9.212}$$

$$\hat{\psi}^{\alpha} = \frac{\partial \hat{\psi}}{\partial \hat{M}_{\alpha}} \tag{9.213}$$

式中，$\hat{\psi}$ 的洛伦兹不变性要求 $\hat{\psi}^{\alpha\beta}$ 和 $\hat{\psi}^{\alpha}$ 是空间函数，且满足方程（9.168）的约束。若假定 $M_{\alpha} = M_{\alpha}(\rho)$，即磁偶极子依赖于固有密度（正如 $\hat{\varepsilon}_{\alpha\beta}$ 相同的方式），则可以定义：

$$\hat{\rho}_{\alpha\beta} = \left(\frac{\partial \hat{\varepsilon}_{\alpha\beta}}{\partial \rho}\right)_{\perp} = -\frac{1}{2}\left(\frac{\partial \hat{c}_{\alpha\beta}}{\partial \rho}\right)_{\perp} \tag{9.214}$$

$$\rho_{\alpha} = \left(\frac{\partial \hat{M}^{\alpha}}{\partial \rho}\right)_{\perp} \tag{9.215}$$

因此，有

$$\left(\mathrm{D}\hat{\varepsilon}_{\alpha\beta}\right)_{\perp} = \left(\mathrm{D}\hat{\varepsilon}_{\alpha\beta}\right)_{\perp}^{(\rho)} + \hat{\rho}_{\alpha\beta}\mathrm{D}\rho \tag{9.216}$$

$$\left(\mathrm{D}\hat{M}_{\alpha}\right)_{\perp} = \left(\mathrm{D}\hat{M}_{\alpha}\right)_{\perp}^{(\rho)} + \hat{\rho}_{\alpha}\mathrm{D}\theta \tag{9.217}$$

式中，(ρ) 表示该量的计算需要在常密度下进行。根据式（9.209）、式（9.203）和式（9.122），类似于式（9.170）的方程写为

$$\left(\mathrm{D}\hat{M}_{\alpha}\right)_{\perp}^{(\rho)} = \left(\mathrm{L}_{\boldsymbol{u}}\hat{M}_{\alpha}\right)_{\perp} - \hat{M}_{\beta} e^{\beta}{}_{\alpha} \tag{9.218}$$

$$\left(\mathrm{D}\hat{\varepsilon}_{\alpha\beta}\right)_{\perp}^{(\rho)} = d_{\alpha\beta} - 2\hat{\varepsilon}_{\lambda(\alpha} e^{\lambda}{}_{\beta)} \tag{9.219}$$

按照式（9.204）、式（9.211）～式（9.219）以及 $\hat{\psi}^{\alpha\beta}$ 和 $\hat{\psi}^{\alpha}$ 的洛伦兹不变性条件式（9.168）计算 $\mathrm{D}\hat{\psi}$，并将这些结果代入式（9.207），再假定对任意独立的时

间率 $d_{\alpha\beta}$ 和 $\left(\mathrm{L}_{\boldsymbol{u}}\hat{M}_{\alpha}\right)_{\perp}$ 都有效，可以导出下面的本构方程：

$$ {}_{\mathrm{E}}\hat{t}^{\beta\alpha}=-\hat{p}P^{\alpha\beta}+\rho\left(\hat{\psi}^{\alpha\beta}-2\hat{\psi}^{\lambda(\beta}\hat{\varepsilon}^{\alpha)}_{\lambda}\right)-\rho\hat{\psi}^{(\alpha}M^{\beta)} \tag{9.220}$$

$$B^{\alpha}=\rho\hat{\psi}^{\alpha} \tag{9.221}$$

式中，有效压力 $\hat{p}$ 定义为

$$\hat{p}=-\rho^{2}\left(\hat{\psi}_{\rho}+\hat{\psi}^{\alpha\beta}\hat{\rho}_{\alpha\beta}+\hat{\psi}^{\alpha\beta}\hat{\rho}_{\alpha}\right)+B^{\gamma}M_{\gamma} \tag{9.222}$$

于是，方程（9.209）提供的柯西应力为

$$t^{\beta\alpha}=-\hat{p}P^{\alpha\beta}+\rho\left(\hat{\psi}^{\beta\alpha}-2\hat{\psi}^{\lambda(\beta}\hat{\varepsilon}^{\alpha)}_{\lambda}\right)-M^{[\beta}B^{\alpha]} \tag{9.223}$$

式（9.221）和式（9.223）是高压下相对论磁弹性理论的精确的非线性本构方程。接近经典胡克近似的一个近似可以通过考虑下列形式的理想化状态方程而得到

$$\begin{aligned}\hat{\psi}=&\bar{\psi}(\rho)+\frac{1}{2}\hat{C}^{\beta\alpha\gamma\delta}(\rho)\hat{\varepsilon}_{\alpha\beta}(\rho)\hat{\varepsilon}_{\gamma\delta}(\rho)+\frac{1}{2}\hat{K}^{\beta\alpha}(\rho)\hat{M}_{\beta}(\rho)\hat{M}_{\alpha}(\rho)\\&+\hat{F}^{\gamma\beta\alpha}(\rho)\hat{M}_{\gamma}(\rho)\hat{\varepsilon}_{\beta\alpha}(\rho)\end{aligned} \tag{9.224}$$

由式（9.223）和式（9.221）得出

$$\begin{aligned}t^{\beta\alpha}=&-\hat{p}P^{\alpha\beta}+\left[\hat{c}_{\mathrm{E}}^{\beta\alpha\mu\nu}(\rho)-2\hat{c}^{\lambda(\beta|\mu\nu|}(\rho)\hat{\varepsilon}^{\alpha)}_{\lambda}(\rho)\right]\hat{\varepsilon}_{\mu\nu}(\rho)\\&+\left[\hat{f}^{\gamma\beta\alpha}(\rho)-2\hat{f}^{\gamma\lambda(\beta}(\rho)\hat{\varepsilon}^{\alpha)}_{\lambda}(\rho)-H^{[\alpha}P^{\beta]\gamma}\right]\hat{M}_{\gamma}(\rho)\end{aligned} \tag{9.225}$$

式中，

$$H^{\alpha}=\overset{-1}{\chi}{}^{\alpha\beta}(\rho)\hat{M}_{\beta}(\rho)+\hat{f}^{\alpha\gamma\delta}(\rho)\hat{\varepsilon}_{\gamma\delta}(\rho) \tag{9.226}$$

其余的空间张量，如：

$$\hat{c}_{\mathrm{E}}^{\beta\alpha\mu\nu}(\rho)=\rho\hat{C}^{\beta\alpha\mu\nu}(\rho) \tag{9.227}$$

$$\hat{f}^{\gamma\beta\alpha}(\rho)=\rho\hat{F}^{\gamma\beta\alpha}(\rho) \tag{9.228}$$

$$\overset{-1}{\chi}{}^{\alpha\beta}(\rho)=\rho\hat{K}^{\alpha\beta}(\rho)-P^{\alpha\beta} \tag{9.229}$$

可以分别被看成是弹性系数张量、压磁系数张量和反磁化率张量。凭借它们的空间性质、明显的对称性质以及 $\hat{\varepsilon}_{\alpha\beta}$ 仅有 5 个独立分量的事实，这些系数张量对一般材料对称性分别有 15、15 和 6 个独立的分量，再加上 $\bar{\psi}(\rho)$、$\hat{c}_{\alpha\beta}$ 和 $\hat{M}_{\beta}(\rho)$，一共有 45 个独立的关于 ρ 的标量函数。此外，如果要研究动力学问题，$\hat{c}_{\mathrm{E}}^{\beta\alpha\mu\nu}$、$\hat{f}^{\gamma\beta\alpha}$ 和 $\overset{-1}{\chi}{}^{\alpha\beta}$ 的时间演化方程也必须要构建，以便能够计算时间演化 $\left(\mathrm{L}_{\boldsymbol{u}}t^{\beta\alpha}\right)_{\perp}$ 和 $\left(\mathrm{L}_{\boldsymbol{u}}H^{\alpha}\right)_{\perp}$。

第 10 章　相对论超弹性物体的波传播

这一章，我们讨论 Grot（1968）基于 Grot 和 Eringen 理论给出的一个无限超弹性介质材料的波前传播问题的解。在这个问题中，忽略所有的黏性、电磁以及热传导影响。于是，这种情况下材料的本构方程仅仅是熵（温度）和变形梯度的函数，且其函数形式满足洛伦兹不变性和热力学第二定律的要求。

10.1 基本方程

如前所述，相对论连续介质物体的动力学方程为质点数守恒定律和能量-动量平衡定律，即

$$\mathrm{D}n_0 + n_0 u^{\alpha}{}_{,\alpha} = 0 \tag{10.1}$$

$$T^{\alpha\beta}{}_{;\beta} = 0 \tag{10.2}$$

式中，n_0 是在瞬时静止架构下 $\boldsymbol{X}$ 点处单位体积的质点数；u^{α} 是世界速度，即

$$u^{\alpha} = \left\{ \frac{v^k}{\sqrt{1-v^2}}, \frac{1}{\sqrt{1-v^2}} \right\} \tag{10.3}$$

$$u^{\alpha} u_{\alpha} = -1 \tag{10.4}$$

式中，速度 v^k 为

$$v^k = \frac{\partial x^k\left(X^K, x^4\right)}{\partial x^4} \tag{10.5}$$

符号 D 表示物质导数的相对论推广，即对任意张量 ϕ，有

$$\mathrm{D}\phi = u^{\alpha}\phi_{,\alpha} \tag{10.6}$$

$T^{\alpha\beta}$ 是能量-动量张量分量。对一个具有热传导性质的弹性材料，能量-动量张量分量 $T^{\alpha\beta}$ 可以写成

$$T^{\alpha\beta} = n_0 \in u^{\alpha} u^{\beta} - t^{\alpha\beta} \tag{10.7}$$

这里，能量 $\in$ 有如下形式：

$$\in = \in\left(\eta_{00}, \overset{-1}{C}{}^{KL}, X^K\right) \tag{10.8}$$

式中，η_{00} 是熵；$\overset{-1}{C}{}^{KL}$ 是格林变形梯度，即

$$\overset{-1}{C}{}^{KL}=\gamma^{\alpha\beta}X^{K}_{,\alpha}X^{L}_{,\beta} \tag{10.9}$$

由本构关系方程，应力张量分量$t^{\alpha\beta}$和温度θ为

$$t_{\alpha\beta}=-2n_0X^{K}_{,\alpha}X^{L}_{,\beta}\frac{\partial\in}{\partial\overset{-1}{C}{}^{KL}} \tag{10.10}$$

$$\frac{1}{\theta}=\frac{\partial\in}{\partial\eta_{00}} \tag{10.11}$$

10.2　超曲面波阵

时空中常规的超曲面$\mathbb{S}$是一个由下面参数方程定义局部的区域：

$$x^{\alpha}=\Phi^{\alpha}\left(u_0,u_1,u_2\right) \tag{10.12}$$

这个函数的导数连续性要求在超曲面上的每一个点的邻域中存在一个函数$\Sigma\left(x^{\alpha}\right)$，超曲面上的点$x^{\alpha}$满足方程：

$$\Sigma\left(x^{\alpha}\right)=0 \tag{10.13}$$

另外，在这个超曲面$\mathbb{S}$上的每一个点存在一个法线方向矢量$\boldsymbol{\xi}$，它正比于$\Sigma_{,\alpha}$。

通常存在三类超曲面，即类空的、类时的以及零值的。它取决于是否法线有类似的性质，即

$$\gamma^{\alpha\beta}\Sigma_{,\alpha}\Sigma_{,\beta}<0,\quad\text{类空超曲面} \tag{10.14}$$

$$\gamma^{\alpha\beta}\Sigma_{,\alpha}\Sigma_{,\beta}>0,\quad\text{类时超曲面} \tag{10.15}$$

$$\gamma^{\alpha\beta}\Sigma_{,\alpha}\Sigma_{,\beta}=0,\quad\text{零值超曲面} \tag{10.16}$$

这里，假定时空超曲面是类时的，即

$$\gamma^{\alpha\beta}\Sigma_{,\alpha}\Sigma_{,\beta}>0 \tag{10.17}$$

这个假定在物理上等效于假定$\mathbb{S}$代表了一个波阵面，它用小于光速的速度传播，这个波阵面的空间法线方向在该面的任一点都不会消失，即

$$\delta^{kl}\Sigma_{,k}\Sigma_{,l}\neq0 \tag{10.18}$$

如果在洛伦兹标架下$\delta^{kl}\Sigma_{,k}\Sigma_{,l}=0$，则该曲面就不是类时的。于是，我们可以在任意洛伦兹标架下的类时超曲面定义一个空间单位法向矢量，其分量为

$$v_i=\frac{\Sigma_{,i}}{\sqrt{\delta^{kl}\Sigma_{,k}\Sigma_{,l}}} \tag{10.19}$$

以及这个超曲面相对于这个系统的法向速度：

$$G = \frac{-\Sigma_{,4}}{\sqrt{\delta^{kl}\Sigma_{,k}\Sigma_{,l}}} \tag{10.20}$$

于是，不等式（10.17）等效于：

$$\left(1-G^2\right)\delta^{kl}\Sigma_{,k}\Sigma_{,l} > 0 \tag{10.21}$$

$$G^2 < 1 \tag{10.22}$$

四维时空的超曲面单位法向矢量分量定义为

$$N_\gamma = \frac{\Sigma_{,\gamma}}{\sqrt{\delta^{\alpha\beta}\Sigma_{,\alpha}\Sigma_{,\beta}}} \tag{10.23}$$

$$N^\alpha N_\alpha = 1 \tag{10.24}$$

若用空间法向矢量分量 v_i 和法向速度 G 表示，则 N_α 的分量为

$$N_i = \frac{v_i}{\sqrt{1-G^2}} \tag{10.25}$$

$$N_4 = \frac{G}{\sqrt{1-G^2}} \tag{10.26}$$

为方便起见，可以把 N_α 也分解为垂直于 u_α 和平行于 u_α 的类空分量和类时分量，即

$$\overset{*}{N}_\alpha = S^\beta_{\ \alpha} N_\beta \tag{10.27}$$

$$S_{\alpha\beta} = \gamma_{\alpha\beta} + u_\alpha u_\beta \tag{10.28}$$

$$\overset{*}{N}_\alpha u^\alpha = 0 \tag{10.29}$$

$$N_0 = -N_\alpha u^\alpha \tag{10.30}$$

因此，N_α 可以表示为

$$N_\alpha = \overset{*}{N}_\alpha + N_0 u_\alpha \tag{10.31}$$

利用式（10.24），有

$$\overset{*}{N}_\alpha \overset{*}{N}{}^\alpha = 1 + N_0^2 \tag{10.32}$$

由此容易得到

$$N_0 = \frac{G - v^i v_i}{\sqrt{\left(1-v^2\right)\left(1-G^2\right)}} \tag{10.33}$$

定义物体局部瞬时静止标架下的超曲面 $\mathcal{S}$ 的法向速度（即波速）G_0 为

$$G_0 = \frac{N_0}{\sqrt{\left(1+N_0^2\right)}} \tag{10.34}$$

引入以下的空间矢量也是有用的：

$$\overset{*}{v}^{\alpha} = \frac{\overset{*}{N}^{\alpha}}{\sqrt{\left(1+N_0^2\right)}} \tag{10.35}$$

它满足

$$\gamma_{\alpha\beta}\overset{*}{v}^{\alpha}\overset{*}{v}^{\beta} = 1 \tag{10.36}$$

在局部瞬时静止标架下 $\overset{*}{v}^{\alpha} = \left(v^i, 0\right)$。

如果 $\mathbb{S}$ 是一个超曲面，穿过它的某一物理量 ϕ 必定产生某种不连续。该物理量的跳跃将表示为

$$\left[\left|\phi\right|\right] = \phi^{+} - \phi^{-} \tag{10.37}$$

式中，ϕ^{+} 是超曲面 $\mathbb{S}$ 正边 ϕ 的值；ϕ^{-} 是超曲面 $\mathbb{S}$ 负边 ϕ 的值；$\left[\left|\phi\right|\right]$ 是曲面坐标 u_0、u_1、u_2 的函数。如果穿过超曲面 ϕ 是连续的，而 $\phi_{,\alpha}$ 是不连续的，则有

$$\left[\left|\phi_{,\alpha}\right|\right] = \lambda N_{\alpha} \tag{10.38}$$

式中，λ 是曲面坐标的一个函数。如果穿过超曲面 ϕ 和 $\phi_{,\alpha}$ 都是连续的，则 $\phi_{,\alpha\beta}$ 将会有一个跳跃，相容条件是

$$\left[\left|\phi_{,\alpha\beta}\right|\right] = \mu N_{\alpha} N_{\beta} \tag{10.39}$$

式中，μ 是曲面坐标的一个函数。

式（10.38）和式（10.39）常被用于弹性材料相对论理论中确定波的速度。

10.3 波阵面方程

在相对论连续介质力学中，有限弹性体中传播的波也会像经典连续介质力学一样常常被认为是一种奇异面。因此，用投影算子 $S^{\gamma}{}_{\alpha}$ 和世界速度 u_{α} 乘以方程（10.2），系统平衡定律可以重新写成

$$\mathrm{D}n_0 + n_0 u^{\alpha}{}_{,\alpha} = 0 \tag{10.40}$$

$$n_0 \in \mathrm{D}u^{\alpha} - S^{\alpha}{}_{\gamma} t^{\gamma\beta}{}_{,\beta} = 0 \tag{10.41}$$

$$n_0 \frac{\partial \in}{\partial \eta_{00}} \mathrm{D}\eta_{00} = 0 \tag{10.42}$$

式中，$t^{\alpha\beta}$ 由式（10.10）给定。

质点数守恒式（10.40），可以积分得

$$n_0 = n_0^0 J \tag{10.43}$$

式中，$n_0^0 = n_0^0\left(X^K\right)$是未变形物体的质点数；$J$是物体变形前后体积改变的雅可比系数，即

$$J = \frac{1}{6} \in^{\alpha\beta\gamma\delta} \varepsilon_{KLM} X^K_{,\alpha} X^L_{,\beta} X^M_{,\gamma} u_\delta \tag{10.44}$$

利用式（10.44），并注意到$u^\alpha u_{\alpha,\beta} = 0$，则式（10.43）成为

$$n_{0,\beta} = n_0 X^K_{,\alpha\beta} x^\alpha_{\ K} + n^0_{0,K} X^K_{,\beta} J \tag{10.45}$$

式中，$x^\alpha_{\ K} = S^\alpha_{\ k} x^k_{\ ,K}$是一个四矢量分量，它满足

$$X^K_{,\beta} x^\alpha_{\ K} = S^\alpha_{\ \beta} \tag{10.46}$$

$$X^K_{,\beta} x^\beta_{\ L} = \delta^K_L \tag{10.47}$$

最后，将式（10.10）代入方程（10.41），并使用式（10.44），则系统平衡方程式（10.40）、式（10.41）和式（10.42）可以缩减为

$$\begin{aligned} & n_0 \in \mathrm{D}u^\alpha + x^\alpha_{\ K} Q_L^{\ K\gamma\delta} X^L_{\ ,\gamma\delta} + 2x^\alpha_{\ K} n^0_{0,M} J \overset{-1}{C}{}^{ML} \overset{-1}{C}{}^{KN} \frac{\partial \in}{\partial \overset{-1}{C}{}^{NL}} \\ & + 2x^\alpha_{\ K} n_0 \overset{-1}{C}{}^{KM} \overset{-1}{C}{}^{NR} \frac{\partial^2 \in}{\partial \overset{-1}{C}{}^{MN} \partial X^R} - S^\alpha_{\ \gamma} \frac{\partial t^{\gamma\beta}}{\partial \eta_{00}} \eta_{00,\beta} = 0 \end{aligned} \tag{10.48}$$

$$\frac{n_0}{\theta} \mathrm{D}\eta_{00} = 0 \tag{10.49}$$

式中，张量分量$Q^K_{\ L\gamma\delta}$被定义为

$$\begin{aligned} Q^K_{\ L\gamma\delta} = {} & 2n_0 \left\{ \overset{-1}{C}{}^{KM} C_{LR} \frac{\partial \in}{\partial \overset{-1}{C}{}^{MS}} + \frac{\partial \in}{\partial \overset{-1}{C}{}^{RL}} \delta^K_S + 2\overset{-1}{C}{}^{KN} \frac{\partial^2 \in}{\partial \overset{-1}{C}{}^{NS} \partial \overset{-1}{C}{}^{LR}} \right\} X^R_{\ ,\gamma} X^S_{\ \delta} \\ & + 2n_0 \overset{-1}{C}{}^{KN} \frac{\partial \in}{\partial \overset{-1}{C}{}^{NL}} \gamma_{\gamma\delta} \end{aligned} \tag{10.50}$$

柯西变形张量$\boldsymbol{C}$是$\overset{-1}{\boldsymbol{C}}$的逆，即

$$\overset{-1}{C}{}^{KM} C_{ML} = \delta^K_L \tag{10.51}$$

并且，它可以表示为

$$C_{KL} = \gamma_{\alpha\beta} x^\alpha_{\ K} x^\beta_{\ L} \tag{10.52}$$

从式（10.53）和式（10.47），可以推出式（10.54）：

$$u^\gamma X^K_{\ ,\gamma} = 0 \tag{10.53}$$

$$u^\alpha_{\ ,\beta} = u^\gamma x^\alpha_{\ K} X^K_{\ ,\gamma\beta} \tag{10.54}$$

这样，式（10.48）和式（10.49）可以写成为

$$\left(n_0 \in \delta^K_{\ L} u^\gamma u^\delta - Q_L^{\ K\gamma\delta}\right) X^L_{\ ,\gamma\delta} + X^K_{\ ,\gamma} \frac{\partial t^{\gamma\beta}}{\partial \eta_{00}} \eta_{00,\beta} - 2n^0_{0,M} J \overset{-1}{C}{}^{ML} \overset{-1}{C}{}^{KN} \frac{\partial \in}{\partial \overset{-1}{C}{}^{NL}}$$

$$-2n_0 \overset{-1}{C}{}^{KM} \overset{-1}{C}{}^{NR} \frac{\partial^2 \in}{\partial \overset{-1}{C}{}^{MN} \partial X^R} = 0 \tag{10.55}$$

$$\frac{n_0}{\theta} \mathrm{D} \eta_{00} = 0 \tag{10.56}$$

由于$\mathbb{S}$是一个超曲面，当穿过该超曲面时，上述方程的解会在某些导数下遇到不连续。实际上，超曲面$\mathbb{S}$把物质管$\mathfrak{A} = \left\{x^\alpha : x^k \in B_t, x^4 > 0\right\}$的时空域分为两部分，即$\mathfrak{A}^+$和$\mathfrak{A}^-$。穿过超曲面$\mathbb{S}$，$\eta_{00,\alpha}$和$X^K_{\ ,\alpha\beta}$将遭受一定的不连续，而$\eta_{00}$、$X^K$、$X^K_{\ ,\alpha}$则是连续的。于是在这些条件下，这些不连续必须满足相容性条件，即

$$\left[\left|\eta_{00,\alpha}\right|\right] = \varsigma N_\alpha \tag{10.57}$$

$$\left[\left|X^K_{\ ,\alpha\beta}\right|\right] = A^K N_\alpha N_\beta \tag{10.58}$$

式中，ς和A^K都是曲面变量u_0、u_1、u_2的连续函数。

平衡方程（10.55）和式（10.56）在域$\mathfrak{A}^+$和$\mathfrak{A}^-$都是有效的，因此将该方程从超曲面的负边表达式减去正边表达式，可以得到

$$\left[n_0 \in N_0^2 \delta^K_{\ L} - Q^K_{\ L}(\boldsymbol{N})\right] A^L + X^K_{\ ,\alpha} \frac{\partial t^{\alpha\beta}}{\partial \eta_{00}} \varsigma N_\beta = 0 \tag{10.59}$$

$$\frac{n_0}{\theta} \varsigma N_0 = 0 \tag{10.60}$$

式中

$$Q^K_{\ L}(\boldsymbol{N}) = Q^K_{\ L\gamma\delta} N^\gamma N^\delta$$

$$= 2n_0 \left(\overset{-1}{C}{}^{KN} \frac{\partial \in}{\partial \overset{-1}{C}{}^{NS}} C_{LR} + \frac{\partial \in}{\partial \overset{-1}{C}{}^{RL}} \delta^K_{\ S} + 2\overset{-1}{C}{}^{KN} \frac{\partial^2 \in}{\partial \overset{-1}{C}{}^{NS} \partial \overset{-1}{C}{}^{LR}} \right) N^R N^S + 2n_0 \overset{-1}{C}{}^{KN} \frac{\partial \in}{\partial \overset{-1}{C}{}^{NL}} \tag{10.61}$$

这里

$$N^K = X^K_{\ ,\alpha} N^\alpha \tag{10.62}$$

如果方程（10.60）中的$N_0 \neq 0$，由于$\dfrac{1}{\theta} \neq 0$，则$\varsigma = 0$。$N_0 = 0$意味着波振面的不连续伴随着物体运动，即超曲面$\mathbb{S}$就是物体表面，因此这种情况应该在研究中排除掉。于是可以假定$N_0 \neq 0$，这样从式（10.60）可得$\varsigma = 0$。

在这种情况下方程（10.59）缩减为

$$\left[n_0 \in N_0^2 \delta^K_{\ L} - Q^K_{\ L}(\boldsymbol{N})\right] A^L = 0 \tag{10.63}$$

这个方程组是关于 A^L 的线性齐次方程。因此它有非零解的充分必要条件是

$$\det\left[n_0 \in N_0^2 \delta^K{}_L - Q_L{}^K(\boldsymbol{N})\right]=0 \tag{10.64}$$

这组特征方程就是作为超曲面空间法向速度 v_i 的函数的 N_0^2（或 G^2）来进行求解的方程。然而，由式（10.25）和式（10.33）可知，$Q^K{}_L(\boldsymbol{N})$ 对固定的 v_i 则是 N_0^2（或 G^2）的函数。因此，可以将式（10.63）重新写成下列形式：

$$\left[\left(n_0 \in \delta^K{}_L + 2n_0 \overset{-1}{C}{}^{KN} \frac{\partial \in}{\partial \overset{-1}{C}{}^{NL}}\right) G_0^2 - Q^K{}_L(\boldsymbol{v})\right] A^L = 0 \tag{10.65}$$

式中，G_0 是由式（10.34）定义的从物体局部瞬时静止标架上看到的超曲面的法向速度。张量分量 $Q^K{}_L(\boldsymbol{v})$ 由式（10.61）决定，其中 N^K 被下列 v^K 取代：

$$v^K = X^K{}_{,\alpha} \overset{*}{v}{}^{\alpha} \tag{10.66}$$

这里 $\overset{*}{v}{}^{\alpha}$ 由（10.35）定义。

于是，对给定的 $\boldsymbol{v}$，G_0^2 可以通过下式来决定：

$$\det\left[\left(n_0 \in \delta^K{}_L + 2n_0 \overset{-1}{C}{}^{KN} \frac{\partial \in}{\partial \overset{-1}{C}{}^{NL}}\right) G_0^2 - Q^K{}_L(\boldsymbol{v})\right] = 0 \tag{10.67}$$

式（10.67）对任意给定的速度 $\boldsymbol{v}$ 是一个三阶方程，因此在每一个事件点 $\boldsymbol{x}$ 将会有三个波速解。

如果变量 $\overset{-1}{C}{}^{KL}$ 换成 C_{KL}，方程（10.65）可以写成如下等效的形式：

$$\left[\left(n_0 \in \delta^K{}_L + 2n_0 \frac{\partial \in}{\partial C_{KS}} C_{SL}\right) G_0^2 - Q^K{}_L(\boldsymbol{v})\right] A^L = 0 \tag{10.68}$$

这时，声学张量分量 $Q^K{}_L(\boldsymbol{v})$ 有如下的形式：

$$Q^K{}_L(\boldsymbol{v}) = 2n_0\left(2\frac{\partial^2 \in}{\partial C_{KS}\partial C_{MR}} C_{ML} x^\gamma{}_R x^\delta{}_S + \frac{\partial \in}{\partial C_{RS}} x^\gamma{}_R x^\delta{}_S \delta^K{}_L\right) \overset{*}{v}_\gamma \overset{*}{v}_\delta \tag{10.69}$$

从式（10.68）和式（10.69）可以看到，如果超曲面 $\mathbb{S}$ 传播进入一个未变形且无应力的物体状态（即 $C_{KL}=\delta_{KL}$，$\dfrac{\partial \in}{\partial C_{KL}}=0$，$x^i{}_K=\delta^i{}_K$，$x^4{}_K=0$，$n_0 \in = \rho$，$\rho$ 是未变形物体质量密度），则对于给定的 $\boldsymbol{v}$，G_0^2 的容许值是和经典无限弹性体的波速是相同的。

进一步，如果内能 $\in$ 是变量 $x^\alpha{}_K$ 的一个函数，则式（10.68）可以简化为

$$\left[Q^\alpha{}_\beta(\boldsymbol{v}) - G_0^2\left(n_0 \in S^\alpha{}_\beta - t^\alpha{}_\beta\right)\right] a^\beta = 0 \tag{10.70}$$

式中，

$$a^{\beta} = x^{\beta}_{\ K} A^{K} \tag{10.71}$$

$$Q_{\alpha\beta}(\boldsymbol{v}) = Q_{\beta\alpha}(\boldsymbol{v}) \tag{10.72}$$

$$Q_{\alpha\beta}(\boldsymbol{v}) = n_0 \frac{\partial^2 \in}{\partial x^{\alpha}_{\ R} \partial x^{\beta}_{\ S}} x^{\gamma}_{\ R} x^{\delta}_{\ S} \overset{*}{v}_{\gamma} \overset{*}{v}_{\delta} \tag{10.73}$$

$$t^{\alpha}_{\ \beta} = n_0 x^{\alpha}_{\ K} \frac{\partial \in}{\partial x^{\beta}_{\ K}} = 2 n_0 x^{\alpha}_{\ K} x_{\beta L} \frac{\partial \in}{\partial C_{KL}} \tag{10.74}$$

从上面的结果可以看到，在相对论理论和经典理论之间有非常明显的差异。在局部瞬时静止标架下，由于应力张量在第二项的出现，方程（10.70）显得与非相对论方程有些类似，但是没有经典理论中 a_1^{β} 和 a_2^{β} 是两个不同波速相对应的幅值且它们是正交的结论。

另外，相对论理论方程（10.70）还可能出现波速是否为正值的问题。从热力学理论考虑，内能应该是一个凸面函数，这意味着声学张量 $\boldsymbol{Q}$ 对类空矢量是半正定的。在经典理论中，它保证了波速是实数。但是在相对论理论中，由于存在 $\left(n_0 \in S_{\alpha\beta} - t_{\alpha\beta}\right)$ 项，故它不足以保证 G_0^2 是非负的。因此，对类空矢量，保证 G_0^2 非负的充分条件是

$$Q_{\alpha\beta} \geqslant 0 \tag{10.75}$$

$$n_0 \in S_{\alpha\beta} - t_{\alpha\beta} > 0 \tag{10.76}$$

在相对论理论中，任何信号都不能超过光速，这个又对本构方程中的内能函数 $\in\left(\eta_{00}, x^{\alpha}_{\ K}\right)$ 施加了进一步的限制。因此对类空矢量，满足 $G_0 < 1$ 限制的充分条件是

$$n_0 \in S_{\alpha\beta} - t_{\alpha\beta} - Q_{\alpha\beta} > 0 \tag{10.77}$$

10.4　各向同性举例

对各向同性物体，可以得到沿物体主应变方向传播的波速的显式表达式。各向同性物体的内能 $\in$ 是变量 η_{00}、J_1、J_2、J_3，这里 J_1、J_2、J_3 是应变不变量，即

$$J_1 = \mathrm{tr}\,\overset{-1}{\boldsymbol{c}} = \mathrm{tr}\boldsymbol{C} \tag{10.78}$$

$$J_2 = \mathrm{tr}\,\overset{-1}{\boldsymbol{c}}{}^2 = \mathrm{tr}\boldsymbol{C}^2 \tag{10.79}$$

$$J_3 = \mathrm{tr}\,\overset{-1}{\boldsymbol{c}}{}^3 = \mathrm{tr}\boldsymbol{C}^3 \tag{10.80}$$

并且

$$\overset{-1}{c}{}^{\alpha\beta} = \delta^{KL} x_K{}^{\alpha} x_L{}^{\beta} \tag{10.81}$$

根据式（10.74），应力张量$\boldsymbol{t}$有以下形式：

$$\boldsymbol{t} = \alpha_1 \boldsymbol{S} + \alpha_2 \overset{-1}{\boldsymbol{c}} + \alpha_3 \overset{-1}{\boldsymbol{c}}{}^2 \tag{10.82}$$

式中，

$$\alpha_1 = n_0 \left(J_1^3 + 2J_3 - 3J_2 J_1 \right) \frac{\partial \in}{\partial J_3} \tag{10.83}$$

$$\alpha_2 = 2n_0 \frac{\partial \in}{\partial J_1} - 3n_0 \left(J_1^2 - J_2 \right) \frac{\partial \in}{\partial J_3} \tag{10.84}$$

$$\alpha_3 = 4n_0 \frac{\partial \in}{\partial J_2} + 6n_0 J_1 \frac{\partial \in}{\partial J_3} \tag{10.85}$$

从这些关系，再经过一些繁长的代数推导后得

$$Q^{\alpha\beta}(\boldsymbol{v}) = 2S^{\alpha}{}_{\sigma} \frac{\partial t^{\sigma\delta}}{\partial \overset{-1}{c}_{\beta\varepsilon}} \overset{-1}{c}{}^{\gamma}{}_{\varepsilon} \overset{*}{v}_{\gamma} \overset{*}{v}_{\delta} \tag{10.86}$$

如果$\overset{*}{v}_{(1)}$是$\overset{-1}{\boldsymbol{c}}$的类空主方向，且有本征值$V_1^2$，即

$$\overset{-1}{c}{}^{\alpha}{}_{\beta} \overset{*}{v}{}^{\beta}_{(1)} = V_1^2 \overset{*}{v}{}^{\alpha}_{(1)} \tag{10.87}$$

则$Q^{\alpha\beta}\left(\overset{*}{\boldsymbol{v}}_{(1)}\right)$有以下的形式：

$$Q^{\alpha\beta}\left(\overset{*}{\boldsymbol{v}}_{(1)}\right) = V_1^2 \left\{ \left(\alpha_1 + V_1^2 \alpha_3 \right) S^{\alpha\beta} + \alpha_3 \overset{-1}{c}{}^{\alpha\beta} + 2 \overset{*}{v}{}^{\alpha}_{(1)} \overset{*}{v}{}^{\beta}_{(1)} \left[\frac{\alpha_2}{2} + V_1^2 \alpha_3 + \sum_{\omega=1}^{3} V_1^{2(\omega-1)} \left(\frac{\partial \alpha_\omega}{\partial J_1} + 2V_1^2 \frac{\partial \alpha_\omega}{\partial J_2} + 3V_1^4 \frac{\partial \alpha_\omega}{\partial J_3} \right) \right] \right\} \tag{10.88}$$

从式（10.82）和式（10.88）可以知道，$\overset{*}{\boldsymbol{v}}_{(1)}$是$Q^{\alpha\beta}\left(\overset{*}{\boldsymbol{v}}_{(1)}\right)$和$t^{\alpha\beta}$的第一个类空本征矢量。这样，从式（10.70）的一个解$a^{\beta} = \overset{*}{v}{}^{\beta}_{(1)}$，可以得到$G_0^2 = U_{11}^2$，而且：

$$\left(n_0 \in - t_1 \right) U_{11}^2 = 2V_1^2 \left[\alpha_2 + 2\alpha_3 V_1^2 + \sum_{\omega=1}^{3} V_1^{2(\omega-1)} \left(\frac{\partial \alpha_\omega}{\partial J_1} + 2V_1^2 \frac{\partial \alpha_\omega}{\partial J_2} + 3V_1^4 \frac{\partial \alpha_\omega}{\partial J_3} \right) \right] \tag{10.89}$$

式中，t_1是方向$\overset{*}{\boldsymbol{v}}_{(1)}$上的主应力。

$$t_1 = \alpha_1 + \alpha_2 V_1^2 + \alpha_3 V_1^4 \tag{10.90}$$

于是式（10.89）更为紧凑的形式为

$$\left(n_0 \in -t_1\right)U_{11}^2 = \frac{\partial t_1}{\partial \log V_1} \tag{10.91}$$

如果$\overset{*}{\boldsymbol{v}}_{(2)}$是$\overset{-1}{\boldsymbol{c}}$的第二个类空本征矢量，且有本征值$V_2^2 \neq V_1^2$，则容易得到

$$\gamma_{\alpha\beta}\overset{*}{v}{}_{(2)}^{\alpha}\overset{*}{v}{}_{(1)}^{\beta} = 0 \tag{10.92}$$

如果$V_2^2 = V_1^2$，则总会存在一个$\overset{*}{v}{}_{(2)}^{\beta}$满足式（10.92）。$\overset{*}{v}{}_{(2)}^{\beta}$也是$Q^{\alpha\beta}\left(\overset{*}{\boldsymbol{v}}_{(1)}\right)$和$t^{\alpha\beta}$的一个类空本征矢量，因此方程（10.70）有解$G_0^2 = U_{12}^2$，即

$$\left(n_0 \in -t_2\right)U_{12}^2 = V_1^2\left[\alpha_2 + \left(V_1^2 + V_2^2\right)\alpha_3\right] \tag{10.93}$$

式中，

$$t_2 = \alpha_1 + \alpha_2 V_2^2 + \alpha_3 V_2^4 \tag{10.94}$$

如果$V_2^2 \neq V_1^2$，方程（10.93）可以写成下列紧凑形式：

$$\frac{\left(n_0 \in -t_2\right)U_{12}^2}{V_1^2} = \frac{t_1 - t_2}{V_1^2 - V_2^2} \tag{10.95}$$

第三个波可以通过考虑$\overset{-1}{\boldsymbol{c}}$的第三个类空本征矢量$\overset{*}{\boldsymbol{v}}_{(3)}$而发现。这个波的波速$U_{13}^2$可以通过式（10.93）或式（10.95）式，并用t_3代替t_2、V_3代替V_2计算得到。

相对论波速方程（10.91）和方程（10.95）与无限弹性体经典波速值的基本差别是它们取决于变形状态的质量密度、应力t_1或者t_2，以及这些方程仅仅在局部瞬时静止架构下能够成立的限制条件。

对各向同性物体，内能$\in$也能被考虑成是主伸长V_1、V_2、V_3的函数。于是不难得到

$$t_1 = n_0 V_1 \frac{\partial \in}{\partial V_1} \tag{10.96}$$

$$\frac{\partial t_1}{\partial \log V_1} = n_0 V_1^2 \frac{\partial^2 \in}{\partial V_1^2} \tag{10.97}$$

由式（10.91）可得

$$\frac{\partial t_1}{\partial \log V_1}U_{11}^2 = \frac{V_1^2\left(\dfrac{\partial^2 \in}{\partial V_1^2}\right)}{\in - V_1\dfrac{\partial \in}{\partial V_1}} \tag{10.98}$$

条件$U_{11}^2 < 1$意味着：

$$\in - V_1\frac{\partial \in}{\partial V_1} - V_1^2\frac{\partial^2 \in}{\partial V_1^2} > 0 \tag{10.99}$$

对V_2和V_3也有类似的关系。

另外，条件$U_{12}^2<1$导致了下列不等式成立：

$$V_1^3\frac{\partial \in}{\partial V_1}-V_2^3\frac{\partial \in}{\partial V_2}<\left(V_1^2-V_2^2\right)\in \tag{10.100}$$

同样，对$\left(V_2,V_3\right)$和$\left(V_1,V_3\right)$也有类似的关系。

10.5　理想流体举例

理想流体中的波速可以从 10.4 节的结果中导出，此时内能$\in$仅仅取决于η_{00}和n_0，即

$$\in=\in\left(\eta_{00},n_0\right) \tag{10.101}$$

$$t^{\alpha\beta}=-pS^{\alpha\beta} \tag{10.102}$$

$$p=n_0^2\frac{\partial \in}{\partial n_0} \tag{10.103}$$

在这种情况下，式（10.40）～式（10.42）成为

$$\mathrm{D}n_0+n_0u^{\alpha}{}_{,\alpha}=0 \tag{10.104}$$

$$\left(n_0\in+p\right)\mathrm{D}u^{\alpha}+S^{\alpha\beta}\left(\frac{\partial p}{\partial n_0}n_{0,\beta}+\frac{\partial p}{\partial \eta_{00}}\eta_{00,\beta}\right)=0 \tag{10.105}$$

$$\frac{n_0}{\theta}\mathrm{D}\eta_{00}=0 \tag{10.106}$$

横跨超曲面$\mathbb{S}$，$u^{\alpha}{}_{,\beta}$和$\eta_{00,\alpha}$将产生不连续，且满足下列的相容条件：

$$\left[\left|u^{\alpha}{}_{,\beta}\right|\right]=b^{\alpha}N_{\beta} \tag{10.107}$$

$$\left[\left|n_{0,\beta}\right|\right]=aN_{\beta} \tag{10.108}$$

$$\left[\left|\eta_{00,\beta}\right|\right]=\varsigma N_{\beta} \tag{10.109}$$

并且有

$$b^{\alpha}u_{\alpha}=0 \tag{10.110}$$

该条件来自$u^{\alpha}u_{\alpha}=-1$的要求。

这样式（10.104）～式（10.106）成为

$$aN_0+n_0b^{\alpha}N_{\alpha}=0 \tag{10.111}$$

$$-\left(n_0\in+p\right)b^{\alpha}N_0+\frac{\partial p}{\partial n_0}a\overset{*}{N}{}^{\alpha}+\frac{\partial p}{\partial \eta_{00}}\varsigma\overset{*}{N}{}^{\alpha}=0 \tag{10.112}$$

$$\frac{n_0}{\theta}\varsigma N_0=0 \tag{10.113}$$

这里，N_0 和 $\overset{*}{N}^\alpha$ 是由式（10.30）和式（10.32）定义的。

如果 $N_0 \neq 0$，则 $\varsigma = 0$，于是从式（10.111）和式（10.112）消去 a 后，得

$$(n_0 \in +p) b^\alpha N_0^2 - \left(\frac{\partial p}{\partial n_0} b^\gamma N_\gamma \right) \overset{*}{N}^\alpha = 0 \tag{10.114}$$

用 $\overset{*}{N}_\alpha$ 点乘式（10.114），得

$$\left\{ (n_0 \in +p) N_0^2 - n_0 \frac{\partial p}{\partial n_0} (1 + N_0^2) \right\} b^\gamma \overset{*}{N}_\gamma = 0 \tag{10.115}$$

这样，可得

$$G_0^2 = \frac{N_0^2}{1+N_0^2} = \frac{n_0 \dfrac{\partial p}{\partial n_0}}{n_0 \in +p} \tag{10.116}$$

这就是理想流体的相对论波速公式。从式中容易看出有 $G_0^2 < 1$，它意味着内能 $\in(\eta_{00}, n_0)$ 必须满足

$$\in - n_0 \frac{\partial \in}{\partial n_0} - n_0^2 \frac{\partial^2 \in}{\partial n_0^2} > 0 \tag{10.117}$$

第 11 章　相对论黏弹性物体的波传播

从最简单可信的耗散本构方程，即开尔文-沃伊特（Kelvin-Voigt）黏弹性固体，可以得到一个与 Weber（1961）方程不同的引力波方程，如下面的三阶微分方程：

$$\frac{\partial^2\theta}{\partial t^2}-\left(A+A'\frac{\partial}{\partial t}\right)\frac{\partial^2\theta}{\partial x^2}=c^2R_{1441} \tag{11.1}$$

式中，A 和 A' 为材料系数。该方程可以由傅里叶（Fourier）变换技术求解。

一维引力波韦伯方程为

$$c_l^2\frac{\partial^2\theta}{\partial x^2}-\frac{\partial^2\theta}{\partial t^2}-\frac{b}{\rho_M}\frac{\partial\theta}{\partial t}=c^2R^1{}_{441} \tag{11.2}$$

式中，系数 b 来自耗散过程的存在。然而，把它引进这个方程，对力学本身来说可能显得有些幼稚，因为在连续介质框架内研究最简单可信的耗散过程，不会出现该方程第三项的形式。在经典连续介质力学中，存在许多不同的应力应变本构方程的可能性。这一章，我们要将最基本的弹性介质相对论力学扩展到包括物质的耗散过程，即展现开尔文-沃伊特性质的物质中去。尽管这是最简单的介质，它也不可能得到方程（11.2）的形式，而会是三阶偏微分方程。原因是，方程（11.2）的第三项是通过模拟作用在一个点粒子上的阻尼力的牛顿力学而被构建的。在连续介质力学中相应的耗散过程则是相当复杂的，它结合了恢复和阻尼因素，进而形成黏弹性的连续介质。

11.1　基 本 方 程

标准的广义相对论爱因斯坦场方程是

$$R^{\alpha\beta}-\frac{1}{2}g^{\alpha\beta}R=\kappa T^{\alpha\beta} \tag{11.3}$$

式中，$\kappa=\frac{8\pi k}{c^4}$；$R^{\alpha\beta}$ 是收缩曲率；R 是标量曲率；$g^{\alpha\beta}$ 是黎曼时空流形 V^4 的标识为 $(+,+,+,-)$ 的标准双曲对称度量；c 是真空光速；k 是牛顿引力常数；$T^{\alpha\beta}$ 是构成方程源项的总的应力-能量-动量张量分量，它服从下面的守恒方程：

$$\nabla_\beta T^{\alpha\beta}=0\,,\qquad T^{[\alpha\beta]}=0 \tag{11.4}$$

式（11.4）是对式（11.3）取协变散度的结果。

假定τ是三维类空流形R^3初始拉格朗日坐标$X^K\left(K=1,2,3\right)$处无限小连续介质物体单元的固有时间（原时），该坐标系装备有元素为G_{KL}的度量矩阵。x^α是由下面一组方程描述的运动：

$$x^\alpha=\tilde{x}^\alpha\left(X^K,\tau\right) \tag{11.5}$$

该方程是可逆的，因此X^K和τ是独立变量。并有

$$X^K=\tilde{X}^K\left(x^\alpha\right),\qquad \tau=\tilde{\tau}\left(x^\alpha\right) \tag{11.6}$$

原时导数被定义为$\dfrac{\partial}{\partial\tau}$，因此四速度$u^\alpha$为

$$u^\alpha=\frac{\partial\tilde{x}^\alpha}{\partial\tau},\qquad g_{\alpha\beta}u^\alpha u^\beta+c^2=0 \tag{11.7}$$

因此，$\dfrac{\partial}{\partial\tau}$也是相对于场$u^\alpha$的不变量微分。对任意张量$\boldsymbol{A}$，有

$$\dot{\boldsymbol{A}}=\frac{\partial\boldsymbol{A}}{\partial\tau}=u^\alpha\nabla_\alpha\boldsymbol{A} \tag{11.8}$$

在点X^K的世界线$l(X^K)$上的一个事件点M，投影到与$l(X^K)$垂直的超曲面$V_\perp^3$的算子$P_{\alpha\beta}\left(M\right)$被定义为

$$P_{\alpha\beta}=g_{\alpha\beta}+\frac{1}{c^2}u_\alpha u_\beta \tag{11.9}$$

于是，投影不变量微分是

$$\overset{*}{\nabla}_\nu=P_\nu{}^\mu\nabla_\mu=\nabla_\nu+\frac{1}{c^2}u_\nu\frac{\partial}{\partial\tau} \tag{11.10}$$

一个完全的类空张量场$A^{\alpha\beta\cdots\mu}$有下面的性质：

$$A^{\alpha\beta\cdots\mu}u_\alpha=A^{\alpha\beta\cdots\mu}u_\beta=\cdots=A^{\alpha\beta\cdots\mu}u_\mu=0 \tag{11.11}$$

$$P^\gamma{}_\alpha P^\delta{}_\beta\cdots P^\nu{}_\mu A^{\alpha\beta\cdots\mu}=A^{\gamma\delta\cdots\nu} \tag{11.12}$$

因此，它本质上是空间的。

对非热传导固体，能量-动量张量有

$$T^{\alpha\beta}=\rho\left(1+\frac{e}{c^2}\right)u^\alpha u^\beta-t^{\alpha\beta} \tag{11.13}$$

式中，e是比内能；ρ是物体的相对论不变量密度，它满足连续性方程：

$$\nabla_\beta\left(\rho u^\beta\right)=0 \tag{11.14}$$

$T^{\alpha\beta}$是相对论应力张量分量，它构成一个类空的对称二阶张量，即

$$T^{\beta\alpha}u_\alpha=0,\qquad T^{\beta\alpha}=T^{\alpha\beta} \tag{11.15}$$

将方程（11.4）的第一项沿着u^α投影到$V_\perp^3$，则分别是

$$\rho\dot{e}=t^{\alpha\beta}\sigma_{\beta\alpha} \tag{11.16}$$

$$\rho\left(1+\frac{e}{c^2}\right)\dot{u}_\gamma=\nabla_\beta t^\beta{}_\gamma-\frac{1}{c^2}u_\gamma t^{\beta\alpha}\sigma_{\alpha\beta} \tag{11.17}$$

这里，定义相对论应变率张量$\sigma_{\alpha\beta}$为

$$\sigma_{\alpha\beta}=P_{(\beta}{}^{\mu}\nabla_\mu u_\gamma P^\gamma{}_{\alpha)}=\overset{*}{\nabla}_{(\beta}u_\gamma P^\gamma{}_{\alpha)}=\frac{1}{2}\mathrm{L}_{\boldsymbol{u}}P_{\beta\alpha} \tag{11.18}$$

式中，$\mathrm{L}_{\boldsymbol{u}}$表示相对于四速度场的李导数。

式（11.16）和式（11.17）分别是能量守恒方程和第一柯西运动方程，后者表明只有三个独立的方程。

尽管没有考虑热传导，但是由于考虑了耗散应力，因此需要用到热力学第二定律。在现有的条件下，经典连续介质力学中的克劳修斯-杜哈姆不等式成为

$$-\frac{\rho}{\theta}\left(\dot{\psi}+\eta\dot{\theta}\right)+\frac{1}{\theta}t^{\alpha\beta}\sigma_{\alpha\beta}\geqslant 0 \tag{11.19}$$

式中，θ是热力学温度；η是每单位质量的熵；ψ是每单位质量的亥姆霍兹（Helmholtz）自由能函数。后者通过经典的勒让德变换与内能e相联系，即

$$\psi=e-\eta\theta \tag{11.20}$$

11.2　应力张量与应变率张量

首先，需要应变度量和它们的原时率的一些定义。根据式（11.5）和式（11.6），有

$$X^K{}_{,\alpha}=\frac{\partial\tilde{X}^K}{\partial x^\alpha} \tag{11.21}$$

$$x^\alpha{}_K=P^\alpha_\beta\frac{\partial\tilde{x}^\beta}{\partial X^K} \tag{11.22}$$

$$X^K{}_{,\alpha}x^\alpha{}_L=G^K{}_L,\qquad x^\alpha{}_K X^K{}_{,\beta}=P^\alpha_\beta \tag{11.23}$$

于是，相对论格林变形张量和相对论拉格朗日变形张量分别是

$$C_{KL}=P_{\alpha\beta}x^\alpha{}_K x^\beta{}_L \tag{11.24}$$

$$E_{KL}=\frac{1}{2}\left(C_{KL}-G_{KL}\right) \tag{11.25}$$

从这两个方程，可得

$$\dot{C}_{KL}=2\sigma_{\alpha\beta}x^\alpha{}_K x^\beta{}_L \tag{11.26}$$

$$\dot{E}_{KL}=\sigma_{\alpha\beta}x^\alpha{}_K x^\beta{}_L \tag{11.27}$$

$$\sigma_{\alpha\beta}=\dot{E}_{KL}X^K{}_{,\alpha}X^L{}_{,\beta} \tag{11.28}$$

类似的方法，可以定义相对论柯西变形张量和相对论欧拉变形张量：

$$c_{\alpha\beta} = G_{KL} X^{K}_{,\alpha} X^{L}_{,\beta} \tag{11.29}$$

$$E_{\alpha\beta} = \frac{1}{2}\left(P_{\alpha\beta} - c_{\alpha\beta}\right) = E_{KL} X^{K}_{,\alpha} X^{L}_{,\beta} \tag{11.30}$$

因此

$$\dot{E}_{\alpha\beta} = \sigma_{\alpha\beta} - 2E_{\gamma(\alpha}\nabla_{\beta)}u^{\gamma} \tag{11.31}$$

上面各式中，$X^{K}_{,\alpha}$、x^{α}_{K}、$\sigma_{\alpha\beta}$、$c_{\alpha\beta}$和$E_{\alpha\beta}$均为类空张量场。

然后，需要引进拉格朗日应力张量，即

$$T^{KL} = Jt^{\beta\alpha} X^{K}_{,\beta} X^{L}_{,\alpha} = T^{LK} \tag{11.32}$$

相反地，有

$$t^{\beta\alpha} = J^{-1} T^{KL} x^{\beta}_{K} x^{\alpha}_{L} \tag{11.33}$$

式中，J是运动场的雅可比系数，即

$$J = \left[\det\left(C^{K}_{L}\right)\right]^{\frac{1}{2}} = \frac{\rho_R}{\rho} \tag{11.34}$$

式中，$\rho_R = \rho_R\left(X^K\right)$是流形$R^3$下参考构形的物质密度。式（11.34）在运动过程中保持严格的正定。

改写波动方程（11.17）为

$$l_{\gamma} = \rho\left(1 + \frac{e}{c^2}\right)\dot{u}_{\gamma} - \nabla_{\beta} t^{\beta}_{\gamma} + \frac{1}{c^2} u_{\gamma} t^{\beta\alpha}\sigma_{\alpha\beta} = 0 \tag{11.35}$$

最后，对式（11.35）先用算子$\overset{*}{\nabla}_{\nu}$、再用算子$P^{\gamma}_{\mu}$，最后对称化处理，以便得到6个独立的本质上是空间的方程，即

$$C_{\mu\nu} = P^{\gamma}_{(\mu}\overset{*}{\nabla}_{\nu)} l_{\gamma} = 0 \tag{11.36}$$

$$C_{\mu\nu} = C_{\nu\mu}, \qquad C_{\mu\nu}u^{\mu} = 0 \tag{11.37}$$

11.3 本构方程

为了得到波动方程（11.36）的显示表达，需要给出所研究固体的具体材料性质，也即应力$t^{\beta\alpha}$的本构方程形式。它可以是非线性弹性固体、压电弹性固体，也可以是更大范围内的变形固体。

这一节必须考虑基本的耗散过程，如黏性应力。根据经典连续介质力学的等存在原理，即所有的本构方程都必须取决于相同的独立变量，除非有一些变量被更一般的原理所不允许。在本节情况下，由于忽略了热传导，相关变量是$t^{\beta\alpha}$、e

和 η。因此，对均匀介质（性质不明显地依赖 X^K）考虑到式（11.20）和式（11.32），我们能选择 T^{KL} 和 ψ 为

$$T^{KL}=\tilde{T}^{KL}\left(\boldsymbol{E},\dot{\boldsymbol{E}},\theta\right) \tag{11.38}$$

$$\psi=\tilde{\psi}\left(\boldsymbol{E},\dot{\boldsymbol{E}},\theta\right) \tag{11.39}$$

上面两个方程考虑到了 $X^K_{,\beta}$ 和 J 都可以表示为 C_{KL}，或它的倒数 $\overset{-1}{C}{}^{KL}$，或 E_{KL}。容易确定，这种形式是服从相对论中的客观性原理的。

计算 $\dot{\psi}$ 并且使用式（11.23）、式（11.27）和式（11.33），然后再变换式（11.19）的最后一项，有

$$-\frac{\rho}{\theta}\left[\left(\frac{\partial\tilde{\psi}}{\partial\theta}+\eta\right)\dot{\theta}+\frac{\partial\tilde{\psi}}{\partial\dot{E}_{KL}}\ddot{E}_{KL}-\frac{1}{\rho_R}{}^{\mathrm{D}}T^{KL}\dot{E}_{KL}\right]\geqslant 0 \tag{11.40}$$

式中，

$${}^{\mathrm{D}}T^{KL}=T^{KL}-\rho_R\frac{\partial\tilde{\psi}}{\partial E_{KL}} \tag{11.41}$$

其中

$$T^{KL}={}^{\mathrm{R}}T^{KL}+{}^{\mathrm{D}}T^{KL} \tag{11.42}$$

$${}^{\mathrm{R}}T^{KL}=\rho_R\frac{\partial\tilde{\psi}}{\partial E_{KL}} \tag{11.43}$$

注意到如果不等式（11.40）中对任意独立的热力学过程（即率 $\dot{\theta}$、$\ddot{E}_{KL}$ 和 $\dot{E}_{KL}$）都满足，则必然有

$$\eta=-\frac{\partial\tilde{\psi}}{\partial\theta} \tag{11.44}$$

$$\frac{\partial\tilde{\psi}}{\partial\dot{E}_{KL}}=0 \tag{11.45}$$

$$\frac{J^{-1}}{\theta}{}^{\mathrm{D}}T^{KL}\left(\boldsymbol{E},\dot{\boldsymbol{E}},\theta\right)\dot{E}_{KL}\geqslant 0 \tag{11.46}$$

因此，有

$$\psi=\tilde{\psi}\left(\boldsymbol{E},\theta\right) \tag{11.47}$$

方程（11.44）是按通常方法定义的比熵。式（11.43）中从势函数 ψ 得到的 ${}^{\mathrm{R}}T^{KL}$ 是可恢复的应力，它相应于非线性的弹性应力，${}^{\mathrm{D}}T^{KL}$ 是受限于不等式（11.46）的热力学第二定律的耗散应力。如果 ${}^{\mathrm{D}}T^{KL}$ 是一个相对于 $\dot{\boldsymbol{E}}$ 的连续函数，则不等式（11.46）可以简化为

$${}^{\mathrm{D}}T^{KL}\left(\boldsymbol{E},\dot{\boldsymbol{E}}=0,\theta\right)=0 \tag{11.48}$$

由方程（11.33），有

$$t^{\beta\alpha} = {}^{\mathrm{R}}t^{\beta\alpha} + {}^{\mathrm{D}}t^{\beta\alpha} \tag{11.49}$$

式中，

$${}^{\mathrm{R}}t^{\beta\alpha} = \rho \frac{\partial \tilde{\psi}}{\partial E_{KL}} x^{(\beta}{}_{K} x^{\alpha)}{}_{L} \tag{11.50}$$

$${}^{\mathrm{D}}t^{\beta\alpha} = \rho\, {}^{\mathrm{D}}T^{KL}\left(\boldsymbol{E}, \dot{\boldsymbol{E}}, \theta\right) x^{(\beta}{}_{K} x^{\alpha)}{}_{L} \tag{11.51}$$

${}^{\mathrm{D}}T^{KL}$有如下的简化形式：

$${}^{\mathrm{D}}T^{KL} = \rho_R \Gamma^{KLMN}(\theta)\dot{E}_{MN} \tag{11.52}$$

式中，Γ^{KLMN}是黏性系数张量。此时方程（11.46）意味着：

$$\frac{\rho}{\theta}\Gamma^{KLMN}(\theta)\dot{E}_{MN}\dot{E}_{KL} \geqslant 0 \tag{11.53}$$

式中，

$$\Gamma^{KLMN} = \Gamma^{LKMN} = \Gamma^{KLNM} = \Gamma^{MNKL}$$

因此，黏性系数Γ^{KLMN}是半正定的，有 21 个系数。

类似于方程（11.52），可以有下列关于${}^{\mathrm{R}}T^{KL}$的线性表达式：

$${}^{\mathrm{R}}T^{KL} = \rho_R L^{KLMN} E_{MN} \tag{11.54}$$

因此，在使用了式（11.30）和式（11.27）之后，方程（11.49）可以写为

$$t^{\beta\alpha} = L^{\beta\alpha\mu\nu} E_{\mu\nu} + \gamma^{\beta\alpha\mu\nu}\sigma_{\mu\nu} \tag{11.55}$$

式中，完全类空张量系数$L^{\beta\alpha\mu\nu}$和$\gamma^{\beta\alpha\mu\nu}$被定义为

$$L^{\beta\alpha\mu\nu} = \rho L^{KLMN} x^{\beta}{}_{K} x^{\alpha}{}_{L} x^{\mu}{}_{M} x^{\nu}{}_{N} \tag{11.56}$$

并且

$$L^{\beta\alpha\mu\nu} = L^{\alpha\beta\mu\nu} = L^{\beta\alpha\nu\mu} = L^{\mu\nu\beta\alpha} \tag{11.57}$$

以及

$$\gamma^{\beta\alpha\mu\nu} = \rho \Gamma^{KLMN} x^{\beta}{}_{K} x^{\alpha}{}_{L} x^{\mu}{}_{M} x^{\nu}{}_{N} \tag{11.58}$$

$$\gamma^{\beta\alpha\mu\nu} = \gamma^{\alpha\beta\mu\nu} = \gamma^{\beta\alpha\nu\mu} = \gamma^{\mu\nu\beta\alpha} \tag{11.59}$$

对一般各向异性固体，所有系数张量都有 21 个独立的分量。方程（11.55）非常类似经典连续介质力学黏弹性的开尔文-沃伊特模型，它显然是一种率型本构方程的特殊情况，并且也是线性本构方程，但与经典连续介质力学不同的是该方程的张量系数是通过ρ而依赖于运动的。进一步，$E_{\mu\nu}$和$\sigma_{\mu\nu}$不是无限小应变度量，而是有限应变度量，即它们对应于有限变形和变形率的情况。

11.4 黏弹性波相对论方程

运用极限过程和近似方法。假定$h_{\alpha\beta}$表示由于入射引力波对原始度量矩阵$g^{(0)}_{\alpha\beta}$

的微小扰动。如果在地球表面考虑一个引力波探测装置，则可以写下三维笛卡儿坐标 $x_k\left(k=1,2,3\right)$，于是有

$$\lim E_{\alpha\beta} \to \varepsilon_{kl} = \frac{1}{2}\left(u_{k,l}+u_{l,k}+h_{kl}\right) \tag{11.60}$$

$$\lim \sigma_{\alpha\beta} \to \frac{\partial \varepsilon_{kl}}{\partial t} \tag{11.61}$$

$$\lim \dot{\sigma}_{\alpha\beta} \to \frac{\partial^2 \varepsilon_{kl}}{\partial t^2} \tag{11.62}$$

式中，u_k 是弹性理论的经典三维位移。对各向同性材料，L^{KLMN} 降低到两个标量 λ 和 μ，即固体的拉梅系数。同样，Γ^{KLMN} 也提供了两个系数 λ_V 和 μ_V。这样，利用式（11.36）和式（11.55）便可得到如下三维极限方程：

$$\rho_M \frac{\partial^2 \varepsilon_{kl}}{\partial t^2} - \left(\lambda + \lambda_V \frac{\partial}{\partial t}\right)\varepsilon_{mm,kl} - 2\left(\mu + \mu_V \frac{\partial}{\partial t}\right)\varepsilon_{m(k,l)m} = \rho_M c^2 R_{k44l} \tag{11.63}$$

式中，λ、λ_V、μ 和 μ_V 一般都是 θ 和 ρ_M 的函数；ρ_M 是经典连续介质力学参考构形的材料密度。由不等式（11.53），容易确定：

$$3\lambda_V + 2\mu_V \geqslant 0, \qquad \mu_V \geqslant 0 \tag{11.64}$$

而拉梅系数 λ 和 μ 服从类似的不等式。

若考虑 $x_1 = x$ 方向上的入射引力波。令 $\varepsilon_{11} = \theta$，其他的 ε_{kl} 的方程为零，则方程（11.63）可以简化为

$$\rho_M \frac{\partial^2 \theta}{\partial t^2} - \left(c_l^2 + c_{Vl}^2 \frac{\partial}{\partial t}\right)\frac{\partial^2 \theta}{\partial x^2} = c^2 R_{1441} \tag{11.65}$$

式中

$$c_l^2 = \frac{\lambda + 2\mu}{\rho_M} \tag{11.66}$$

$$c_{Vl}^2 = \frac{\lambda_V + 2\mu_V}{\rho_M} \tag{11.67}$$

前者是经典弹性波纵波的平方速度。

对简谐驱动力，即简谐源 R_{1441}，方程（11.65）可以通过傅里叶变换技术求解，位移则可以通过对解求相对于 x_1 的积分，并利用晶状体试件两端的特殊边界条件（例如自由端）而得到。

第 12 章　基于弹性技术的引力波探测

这一章和下一章将讨论在时空扰动下有限介质的振动问题，其目的在于能够为人们利用传统连续介质力学概念构建引力波探测的技术理论基础，从而使相对论连续介质力学不至于成为空洞的理论而具有更为广泛的应用前景。

12.1　背 景 基 础

广义相对论测地线微分方程为

$$\frac{\delta^2 n^\mu}{\delta\tau^2}+R^\mu{}_{\alpha\beta\gamma}u^\alpha n^\beta u^\gamma=0 \tag{12.1}$$

式中，n^μ 是一个四矢量分量，它将两个具有相同固有时间值 τ 且没有相互作用的相邻质点连接起来；$R^\mu{}_{\alpha\beta\gamma}$ 是广义相对论的黎曼时空流形的四阶曲率张量分量。

$$u^\alpha=\frac{\delta x^\alpha}{\delta\tau} \tag{12.2}$$

Weber（1961）对方程（12.1）最主要的改变是考虑了两个相邻质点的相互作用，即弹性恢复与耗散。

$$n^\mu=r^\mu+\theta_\alpha{}^\mu r^\alpha \tag{12.3}$$

这里

$$\frac{\delta r^\mu}{\delta\tau}=0 \tag{12.4}$$

对大阻尼和平坦空间，Weber（1961）导出类似于各向同性经典弹性力学变形张量的张量分量 $\theta_{\mu\nu}$ 所满足的微分方程：

$$\frac{\delta^2\theta_{(\mu\nu)}}{\delta\tau^2}+B\frac{\delta\theta_{(\mu\nu)}}{\delta\tau}+Y^{\alpha\beta}\frac{\delta^2\theta_{(\mu\nu)}}{\delta x^\alpha\delta x^\beta}=-R_{\nu\alpha\mu\beta}u^\alpha u^\beta \tag{12.5}$$

式中，B 和 $Y^{\alpha\beta}$ 是标量常数和二阶张量系数；指标的圆括号表示对称化操作。

考虑一个正交坐标系（x^4 方向与观察者的世界线相切）沿 $x^1=x$ 方向的入射引力波，Weber（1961）导出的纵向弹性波方程近似为

$$c_l^2\frac{\partial^2\theta}{\partial x^2}-\frac{\partial^2\theta}{\partial t^2}-\frac{b}{\rho_M}\frac{\partial\theta}{\partial t}=c^2R^1{}_{414}\,,\qquad \theta^1{}_1=\theta \tag{12.6}$$

式中，c 是真空中的光速；ρ_M 是经典的物质密度；c_l 是弹性介质中纵波的传播速

度；b 是耗散系数。

但是方程（12.1）仅适用于质点形式。为了能够从完美弹性介质的相对论柯西方程中导出适用于连续介质的形式，将方程（12.6）作为出发点。

12.2 基 本 方 程

对一个连续介质，广义相对论下的场方程是

$$R^{\alpha\beta} - \frac{1}{2} g^{\alpha\beta} R = \kappa T^{\alpha\beta} \tag{12.7}$$

$$\nabla_\beta T^{\alpha\beta} = 0 \tag{12.8}$$

$$\nabla_\beta \left(\rho u^\beta\right) = 0 \tag{12.9}$$

式中，$\kappa = 8\pi k c^{-4}$；ρ 是物体的相对论不变量密度，u^β 是四速度矢量分量。方程（12.7）是爱因斯坦引力场方程，方程（12.8）是对称的应力-能量-动量张量场 $T^{\alpha\beta}$ 守恒方程，方程（12.9）是连续性方程。

$$u^\alpha = \frac{\partial x^\alpha}{\partial \tau} \tag{12.10}$$

$$g_{\alpha\beta} u^\alpha u^\beta + c^2 = 0 \tag{12.11}$$

式中，x^α 是四维时空 V^4 的曲线坐标。

从方程（12.9），有

$$u^\alpha \nabla_\beta u_\alpha = 0, \qquad u^\alpha \dot{u}_\alpha = 0 \tag{12.12}$$

在不考虑热传导、电磁场和物体各向异性的情况下，应力-能量-动量张量分量为

$$T^{\alpha\beta} = \omega u^\alpha u^\beta - t^{\alpha\beta} \tag{12.13}$$

式中，$\omega = \rho\left(1 + \frac{e}{c^2}\right)$。相对论应力张量分量 $t^{\alpha\beta}$ 构成对称的类空张量场，它满足以下方程：

$$t^{\beta\alpha} u_\alpha = u_\beta t^{\beta\alpha} = 0, \qquad P_{\alpha\beta} t^{\beta\gamma} = t_\alpha^{\ \gamma}, \qquad t^{\alpha\beta} = t^{\beta\alpha} \tag{12.14}$$

式中，$P^{\alpha\beta}$ 是 $V_\perp^3$ 空间的投影算子，该空间是垂直于初始拉格朗日坐标为 $X^K\left(K = 1,2,3\right)$ 的质点的世界线 $l(X^K)$ 的类空超曲面。

$$P^{\alpha\beta} = g_{\alpha\beta} + \frac{1}{c^2} u_\alpha u_\beta \tag{12.15}$$

它有如下性质

$$P_{\ \alpha}^{\alpha} = 3, \qquad P^{\alpha\beta} u_\beta = 0, \qquad P^{\alpha\beta} P_\beta^{\ \gamma} = P^{\alpha\gamma} \tag{12.16}$$

坐标为 X^K 的质点沿着世界线 $l(X^K)$ 的运动可以完全由下面一组方程描述：

$$x^\alpha = \tilde{x}^\alpha\left(X^K, \tau\right) \tag{12.17}$$

设 e 是单位固有质量的相对论内能。不论是 $t^{\alpha\beta}$ 还是 e 都取决于一个良好选择的变形场度量。假定 $\boldsymbol{\varepsilon}$ 就是这个被选择的变形度量，则对一个非均匀的连续介质，有

$$t^{\alpha\beta} = \tilde{t}^{\alpha\beta}\left(X^K, \boldsymbol{\varepsilon}\right) \tag{12.18}$$

$$e = \tilde{e}\left(X^K, \boldsymbol{\varepsilon}\right) \tag{12.19}$$

在介质均匀的情况下，上面方程中的 X^K 可以被拿掉。

能量守恒方程可以通过将方程（12.8）沿 u^α 方向投影而获得，再考虑到式（12.9）和式（12.14），于是有

$$\rho\dot{e} = t^{\beta\alpha}\nabla_\beta u_\alpha \tag{12.20}$$

或

$$\rho\dot{e} = t^{\beta\alpha}\sigma_{\beta\alpha} \tag{12.21}$$

式中，$\sigma_{\beta\alpha}$ 是相对论应变张量率，即

$$\sigma_{\beta\alpha} = \upsilon_{(\beta\alpha)} = \frac{1}{2}\mathrm{L}_{\boldsymbol{u}} P_{\beta\alpha} \tag{12.22}$$

$$\upsilon_{\beta\alpha} = P_{\beta\gamma}\nabla^\gamma u_\sigma P^\sigma_{\ \alpha} \tag{12.23}$$

式中，$\mathrm{L}_{\boldsymbol{u}}$ 是相对四矢量场 $\boldsymbol{u}$ 的李导数。

然而，为了能够得到必要的空间方程，所得到的波动方程必须能够在垂直于由连续介质相邻质点组成的世界线的类空超曲面上投影。

将式（12.8）投影到 $V_\perp^3$，且由于 $P_{\gamma\alpha}$ 是类空性质的量，我们得到三个独立的运动方程，即

$$\omega\dot{u}_\gamma = P_{\alpha\gamma}\nabla_\beta t^{\beta\alpha} \tag{12.24}$$

由于 $\dot{u}_\alpha$ 是类空性质的量，它也能被写成

$$\omega\dot{u}_\gamma = \nabla_\beta t^{\beta\alpha} - \frac{1}{c^2}\rho u_\gamma \dot{\varepsilon} \tag{12.25}$$

或

$$\rho\dot{u}_\gamma = \nabla_\beta t^\beta_{\ \gamma} - \frac{1}{c^2}\rho\dot{\overline{u_\gamma \varepsilon}} \tag{12.26}$$

利用式（12.15）和式（12.21），忽略小量 $O\left(c^{-2}\right)$，即慢运动限制，式（12.26）退化为

$$\rho_M\left(\frac{\partial v_k}{\partial t} + v^l v_{k;l}\right) = t^l_{\ k;l} \tag{12.27}$$

式中，分号表示对空间曲线坐标架 $x^k\left(k=1,2,3\right)$ 的协变微分；t 是牛顿时间。

相对论运动方程（12.24）可以改写成下面的协变形式，即

$$\nabla_{\mu}\Gamma_{\gamma}=0 \tag{12.28}$$

式中，

$$\Gamma_{\gamma}=\rho A_{\gamma}-\overline{f}_{\gamma} \tag{12.29}$$

式中，

$$A_{\gamma}=\frac{1}{\rho}\omega\dot{u}_{\gamma}\text{，}\quad \overline{f}_{\gamma}=P_{\alpha\gamma}f^{\alpha}\text{，}\quad f^{\alpha}=\nabla_{\beta}t^{\beta\alpha} \tag{12.30}$$

在方程（12.28）中，第一项为

$$\nabla_{\mu}\left(\rho A_{\gamma}\right)=\left(\nabla_{\mu}\omega\right)\left(u^{\alpha}\nabla_{\alpha}u_{\gamma}\right)+\omega\nabla_{\mu}\left(u^{\alpha}\nabla_{\alpha}u_{\gamma}\right) \tag{12.31}$$

而

$$\nabla_{\mu}\left(u^{\alpha}\nabla_{\alpha}u_{\gamma}\right)=\nabla_{\mu}u^{\alpha}\nabla_{\alpha}u_{\gamma}+u^{\alpha}\nabla_{\mu}\nabla_{\alpha}u_{\gamma} \tag{12.32}$$

由于在曲线时空中有

$$\left[\nabla_{\mu},\nabla_{\alpha}\right]u_{\gamma}=R_{\gamma\beta\alpha\mu}u^{\beta} \tag{12.33}$$

则式中，[·]为泊松括号运算。于是，方程（12.28）成为

$$\begin{aligned}\nabla_{\mu}\Gamma_{\gamma}=&\left(\nabla_{\mu}\omega\right)u^{\alpha}\nabla_{\alpha}u_{\gamma}\\&+\omega\left[\left(\nabla_{\mu}u^{\alpha}\right)\left(\nabla_{\alpha}u_{\gamma}\right)+R_{\gamma\beta\alpha\mu}u^{\beta}u^{\alpha}+\overline{\nabla_{\mu}u_{\gamma}}\right]-\nabla_{\mu}f_{\gamma}-\frac{1}{c^2}f^{\alpha}\nabla_{\mu}\left(u_{\alpha}u_{\gamma}\right)=0\end{aligned} \tag{12.34}$$

最后，由于我们希望寻求一个在指标 μ 和 γ 对称性上纯空间的表达式，因此可以利用算子 $P_{\nu}{}^{\mu}P^{\gamma}_{\sigma}$ 将式（12.34）投影到 $V^3_{\perp}$，并且选取结果方程的对称部分，这样就得到下面 6 个独立的方程。

$$C_{\sigma\nu}=P^{\gamma}\left(u_{\sigma}\overset{*}{\nabla}_{\nu}\right)\Gamma_{\gamma}=0 \tag{12.35}$$

并有

$$C_{\sigma\nu}u^{\sigma}=C_{\sigma\nu}u^{\nu}=0\text{，}\qquad C_{\sigma\nu}=C_{\nu\sigma} \tag{12.36}$$

在方程（12.35）中，符号 $\overset{*}{\nabla}$ 表示协变微分的投影算子，即

$$\overset{*}{\nabla}_{\nu}=P_{\nu}{}^{\mu}\nabla_{\mu}=\nabla_{\nu}+\frac{1}{c^2}u_{\nu}\frac{\partial}{\partial\tau} \tag{12.37}$$

将式（12.35）展开，有

$$\begin{aligned}C_{\sigma\nu}=&\left(\overset{*}{\nabla}_{(\nu}\,\omega\right)u^{\alpha}\nabla_{\alpha}u_{\sigma)}\\&+\omega\left[\overset{*}{\nabla}_{(\nu}\,u^{\alpha}\nabla_{\alpha}u_{\sigma)}+P_{(\nu}{}^{\mu}R_{\sigma)\beta\alpha\mu}u^{\beta}u^{\alpha}+\dot{\sigma}_{\nu\sigma}\right]-\overset{*}{\nabla}_{(\nu}\,f_{\sigma)}+\frac{1}{c^2}A_{(\nu\sigma)}=0\end{aligned} \tag{12.38}$$

式（12.38）引进了由式（12.22）定义的张量分量 $\sigma_{\mu\nu}$，并且张量分量 $A_{\nu\sigma}$ 为

$$A_{\nu\sigma}=u^{\gamma}u_{\sigma}\overset{*}{\nabla}_{\nu}\Gamma_{\gamma}-f^{\alpha}\overset{*}{\nabla}_{\nu}\left(u_{\alpha}u_{\sigma}\right)-\omega P_{\nu}^{\ \mu}\overline{\nabla_{\mu}u_{\gamma}u^{\gamma}}u_{\sigma}-\omega c^{2}\overline{P_{\nu}^{\ \mu}P_{\sigma}^{\gamma}\nabla_{\mu}u_{\gamma}} \tag{12.39}$$

12.3　变形场定义

令 $\delta X^{K}:l\left(X^{K}\right)\rightarrow l\left(X^{K}+\delta X^{K}\right)$，$\delta x^{\alpha}$ 是事件点 M 处的相应扰动，则

$$\delta X^{K}=X^{K}_{\ ,\alpha}\delta x^{\alpha} \tag{12.40}$$

$$X^{K}_{\ ,\alpha}u^{\alpha}=0 \tag{12.41}$$

因为方程（12.17）是可逆的，所以 X^{K} 和 τ 是独立变量，$X^{K}_{\ ,\alpha}$ 是逆变形梯度。

在三维空间 $\mathbf{R}^{3}$ 中，以矩阵元素 G_{KL} 度量的参考状态的物体距离单元是

$$\left(\delta S\right)^{2}=G_{KL}\left(\boldsymbol{X}\right)\delta X^{K}\delta X^{L}=c_{\alpha\beta}\left(x^{\gamma}\right)\delta x^{\alpha}\delta x^{\beta} \tag{12.42}$$

式中，

$$c_{\alpha\beta}=G_{KL}X^{K}_{\ ,\alpha}X^{L}_{\ ,\beta} \tag{12.43}$$

并且

$$c_{\alpha\beta}=c_{\beta\alpha}，\qquad c_{\alpha\beta}u^{\beta}=0 \tag{12.44}$$

这里，$c_{\alpha\beta}$ 也表示了参考状态的度量性质，它常被认为是相对论柯西变形张量。

在空间 $V_{\perp}^{3}$ 定义的距离微元为

$$\left(\delta s\right)^{2}=P_{\alpha\beta}\left(x^{\gamma}\right)\delta x^{\alpha}\delta x^{\beta}=C_{KL}\left(\boldsymbol{X}\right)\delta X^{K}\delta X^{L} \tag{12.45}$$

式中，

$$C_{KL}=P_{\alpha\beta}\left(x^{\gamma}\right)x^{\alpha}_{\ K}x^{\beta}_{\ L}=g_{\alpha\beta}\left(x^{\gamma}\right)x^{\alpha}_{\ K}x^{\beta}_{\ L} \tag{12.46}$$

式中，C_{KL} 是相对论格林变形张量；$x^{\alpha}_{\ K}$ 是正变形梯度。

$$x^{\alpha}_{\ K}=P^{\alpha}_{\beta}\frac{\partial\tilde{x}^{\beta}}{\partial X^{K}}，\qquad x^{\alpha}_{\ K}u_{\alpha}=0 \tag{12.47}$$

并有下列关系成立

$$X^{K}_{\ ,\alpha}x^{\alpha}_{\ L}=\delta^{K}_{\ L}，\qquad x^{\alpha}_{\ K}X^{K}_{\ ,\beta}=P^{\alpha}_{\beta} \tag{12.48}$$

利用式（12.42）和式（12.40），可以有

$$\left(\delta s\right)^{2}-\left(\delta S\right)^{2}=2\Sigma_{\alpha\beta}\left(x^{\gamma}\right)\delta x^{\alpha}\delta x^{\beta}=2E_{KL}\left(\boldsymbol{X}\right)\delta X^{K}\delta X^{L} \tag{12.49}$$

其中相对论欧拉和拉格朗日变形张量分别定义为

$$\Sigma_{\alpha\beta}=\frac{1}{2}\left(P_{\alpha\beta}-c_{\alpha\beta}\right) \tag{12.50}$$

$$E_{KL}(\boldsymbol{X})=\frac{1}{2}(C_{KL}-G_{KL}) \tag{12.51}$$

并且

$$\Sigma_{\alpha\beta}=\Sigma_{\beta\alpha}, \qquad \Sigma_{\alpha\beta}u^{\beta}=0 \tag{12.52}$$

有了各类变形张量的定义 $c_{\alpha\beta}$、C_{KL}、$\Sigma_{\alpha\beta}$、E_{KL}，则倒数张量分量 $\overset{-1}{c}{}^{\gamma\alpha}$ 和 $\overset{-1}{C}{}^{MK}$ 可以从下列方程中得到

$$\overset{-1}{c}{}^{\gamma\alpha}c_{\alpha\beta}=P^{\gamma}_{\ \beta} \tag{12.53}$$

$$\overset{-1}{C}{}^{MK}C_{KL}=\delta^{M}_{\ L} \tag{12.54}$$

同时变形率张量分量为

$$\dot{C}_{KL}=2\sigma_{\alpha\beta}x^{\alpha}_{\ K}x^{\beta}_{\ L} \tag{12.55}$$

$$\dot{E}_{KL}=\sigma_{\alpha\beta}x^{\alpha}_{\ K}x^{\beta}_{\ L} \tag{12.56}$$

此外，由方程（12.49），可得

$$\Sigma_{\alpha\beta}=E_{KL}X^{K}_{\ ,\alpha}X^{L}_{\ ,\beta} \tag{12.57}$$

由于

$$\frac{\partial}{\partial\tau}X^{K}_{\ ,\alpha}=-X^{K}_{\ ,\beta}\nabla_{\alpha}u^{\beta} \tag{12.58}$$

对方程（12.57）固有时间求导，有

$$\dot{\Sigma}_{\alpha\beta}=\sigma_{\alpha\beta}-2\Sigma_{\gamma(\alpha}\nabla_{\beta)}u^{\gamma} \tag{12.59}$$

12.4　参考状态与时空扰动

考虑一个无穷小固体单元，假定它构成一个探测引力波装置，并放置在地球表面上。可以合理地认为这个试验装置不会影响地球的引力场。忽略地球旋转和电磁现象（电荷、偶极子）效应，可以认为：对这个物体装置而言，地球的引力场可以有效地用一个稳定的度量 $g^{(0)}_{\alpha\beta}$ 来表示，如具有地球质量源的施瓦茨度量。这个度量稍稍区别于物体单元领域的闵可夫斯基度量 $\eta_{\alpha\beta}$。

$$\frac{\partial}{\partial x^{4}}g^{(0)}_{\alpha\beta}=0, \qquad g^{(0)}_{\alpha\beta}-\eta_{\alpha\beta}\ll 1 \tag{12.60}$$

要求下面的不等式成立。

$$g^{(0)}_{44}<0, \qquad \det g^{(0)}_{\alpha\beta}<0 \tag{12.61}$$

$$\begin{vmatrix} g_{44}^{(0)} & g_{41}^{(0)} \\ g_{41}^{(0)} & g_{11}^{(0)} \end{vmatrix} < 0 \tag{12.62}$$

$$\begin{vmatrix} g_{44}^{(0)} & g_{41}^{(0)} & g_{42}^{(0)} \\ g_{14}^{(0)} & g_{11}^{(0)} & g_{12}^{(0)} \\ g_{24}^{(0)} & g_{21}^{(0)} & g_{22}^{(0)} \end{vmatrix} < 0 \tag{12.63}$$

可以从 $g_{\alpha\beta}^{(0)}$ 推出实空间度量矩阵。参考状态定义为

$$G_{KL} = g_{KL}^{(0)} - \frac{g_{4K}^{(0)} g_{4L}^{(0)}}{g_{44}^{(0)}}, \qquad K,L = 1,2,3 \tag{12.64}$$

需要说明的是，这个三维空间不是传统的欧氏空间，由于式（12.60）的第二项要求，它仅仅算是准欧氏空间。

如果忽略地球的引力场和小入射引力波之间的相互作用，则一个入射引力波对度量 $g_{\alpha\beta}^{(0)}$ 的扰动可以用微小偏差 $h_{\alpha\beta}$ 表示，即

$$g_{\alpha\beta} = g_{\alpha\beta}^{(0)} + h_{\alpha\beta} \tag{12.65}$$

由式（12.60）第二项的不等式，考虑实际上仅仅是引力扰动的曲率张量，有

$$R_{\alpha\beta\mu\nu} = \frac{1}{2}\left(h_{\alpha\mu,\beta\nu} + h_{\beta\nu,\alpha\mu} - h_{\beta\mu,\alpha\nu} - h_{\alpha\nu,\beta\mu}\right) \tag{12.66}$$

式中，逗号表示偏微分。

12.5　本 构 方 程

一般本构关系方程（12.18）在非线性均匀弹性条件下为

$$t^{\alpha\beta} = \tilde{t}^{\alpha\beta}\left(E_{KL}\right) \tag{12.67}$$

$$e = \tilde{e}\left(E_{KL}\right) \tag{12.68}$$

这个形式满足本构方程客观性要求的所有形式。于是

$$\dot{e} = \frac{\partial \tilde{e}}{\partial E_{KL}} \dot{E}_{KL} = \frac{\partial \tilde{e}}{\partial E_{KL}} x^{\alpha}{}_{K} x^{\beta}{}_{L} \sigma_{\alpha\beta} \tag{12.69}$$

从方程（12.21）可以看出，对所有的非刚体运动（即非消失的 $\sigma_{\alpha\beta}$），有

$$t^{\alpha\beta} = \rho \frac{\partial \tilde{e}}{\partial E_{KL}} x^{(\alpha}{}_{K} x^{\beta)}{}_{L} \tag{12.70}$$

这个公式适用于有限变形，然而现在研究的是无限小变形。为了避免引进四维形式的位移矢量标记（至少目前还不清楚），我们将遵循下列的步骤：将 e 展开成如下的多项式展开近似：

$$e = L_0 + L^{KL}E_{KL} + \frac{1}{2}L^{KLMN}E_{KL}E_{MN} + \cdots \tag{12.71}$$

式中，L_0、L^{KL} 和 L^{KLMN} 都是不变量常数。由于这里仅仅对线性理论（应力和应变是线性关系）感兴趣，式（12.71）将不保留 E_{KL} 二次方以上的项，同时 L_0 是不相关的。进一步假设，材料的参考状态是无应力状态。当然这是不真实的，因为引力总是作用在物体上。然而，我们不是研究一般的理论，而只是研究一个特殊和近似的情况，即物体试样被放置在地球表面，在这些条件下，可以在实验室认为，在地球引力场作用时，参考状态下的物体是无应力的。于是，可以用以下的近似式：

$$e = \frac{1}{2}L^{KLMN}E_{KL}E_{MN}, \qquad K, L = 1,2,3 \tag{12.72}$$

式中，

$$L^{KLMN} = L^{MNLK} = L^{LKMN} = L^{KLNM} \tag{12.73}$$

这些对称性条件是由于 E_{KL} 本身的对称性所致。

对一般各向异性固体，L^{KLMN} 有 21 个独立的分量。式（12.70）成为

$$t^{\alpha\beta} = \rho L^{KLMN}E_{KL}x^{(\alpha}_{\ M}x^{\beta)}_{\ N} \tag{12.74}$$

利用式（12.57），式（12.74）又可以写成

$$t^{\alpha\beta} = \rho \Upsilon^{\mu\nu\alpha\beta}\Sigma_{\mu\nu} \tag{12.75}$$

式中，

$$\Upsilon^{\mu\nu\alpha\beta} = L^{KLMN}x^{\mu}_{\ K}x^{\nu}_{\ L}x^{\alpha}_{\ M}x^{\beta}_{\ N} \tag{12.76}$$

这里，四阶张量分量 $\Upsilon^{\mu\nu\alpha\beta}$ 也有类似于 L^{KLMN} 一样的对称性质，但是是四维的。由式（12.76）的定义还可以看出它是一个类空张量，因此本质上是空间的，也有 21 个独立分量。乍看起来，本构方程（12.75）似乎与应变 $\Sigma_{\mu\nu}$ 呈线性关系，然而必须注意到 ρ 是变形场 $\Sigma_{\mu\nu}$ 的函数。因此，我们这里处理的本构方程具有有限变形 $\Sigma_{\mu\nu}$ 准线性的特点。

目前为止，这一理论已经远离了经典线弹性力学，下面来检验一下它在特殊情况下的极限。为此，需要给出 $\Upsilon^{\mu\nu\alpha\beta}$、$\Sigma_{\mu\nu}$ 和 ρ 的近似表达。因为 $t^{\alpha\beta}$ 本质上是空间的，考虑曲线空间坐标 $x^k\,(k=1,2,3)$，它是一个具有度量 g_{KL} 的空间 $\mathbf{R}^3$，并且与坐标 $x^\alpha\,(\alpha=1,2,3,4)$ 的空间部分相重合。根据 $x^{\alpha}_{\ ,K}$ 的定义，在 $c\to\infty$ 极限条件下，回归到经典形式 $x^{K}_{\ ,K}$。同样，$X^{K}_{\ ,\alpha}$ 回归到 $X^{K}_{\ ,K}$。于是，在极限条件下，我们可以使用经典关系，即

$$x^{K}_{\ ,K} = \left(\delta^{M}_{\ K} + U^{M}_{\ ;K}\right)\delta^{K}_{\ M} \tag{12.77}$$

$$X^{K}_{\ ,K} = \left(\delta^{m}_{\ K} + u^{m}_{\ ;K}\right)\delta^{K}_{\ m} \tag{12.78}$$

式中，U^M 和 u^m 分别是准欧氏空间和欧氏空间的三维位移矢量分量；分号表示相应坐标架的协变微分。

将式（12.77）代入方程（12.76），并甩掉涉及位移的项[因为希望看到方程（12.75）是真的与应变或位移梯度呈线性关系]，将发现 $\Upsilon^{\mu\nu\alpha\beta}$ 是一个纯常数张量分量。对一个各向同性均匀绝热固体，它是

$$\Upsilon^{\mu\nu\alpha\beta}=\bar{\lambda}g^{kl}g^{mn}+\bar{\mu}\left(g^{km}g^{ln}+g^{ml}g^{kn}\right) \tag{12.79}$$

式中，$\bar{\lambda}$ 和 $\bar{\mu}$ 是常数。

考虑式（12.50）定义的类空张量 $\Sigma_{\alpha\beta}$。对作用在固体试验装置上的小引力波事件，我们仅需在式（12.64）和式（12.65）中考虑式（12.15）的第一部分，则

$$\Sigma_{\alpha\beta}\approx\frac{1}{2}\left[g_{\alpha\beta}^{(0)}+h_{\alpha\beta}+\frac{1}{c^2}u_\alpha u_\beta-\left(g_{KL}^{(0)}-\frac{g_{4K}^{(0)}g_{4L}^{(0)}}{g_{44}^{(0)}}\right)X^K{}_{,\alpha}X^L{}_{,\beta}\right] \tag{12.80}$$

因为 $\Sigma_{\alpha\beta}$ 是类空张量，其极限值本质上也是空间的。因此让 $\alpha\to k,\beta\to l\left(k,l=1,2,3\right)$，考虑方程（12.78），再忽略位移梯度的乘积以及 c^{-2}，则有

$$\lim\Sigma_{\alpha\beta}\to\varepsilon_{kl}=\frac{1}{2}(u_{k,l}+u_{l,k}+h_{kl}) \tag{12.81}$$

这就是笛卡儿坐标下的应变形式。过程中用到了下列转换公式：

$$g_{KL}^{(0)}\delta^{mK}\delta^{nL}g_{mk}g_{nl}\approx g_{kl}^{(0)} \tag{12.82}$$

在方程（12.81）中我们看到：传统的三维线弹性应变张量中增加了一个新量 $\frac{1}{2}h_{kl}$，正是它引入了引力波的影响。

12.6 小变形极限

考虑一个运动物体在封闭的固有时间区段 $[\tau_1,\tau_2]$ 内沿世界线 $l\left(X^K\right)$ 扫过的四维时空 V^4 的管 $\mathfrak{A}$，有下列守恒关系：

$$\int_{\mathfrak{A}}\rho\sqrt{-g}\,\mathrm{d}^4x=\mathrm{const} \tag{12.83}$$

式中，$g=\det\left(g_{\alpha\beta}\right)$。

假定 $\tau=\tau_1$ 对应于引力波入射前的物体状态，$\tau=\tau_2$ 对应于试验物体由引力波作用后的变形状态，则有

$$\rho J\sqrt{-g}=\rho_{(0)}\sqrt{-g^{(0)}} \tag{12.84}$$

式中，$J^2=\det\left(C^K_{\ L}\right)$，$C_{KL}$ 由式（12.46）定义。物体密度可以近似取如下值：

$$\rho \approx \rho_{(0)}\left(1-\varepsilon^{k}_{\ k}\right) \tag{12.85}$$

式中，$\varepsilon^{k}_{\ k}$是由方程（12.81）定义的应变张量ε_{kl}的迹。相对论不变量密度$\rho_{(0)}$近似地与参考构形的经典连续介质力学材料密度ρ_M（即实验室测量密度）相联系，对均匀材料并忽略热现象的物体而言，它是一个常数。这两个密度之间的关系是

$$\rho_{(0)}=\frac{\rho_M}{\sqrt{1-\beta^2}} \tag{12.86}$$

式中，$\beta=\dfrac{v}{c}$，v是引力波入射方向运动速度。

综合考虑式（12.79）、式（12.81）、式（12.85）和式（12.86），可以得到无限小变形下笛卡儿坐标中表示的$t^{\alpha\beta}$的纯空间部分为

$$t_{kl}=\lambda\varepsilon_{mm}\delta_{kl}+2\mu\varepsilon_{kl} \tag{12.87}$$

式中，$\lambda=\rho_M\bar{\lambda}$，$\mu=\rho_M\bar{\mu}$是 Lame 常数；$\varepsilon_{kl}$由方程（12.81）表示。

结果讨论：

1）必须强调的是，若方程（12.74）单独存在的话结果将是精确的。因为在相对论公式中，它是唯一满足材料的能量守恒方程（12.21）的。$\sigma_{\alpha\beta}$不是$\Sigma_{\alpha\beta}$的固有时间率，除非方程（12.59）右边的第二项足够小。如果类空张量$\sigma_{\alpha\beta}$转为经典的应变张量率d_{kl}，则$\lim\left(\Sigma_{\gamma(\alpha}\nabla_{\beta)}u^{\gamma}\right)$项必须被忽略。原时导数$\dfrac{\partial}{\partial\tau}$转为时间偏导数$\dfrac{\partial}{\partial t}$，则速度分量与速度梯度的乘积（即准静态问题）和小项$O\left(c^{-2}\right)$将被忽略，$E_{\alpha\beta}$变成ε_{kl}，则

$$\frac{\partial\varepsilon_{kl}}{\partial t}\approx d_{kl} \tag{12.88}$$

$$\dot{\sigma}_{\alpha\beta}\to\frac{\partial^2\varepsilon_{kl}}{\partial t^2} \tag{12.89}$$

2）在方程（12.75）中，对各向同性相对论弹性固体，有

$$t^{\alpha\beta}=\tilde{\Upsilon}^{\mu\nu\alpha\beta}\varepsilon_{\mu\nu} \tag{12.90}$$

式中，

$$\tilde{\Upsilon}^{\mu\nu\alpha\beta}=\tilde{\lambda}P^{\mu\nu}P^{\alpha\beta}+\tilde{\mu}\left(P^{\mu\alpha}P^{\nu\beta}+P^{\mu\beta}P^{\nu\alpha}\right) \tag{12.91}$$

$$\varepsilon_{\mu\nu}\approx\lim\Sigma_{\mu\nu} \tag{12.92}$$

但是这个公式是难以建立的，原因是位移的表示在四维公式中还没有被定义。而且，张量分量$\tilde{\Upsilon}^{\mu\nu\alpha\beta}$由于包含有$\rho$，它并不是一个常数。为了避免这些问题，必须利用前面得到的极限条件。

3）方程（12.85）可以由变分方程中导出，即

$$\delta\rho=-\frac{1}{2}\rho g^{\mu\nu}\left[\delta g_{\mu\nu}+2\nabla_{(\mu}\left(\delta x_{\nu)}\right)\right] \tag{12.93}$$

由此得

$$\rho-\rho_{(0)}\approx-\frac{1}{2}\rho_{(0)}\left[h^{k}{}_{k}+2u^{k}{}_{,k}\right] \tag{12.94}$$

即

$$\rho\approx\rho_{(0)}\left(1-\varepsilon^{k}{}_{k}\right) \tag{12.95}$$

12.7　弹性波相对论方程

相对论不变量弹性波传播方程是式（12.38）。为了理解弹性波的传播，必须要理解一个近似的经典三维形式的方程，且能记入引力波入射的影响。极限过程是一个简单的代数问题，注意以下几个极限。

1）方程（12.13）中的ω表示式。

2）$\dfrac{\partial}{\partial\tau}$的极限。

3）方程（12.37）中$\overset{*}{\nabla}$的表达式。

4）方程（12.74）中$t^{\alpha\beta}$的极限。

5）方程（12.89）中$\dot{\sigma}_{\alpha\beta}$的极限。

6）方程（12.85）和方程（12.86）中ρ的极限。

7）方程（12.38）本质上是空间的，这样$\sigma\to k$，$\nu\to l$。

8）忽略c^{-2}及其以上的阶项。

最后，在涉及空间曲率的时候，仅考虑四速度的第四个分量，且

$$u^{\alpha}=\left(\frac{v^{k}}{\sqrt{1-\beta^{2}}},\frac{\mathrm{i}c}{\sqrt{1-\beta^{2}}}\right) \tag{12.96}$$

这里，$\beta\ll1$，则

$$P_{(\nu}{}^{\mu}R_{\sigma)\beta\alpha\mu}u^{\beta}u^{\alpha}\to-c^{2}R_{k44l} \tag{12.97}$$

在方程（12.38）中执行以上这些近似，最后得到笛卡儿坐标下的弹性波方程为

$$\rho_{M}\frac{\partial^{2}\varepsilon_{kl}}{\partial t^{2}}-\lambda\varepsilon_{mm,kl}-2\mu\varepsilon_{m(k,l)m}=\rho_{M}c^{2}R_{k44l} \tag{12.98}$$

式中，

$$\varepsilon_{kl}=\frac{1}{2}(u_{k,l}+u_{l,k}+h_{kl}),\qquad k,l=1,2,3 \tag{12.99}$$

式（12.98）就是我们要寻求的方程。它包含了由于引力波产生的空间曲率变化所引发的弹性波传播的一般形式的方程，同时应变张量 ε_{kl} 中也考虑了这种扰动。

考虑一个沿 $x_1=x$ 方向的入射引力波，令 $\varepsilon_{11}=\theta$，其余的 ε_{kl} 为零，则方程（12.98）简化为

$$\frac{\partial^2\theta}{\partial t^2}-c_l^2\frac{\partial^2\theta}{\partial x^2}=c^2R_{1441} \tag{12.100}$$

式中，弹性纵波传播速度 c_l 为

$$c_l=\left(\frac{\lambda+2\mu}{\rho_M}\right)^{\frac{1}{2}}=\left(\frac{E(1-\nu)}{(1+\nu)(1-2\nu)}\right)^{\frac{1}{2}} \tag{12.101}$$

式中，E 和 ν 分别是杨氏模量和泊松比。

对平面简谐波，有

$$R_{1441}=R_0\exp\left[\mathrm{i}\left(\boldsymbol{K}\cdot\boldsymbol{x}-\omega t\right)\right] \tag{12.102}$$

式中，

$$\boldsymbol{K}\cdot\boldsymbol{x}=K_l\cdot x_l,\qquad l=1,2,3 \tag{12.103}$$

于是，方程（12.100）的受迫振荡解为

$$\theta=\frac{c^2R_0}{c_l^2K^2-\omega^2}\exp\left[\mathrm{i}\left(\boldsymbol{K}\cdot\boldsymbol{x}-\omega t\right)\right] \tag{12.104}$$

当然，这个解是非相对论的，因此应该有大的阻尼。然而，它非常现实地在足够大的周期中将入射引力波考虑成一系列脉冲的形式。在这种情况下，式（12.104）解可以很满意地解释韦伯的试验观察。

第 13 章　基于压电技术的引力波探测

同样基于引力波诱导的有限介质振动理论，本章将研究广泛应用于现代科学技术领域的智能材料压电晶体的引力波探测技术。

13.1　基 本 方 程

探测由入射引力波产生的晶状体的微小变形场需要用到低噪声水平的电子设备，而压电效应可以很好地被用来构建这种微弱的原因与结果之间的联系。因此在实际利用压电晶状体电子性质之前，需要前文的理论分析准备。

要考虑弹性压电晶状体不仅需要修改前面章节提出的本构方程，而且场方程也会有一点变化。本章将会说明由于这个新的力效应，电场将会产生哪些具体的改变。

根据 Grot 和 Eringen（1966a，1966b）提出的电磁固体相对论理论，本构方程（12.13）应该修改为

$$T^{\alpha\beta}=\omega u^{\alpha}u^{\beta}-t^{\alpha\beta}+P^{\alpha}E^{\beta}+\left(\frac{1}{2}E^{\gamma}E_{\gamma}g^{\alpha\beta}-E^{\alpha}E^{\beta}\right) \tag{13.1}$$

式中，P^{α} 和 E^{β} 分别是极化四矢量分量和电场四矢量分量。它们都是类空四矢量，代表了电场的应力-能量-动量张量。

方程（12.68）成为

$$e=\tilde{e}\left(E_{KL},E_{K}\right) \tag{13.2}$$

对均匀的非线性弹性固体，物质与电场间的相互作用导致 $T^{\alpha\beta}$ 出现了额外项 $P^{\alpha}E^{\beta}$，同时 e 也取决于不变量 E_{K}。后者定义为

$$E_{K}=E_{\alpha}x^{\alpha}{}_{K} \tag{13.3}$$

相反地，有

$$E_{\alpha}=X^{K}{}_{,\alpha}E_{K} \tag{13.4}$$

有了新的公式（13.1），不难看出方程（12.21）将由下式取代

$$\rho\dot{e}=t^{(\beta\alpha)}\sigma_{\beta\alpha}+P^{[\alpha}E^{\beta]}\tilde{\omega}_{\beta\alpha}-P^{\alpha}\dot{E}_{\alpha} \tag{13.5}$$

式中，$\tilde{\omega}$ 由式（12.22）定义为

$$\tilde{\omega}=\upsilon_{[\beta\alpha]} \tag{13.6}$$

由式（12.8）和式（13.1）可知，$t^{\alpha\beta}$ 不再是对称的，它的不对称部分是

$$t^{[\beta\alpha]} = P^{[\alpha}E^{\beta]} \tag{13.7}$$

注意到方程（13.5）只适用于非耗散过程，即没有电耗散（等效于电流仅仅来自对流）。另一方面，可以从式（13.2）计算e的时间率。

首先，注意到

$$\frac{\partial}{\partial\tau}x^{\alpha}{}_{K} = \left(\nabla_{\lambda}u^{\alpha} + \frac{1}{c^2}\dot{u}_{\lambda}u^{\alpha}\right)x^{\lambda}{}_{K} \tag{13.8}$$

然后，由式（12.48）和式（12.58），式（13.8）能被改写成

$$\frac{\partial}{\partial\tau}x^{\alpha}{}_{K} = \left(\sigma_{\lambda\beta} + \varpi_{\lambda\beta}\right)x^{\lambda}{}_{K}g^{\alpha\beta} \tag{13.9}$$

利用式（12.56），可以从方程（13.2）得到

$$\rho\dot{e} = \rho\left(\frac{\partial\tilde{e}}{\partial E_{KL}}x^{\alpha}{}_{K}x^{\beta}{}_{L} + \frac{\partial\tilde{e}}{\partial E_{K}}x^{\alpha}{}_{K}E^{\beta}\right)\sigma_{\beta\alpha} + \rho\frac{\partial\tilde{e}}{\partial E_{K}}x^{\alpha}{}_{K}E^{\beta}\varpi_{\beta\alpha} + \rho\frac{\partial\tilde{e}}{\partial E_{K}}x^{\alpha}{}_{K}\dot{E}_{\alpha} \tag{13.10}$$

最后，考虑所有的非刚体运动，得到下面的非线性本构方程：

$$t^{\beta\alpha} = \rho\left(\frac{\partial\tilde{e}}{\partial E_{KL}}x^{\beta}{}_{L} + \frac{\partial\tilde{e}}{\partial E_{K}}E^{\beta}\right)x^{\alpha}{}_{K} \tag{13.11}$$

$$P^{\alpha} = -\rho\frac{\partial\tilde{e}}{\partial E_{K}}x^{\alpha}{}_{K} \tag{13.12}$$

即

$$t^{(\beta\alpha)} = \rho\frac{\partial\tilde{e}}{\partial E_{KL}}x^{(\beta}{}_{L}x^{\alpha)}{}_{K} + P^{(\alpha}E^{\beta)} \tag{13.13}$$

$$t^{[\beta\alpha]} = P^{[\alpha}E^{\beta]} \tag{13.14}$$

它与式（13.7）是完全相同的。

新的本构形式（13.1）导致了方程（12.29）的下列变化：

$$\Gamma_{\gamma} = \rho A_{\gamma} - \bar{f}_{\gamma} - f_{\gamma}^{(\mathrm{S-G})} \tag{13.15}$$

式中，$f_{\gamma}^{(\mathrm{S-G})}$是由于极化产生的每单位固有体积的斯特恩-格拉赫力，即

$$f_{\gamma}^{(\mathrm{S-G})} = P_{\alpha\gamma}P^{\rho}\nabla^{\alpha}E_{\rho} = P^{\rho}\overset{*}{\nabla}_{\gamma}E_{\rho} \tag{13.16}$$

于是波传播方程（12.38）成为

$$\begin{aligned} C_{\sigma\nu} = &\left(\overset{*}{\nabla}_{(\nu}\,\omega\right)u^{\alpha}\nabla_{\alpha}u_{\sigma)} \\ &+\omega\left[\overset{*}{\nabla}_{(\nu}\,u^{\alpha}\nabla_{\alpha}u_{\sigma)} + P_{(\nu}{}^{\mu}R_{\sigma)\beta\alpha\mu}u^{\beta}u^{\alpha} + \dot{\sigma}_{\nu\sigma}\right] \\ &-\overset{*}{\nabla}_{(\nu}\,f_{\sigma)} - P^{\gamma}_{(\sigma}\overset{*}{\nabla}_{\nu)}\left(P^{\rho}\overset{*}{\nabla}_{\gamma}E_{\rho}\right) + \frac{1}{c^2}A_{(\nu\sigma)} = 0 \end{aligned} \tag{13.17}$$

忽略 c^{-2} 项和 c 的更高阶负指数项，则式（13.15）将会贡献一项 $\left(-P_{m,(k}E_{m,l)}-P_mE_{m,kl}\right)$ 到极限波动方程（12.98）的右边。

13.2 本构方程的近似

对均匀各向异性弹性压电介质，在方程（13.2）中取如下二次展开式：

$$e=L^{KL}E_{KL}+\frac{1}{2}L^{KLMN}E_{KL}E_{MN}+A_{(1)}^{K}E_K+\frac{1}{2}A_{(2)}^{KL}E_KE_L+B^{KLM}E_{KL}E_M \tag{13.18}$$

在缺少初始应力和初始极化场的情况下，有

$$L^{KL}=A_{(1)}^{K}=0 \tag{13.19}$$

于是

$$e=\frac{1}{2}L^{KLMN}E_{KL}E_{MN}+\frac{1}{2}A_{(2)}^{KL}E_KE_L+B^{KLM}E_{KL}E_M \tag{13.20}$$

式（13.20）右侧各项分别表示弹性能、电场能和压电能。不变量系数 L^{KLMN} 满足对称性条件式（12.73），而一般情况下 A^{KL} 和 B^{KLM} 分别有 6 个和 8 个独立的分量，因此：

$$A^{KL}=A^{LK}, \qquad B^{KLM}=B^{LKM}, \qquad K,L,M=1,2,3 \tag{13.21}$$

本构式（13.11）和式（13.12）可以重新写成下面形式：

$$t^{\beta\alpha}=\rho\left(L^{KLMN}E_{MN}x^{\beta}{}_{L}x^{\alpha}{}_{K}+B^{KLM}E_{M}x^{\alpha}{}_{K}x^{\beta}{}_{L}+A^{KL}E_{L}E^{\beta}x^{\alpha}{}_{K}+B^{ABK}E_{AB}E^{\beta}x^{\alpha}{}_{K}\right) \tag{13.22}$$

$$P^{\alpha}=-\rho\left(A^{KL}E_{L}x^{\alpha}{}_{K}+B^{ABK}E_{AB}x^{\alpha}{}_{K}\right) \tag{13.23}$$

或使用式（12.75）和式（13.3），有

$$t^{\beta\alpha}=\rho\left(L^{\alpha\beta\eta\nu}E_{\mu\nu}+B^{\alpha\beta\gamma}E_{\gamma}+A^{\mu\alpha}E_{\mu}E^{\beta}+B^{\mu\nu\alpha}E_{\mu\nu}E^{\beta}\right) \tag{13.24}$$

$$P^{\alpha}=-\rho\left(A^{\alpha\mu}E_{\mu}+B^{\mu\nu\alpha}E_{\mu\nu}\right) \tag{13.25}$$

式中，

$$L^{\alpha\beta\mu\nu}=L^{KLMN}x^{\alpha}{}_{K}x^{\beta}{}_{L}x^{\mu}{}_{M}x^{\nu}{}_{N} \tag{13.26}$$

$$B^{\alpha\beta\gamma}=B^{KLM}x^{\alpha}{}_{K}x^{\beta}{}_{L}x^{\gamma}{}_{M} \tag{13.27}$$

$$A^{\alpha\mu}=A^{KL}x^{\alpha}{}_{K}x^{\mu}{}_{L} \tag{13.28}$$

式中，$L^{\alpha\beta\mu\nu}$、$B^{\alpha\beta\gamma}$ 和 $A^{\alpha\mu}$ 都是类空张量分量，因此它们本质上都是空间的。进一步，它们都有类似于不变量 L^{KLMN}、B^{KLM} 和 A^{KL} 的对称性质，即对一般各向异性固体，它们分别有 21、18 和 16 个独立的分量。

对于小变形，本构方程（13.24）和方程（13.25）的纯空间部分在笛卡儿坐标下为

$$t_{kl} = L_{lkmn}\varepsilon_{mn} + B_{lkm}E_m + A_{lm}E_m E_k + B_{mnl}\varepsilon_{mn}E_k \tag{13.29}$$

$$P_k = -A_{kl}E_l - B_{mnk}\varepsilon_{mn} \tag{13.30}$$

式中，ε_{mn}是由式（12.81）定义的应变张量分量；E_k和P_k是通常的三维电场矢量分量和极化矢量分量。式中新的张量系数都被认为是常数。

在式（13.29）和式（13.30）中，若忽略应变ε_{mn}和电场E_k的乘积项，就可以得到线性化压电材料本构方程，即

$$t_{kl} = L_{lkmn}\varepsilon_{mn} + B_{lkm}E_m \tag{13.31}$$

$$P_k = -A_{kl}E_l - B_{mnk}\varepsilon_{mn} \tag{13.32}$$

由于压电效应引起的应力和极化的耦合效应反映在材料系数B_{mnk}中。

13.3　平面声波问题

需要将波动方程（13.17）重新写成小变形极限情况。因此，忽略c^{-2}项以及c的更高阶负指数项。作为小变形理论，考虑近似本构方程（13.31）。经过一系列推导，就得到考虑压电效应的波传播方程（13.17）的极限表达式，即

$$\rho_M \frac{\partial^2 \varepsilon_{kl}}{\partial t^2} - L_{m(l|ij}\varepsilon_{ij,m|k)} - B_{m(l|i}E_{i,m|k)} = \rho_M c^2 R_{k44l} \tag{13.33}$$

这里，包括在竖直线里边的指数在对称化过程中被排除。

对问题的求解，还必须加入电磁场方程以及边界和初始条件。然而，我们现在仅考虑准静态问题，即保持方程（13.33）中力学项的时间偏导数，但考虑静电场方程，即

$$\mathrm{div}\boldsymbol{D} = 0\,,\qquad \mathrm{curl}\boldsymbol{E} = 0 \tag{13.34}$$

式中，$\boldsymbol{D}$是通常的三维电位移矢量。式（13.34）中的第二式，可以引进势函数ϕ，即

$$E_i = -\frac{\partial \phi}{\partial x_i} \tag{13.35}$$

为了表达方程（13.34），考虑经典方程：

$$\boldsymbol{D} = \boldsymbol{E} + \boldsymbol{P} \tag{13.36}$$

因此，方程（13.32）可以写成

$$D_k = \left(\delta_{kl} - A_{kl}\right)E_l - B_{mnk}\varepsilon_{mn} \tag{13.37}$$

把式（13.37）代入式（13.34）的第一个方程，有

$$\left(\delta_{kl} - A_{kl}\right)E_{l,k} - B_{mnk}\varepsilon_{mn,k} = 0 \tag{13.38}$$

式（13.33）和式（13.38）组成了一组微分方程系统，它能够用来求解适当的边界条件和初始条件下的解。再借助方程（13.35）的定义，有

$$\rho_M \frac{\partial^2 \varepsilon_{kl}}{\partial t^2} - L_{m(l|ij}\varepsilon_{ij,m|k)} - B_{m(l|i}\phi_{,jm|k)} = \rho_M c^2 R_{k44l} \tag{13.39}$$

$$\left(A_{kl} - \delta_{kl}\right)\phi_{,lk} - B_{mnk}\varepsilon_{mn,k} = 0 \tag{13.40}$$

上面有 7 个微分方程，也有 7 个未知量，即 ε_{kl} 和 ϕ。

对平面声波，ε_{kl} 和 ϕ 正比于 $\exp\left[\mathrm{i}\left(\boldsymbol{K}\cdot\boldsymbol{x}-\omega t\right)\right]$。从上面方程，我们有

$$\rho_M \omega^2 \varepsilon_{kl}^{(0)} + K_m K_{(k} L_{l)mij}\varepsilon_{ij}^{(0)} - K_j K_m K_{(k} B_{l)mj}\phi^{(0)} = \rho_M c^2 R_{kl}^{(0)} \tag{13.41}$$

$$K_k K_l\left(\delta_{kl} - A_{kl}\right)\phi^{(0)} - \mathrm{i}K_k \varepsilon_{mn}^{(0)} B_{mnk} = 0 \tag{13.42}$$

令

$$R_{k44l} = R_{kl}^{(0)} \exp\left[\mathrm{i}\left(\boldsymbol{K}\cdot\boldsymbol{x}-\omega t\right)\right] \tag{13.43}$$

将它代入式（13.41）和式（13.42），再消去 $\phi^{(0)}$，就得到受迫振动解：

$$\varepsilon_{pq} = \varepsilon_{pq}^{(0)} \exp\left[\mathrm{i}\left(\boldsymbol{K}\cdot\boldsymbol{x}-\omega t\right)\right] \tag{13.44}$$

式中，$\varepsilon_{pq}^{(0)}$ 是下列方程的解：

$$\left\{\rho_M \omega^2 \delta_{kp}\delta_{lq} + K_m K_{(k} L_{l)mpq} - \mathrm{i}\frac{K_j K_m K_a K_{(k} B_{l)mj} B_{pqa}}{K^2 - \sum_{k,l} K_k K_l A_{kl}}\right\}\varepsilon_{pq}^{(0)} = \rho_M c^2 R_{kl}^{(0)} \tag{13.45}$$

对一个给定的波矢量 $\boldsymbol{K}$ 方向，通过求解式（13.41）和式（13.42）的特征方程，有 3 个可能的声波相速度解 $\frac{\omega}{K}$ 可以被得到。一旦压电材料的晶状体结构被确定，方程中的系数 L_{lmpq}、B_{pqa} 和 A_{kl} 就能够确定。

考虑一个压电材料平板，假定拉伸方向两平行面没有外电场作用。让 $\left(x_1, x_2, x_3\right) = \left(x, y, z\right)$，指向 z 方向的板的表面放置了一个导体。由于入射纵波，拉伸是沿着 x 轴方向，因此有

$$E_x = E_y = 0\,,\qquad D_z = 0 \tag{13.46}$$

这样，方程（13.37）成为

$$D_z = \left(1 - A_{zz}\right)E_z - B_{xxz}\varepsilon_{xx} = 0 \tag{13.47}$$

另一方面，由方程（13.31）可以得到

$$t_{xx} = L_{xxxx}\varepsilon_{xx} + B_{xxz}E_z \tag{13.48}$$

于是，从式（13.47）和式（13.48）中消去 E_z，得

$$t_{xx} = E\varepsilon_{xx}\,,\qquad E = L_{xxxx} - \frac{B_{xxz}^2}{A_{zz} - 1} \tag{13.49}$$

此时方程（13.33）便成为

$$\rho_M \frac{\partial^2 \varepsilon_{xx}}{\partial t^2} - E\frac{\partial^2 \varepsilon_{xx}}{\partial x^2} = \rho_M c^2 R_{x44x} \tag{13.50}$$

这个方程还必须结合下列条件：

$$\frac{\partial E_z}{\partial x}=0 \tag{13.51}$$

这个结果来自麦克斯韦方程（13.34）。边界条件是板的自由端（无应力），晶状体连接到一个外阻抗 Z 。

13.4 压电弹性振荡方程

假定 $g_{\alpha\beta}^{(0)}$ 是时空的背景度量，并认为它是稳定的和近似闵氏空间。$h_{\alpha\beta}$ 是某些宇宙事件导致的扰动度量。考虑一个弹性物体块放置在地球表面。在三维笛卡儿坐标下，用于测量由于时空度量扰动而导致的变形的线弹性应变为

$$\varepsilon_{ij}=\frac{1}{2}\left(u_{i,j}+u_{j,i}+h_{ij}\right)=\varepsilon_{ji} \tag{13.52}$$

式中，u_i 是无限小位移矢量分量；h_{ij} 是 $h_{\alpha\beta}$ 的空间部分。

如果引力波探测器是压电装置的，我们可以考虑引力扰动仅仅激励压电-弹性模式而不产生电磁模式。考虑一阶近似，并注意到

$$g=\det\left(g_{\alpha\beta}\right)\approx g^{(0)}\left(1+h^{\alpha}_{,\alpha}\right) \tag{13.53}$$

$$\sqrt{(-g)}\approx\sqrt{\left(-g^{(0)}\right)\left(1+\frac{1}{2}\mathrm{tr}\boldsymbol{h}\right)} \tag{13.54}$$

对所有情况，$g^{(0)}$ 都可以被认为近似一个常数。

如果在实验室坐标下压电本构方程用沃伊特形式表示，则笛卡儿坐标下三维应力张量和电位移矢量分别为

$$t_{ij}=c_{ijkl}^{\mathrm{E}}\varepsilon_{kl}-e_{kil}^{\varepsilon}E_k=t_{ji} \tag{13.55}$$

$$D_i=\varepsilon_{ij}^{\mathrm{e}}E_j+e_{ikl}^{\varepsilon}\varepsilon_{kl} \tag{13.56}$$

式中，c_{ijkl}^{E} 是常电场下的弹性系数张量分量；e_{kil}^{ε} 是常应变下压电系数张量分量；$\varepsilon_{ij}^{\mathrm{e}}$ 是常应变下的介电系数张量分量。

将 $\boldsymbol{E}=-\nabla\phi$ 代入 $\nabla\cdot\boldsymbol{D}=0$ 得

$$e_{mij}^{\varepsilon}\varepsilon_{ij,m}-\varepsilon_{ij}^{\mathrm{e}}\phi_{,ij}=0 \tag{13.57}$$

于是，描述弹性振荡的压电晶状体运动方程是

$$\rho_M\frac{\partial^2\varepsilon_{kl}}{\partial t^2}-c_{m(l|ij}^{\mathrm{E}}\varepsilon_{ij,m|k)}-e_{m(l|j}^{\varepsilon}\phi_{,jm|k)}=\rho_M c^2 R_{k44l} \tag{13.58}$$

对单位矢量 $\boldsymbol{n}$ 方向上的扰动传播，问题本质上是一维的。因此引进一个标量

坐标 z，并让它以这样一个方式存在，即 $\dfrac{\partial}{\partial x_i}=n_i\left(\dfrac{\partial}{\partial z}\right)$。于是，式(13.57)和式(13.58)成为

$$e^{\varepsilon}_{mij}n_m\frac{\partial\varepsilon_{ij}}{\partial z}-\left(n_i\varepsilon^{e}_{ij}n_j\right)\frac{\partial\phi}{\partial z^2}=0 \tag{13.59}$$

$$\rho_M\frac{\partial^2\varepsilon_{kl}}{\partial t^2}-n_{(k}c^{\mathrm{E}}_{l)mij}n_m\frac{\partial^2\varepsilon_{ij}}{\partial z^2}-n_m\varepsilon^{e}_{mj(l}n_{k)}n_j\frac{\partial^3\phi}{\partial z^3}=\rho_M c^2R_{k44l} \tag{13.60}$$

假定材料性质是空间均匀的，运用算子 $\dfrac{\partial}{\partial z}$ 到方程（13.59），并从式（13.59）和式（13.60）中消去 $\dfrac{\partial^3\phi}{\partial z^3}$，得到如下形式的应变微分方程：

$$\rho_M\frac{\partial^2\varepsilon_{kl}}{\partial t^2}-n_{(k}\overline{c}^{\mathrm{E}}_{l)mij}n_m\frac{\partial^2\varepsilon_{ij}}{\partial z^2}=\rho_M c^2R_{k44l} \tag{13.61}$$

式中，$\overline{c}^{\mathrm{E}}_{mlij}$ 是压电增强的弹性系数张量，即

$$\overline{c}^{\mathrm{E}}_{mlij}=c^{\mathrm{E}}_{mlij}+\left(n_p\varepsilon^{e}_{pq}n_q\right)^{-1}n_be^{\varepsilon}_{bml}n_ae^{\varepsilon}_{aij} \tag{13.62}$$

但需要指出的是，即使预先给定材料的对称性质、一个给定的引力扰动源和压电模式，方程（13.61）的求解也是一个十分困难的问题，这里不讨论如何求解的细节。

主要参考文献

BEIG R, SCHMIDT B G, 2003. Relativistic elasticity[J]. Classical and quantum gravity, 20(5): 889-904.

BRESSAN A , 1978. Relativistic theories of materials, of springer tracts in natural philosophy[M]. New York-Berlin: Springer.

CARTER B, 1973. Speed of sound in a high-pressure general relativistic solid[J]. Phys Rev D, 7(6) :1590-1593.

CARTER B, QUINTANA H, 1972. Foundations of general relativistic high-pressure elasticity theory[J]. Proc Roy Soc Lond A, 331(1584): 57-83.

CARTER B, QUINTANA H, 1977. Gravitational and acoustic waves in an elastic medium[J]. Phys Rev D, 16(10): 2928-2938.

EDELEN D G B, 1964. Circulation in relativistic continuum mechanics[J]. J Math Anal Appl, 9(3): 331-335.

ERINGEN A C, 1962. Nonlinear theory of continuous media[M], New York: McGraw Hill.

ERINGEN A C,1967. Mechanics of continua[M]. New York: J. Wiley and Sons.

ERINGEN A C, MAUGIN G A,1990. Electrodynamics of continua[M], New York: Springer.

FERRARESE G, BINI D, 2008. Introduction to relativistic continuum mechanics[M]. Berlin: Springer.

GLASS E N, WINICOUR J,1972. Elastic general relativistic systems[J]. J Math Phys, 13(12):1934-1940.

GLASS E N, WINICOUR J ,1973. A geometrical generalization of Hooke's law[J]. J Math Phys, 14(9):1285-1290.

GROT R A, 1968. Relativistic theory of the propagation of wave fronts in nonlinear elastic materials[J]. Int J Eng Sci, 6(5):295-307.

GROT R A, ERINGEN A C, 1966a. Relativistic continuum mechanics: part I—mechanics and thermodynamics[J]. Int J Eng Sci, 4(6):611-638.

GROT R A, ERINGEN A C ,1966b. Relativistic continuum mechanics: part II—electromagnetic interactions with matter[J]. Int J Eng Sci, 4(6): 639-670.

GUO S H, 2010. A fully dynamic theory of piezoelectromagnetic waves[J]. Acta Mech, 215(1-4): 335-344.

HERNANDEZ W C, 1970. Elasticity theory in general relativity[J]. Phys Rev D, 1(4):1013-1018.

KAFADAR C B, ERINGEN A C, 1971. Polar media: the relativistic theory[J]. Int J Eng Sci, 9(3):307-329.

KIENZLER R, HERRMANN G, 2003. On the four-dimensional formalism in continuum mechanics[J]. Acta Mech, 161(1-2): 103-125.

LANDAU L D, LIFSHITZ E M, 1960. Electrodynamics of continuous media [M]. Oxford: Pergamon.

LIANIS G, 1973a. General form of constitutive equations in relativistic physics[J]. Nuovo Cimento, 14B(1):57-103.

LIANIS G, 1973b. Formulation and application of relativistic constitutive equations for deformable electromagnetic materials[J]. Nuovo Cimento, 16B(1):1-43.

LIANIS G, 2000. Relativistic approach to continuum physics[J]. J Mech Behav Materials, 11(1-3):105-119.

LICHNEROWICZ A, 1967. Relativistic hydrodynamics and magnetohydrodynamics[M]. New York: Benjamin.

LICHNEROWICZ A, 1976. Shock waves in relativistic magnetohydrodynamics under general assumptions[J]. J Math Phys, 17(12):2135-2142.

LINET B, 1984. Equations governing the oscillations of a self-gravitating elastic sphere under the influence of gravitation[J]. Gen Relativ Gravit, 16(1):89-98.

MAUGIN G A , 1971. Magnetized deformable media in general relativity[J]. Ann. Inst. Henri Poincaré, A15(3):275-302.

MAUGIN G A , 1972a. Relativistic theory of magnetoelastic interactions[J]. J Phys, A: Gen Phys, 5(6):786-802.

MAUGIN G A, 1972b. An action principle in general relativistic magneto-hydrodynamics[J]. Ann Inst Henri Poincaré, A16(2):133-169.

MAUGIN G A, 1973. Harmonic oscillations of elastic continua and detection of gravitational waves[J]. Gen Relativ Gravit, 4(3):241-272.

MAUGIN G A, 1974. On relativistic deformable solids and the detection of gravitational waves[J]. Gen Relativ Gravit,

5(1): 13-23.
MAUGIN G A, 1978a. On the covariant equations of the relativistic electrodynamics of continua-I: general equations[J]. J Math Phys, 19(5):1198-1205.
MAUGIN G A, 1978b. Elasticity and electro-magneto-elasticity of general-relativistic systems[J]. Gen Relativ Gravit, 9(6): 541-549.
MAUGIN G A, 1978c. On the covariant equations of the relativistic electrodynamics of continua-III: elastic solids[J]. J Math Phys, 19(5):1212-1219.
MAUGIN G A, 1978d. Exact relativistic theory of wave propagation in prestressed nonlinear elastic solids[J]. Ann Inst Henri Poincaré, A28(2):155-185.
MAUGIN G A, 1978e. On Maxwell's covariant equations in matter[J]. J Franklin Inst, 305(1): 11-26.
MAUGIN G A, 1979. Nonlinear waves in relativistic continuum mechanics[J]. Helv Phys Acta, 52(2):149-170.
MAUGIN G A, ERINGEN A C, 1972. Relativistic continua with directors[J]. J Math Phys, 13(11):1788-1798.
PAPAPETROU A, 1972. Vibrations élastiques excitées par une onde gravitationnelle[J]. Ann Inst Henri Poincaré, A16(1):63-78.
PRAGER W, 1961. Introduction to mechanics of continua[M]. New York: Academic Press.
RAYNER C B, 1963. Elasticity and general relativity[J]. Proc Roy Soc Lond A, 272(1348):44-53.
SKLARZ S, HORWITZ L P, 2001. Relativistic mechanics of continuous media[J]. Found Phys, 31(6): 909-934.
SYNGE J L, 1959. A theory of elasticity in general relativity[J]. Math Zeit, 72(1):82-87.
SYNGE J L, 1960. Relativity:the general theory[M]. Amsterdam: North-Holland Publishing.
UKEJE E, 1988. The relativistic theory of wave front propagation in non-heat conducting thermoelastic materials-variation of amplitude of waves[J]. Int J Eng Sci, 26(6):519-547.
VALLEE C, 1981. Relativistic thermodynamics of continua[J]. Int J Eng Sci, 19(5):589-601.
WEBER J, 1961.General relativity and gravitational waves[M]. New York: Interscience Publishers.
WEINBERG S, 1972. Gravitation and cosmology[M]. New York: Wiley.
WILL C M, 1993. Theory and experiment in gravitational physics[M]. Cambridge: Cambridge University Press.